"十三五"高等教育环境类专业系列教材

环 境 科 学

张景环　匡少平　胡术刚　张晨曦　主编

化学工业出版社

·北京·

本教材以探讨人类活动与环境质量的关系为出发点，论述了环境保护与社会经济可持续发展的关系。全面介绍了环境科学的基本原理、基本概念和研究方法，重点探讨了大气、水和土壤环境问题的形成原因和防治对策，指出生态环境保护和污染防治应以节能和清洁生产为基础，以工程技术为手段。

本教材面向高等院校环境科学与工程专业的师生，也可作为高校非环境专业的选修课辅助教材，并可供相关领域管理人员、技术人员及一般读者阅读参考。

图书在版编目（CIP）数据

环境科学/张景环等主编. —北京：化学工业出版社，2016.9（2024.8重印）

"十三五"高等教育环境类专业系列教材

ISBN 978-7-122-27914-9

Ⅰ. ①环…　Ⅱ. ①张…　Ⅲ. ①环境科学-高等职业教育-教材　Ⅳ. ①X

中国版本图书馆 CIP 数据核字（2016）第 201466 号

责任编辑：闫　敏　杨　菁　　　　　　　　文字编辑：汲永臻
责任校对：王素芹　　　　　　　　　　　　装帧设计：张　辉

出版发行：化学工业出版社（北京市东城区青年湖南街 13 号　邮政编码 100011）
印　　装：北京虎彩文化传播有限公司
787mm×1092mm　1/16　印张 14　字数 344 千字　2024 年 8 月北京第 1 版第 7 次印刷

购书咨询：010-64518888　　　　　　　售后服务：010-64518899
网　　址：http://www.cip.com.cn
凡购买本书，如有缺损质量问题，本社销售中心负责调换。

定　　价：39.00 元

前　言

工业革命以后，人类以牺牲环境为代价，获得了工业的迅猛发展，从而带来了经济的繁荣。但人类赖以生存的环境却受到了无情的污染和破坏，全球变暖，臭氧层破坏，物种灭绝，生物多样性减少，酸雨频发，有毒有害化学物品污染加剧，土地沙化，飓风肆虐，人类的生存和发展正面临危机。环境学的出现，标志着人类开始理性地关注与自身休戚相关的自然环境。保护好我们的生存环境，创造一个更加美好的明天，是一项刻不容缓的艰巨任务。要完成这样艰巨的任务，必须以可持续发展的观点，提高环境意识，增强保护和改善环境的责任感和自觉性，深刻理解人类发展与环境保护的辩证关系，通晓人类经济活动和社会活动对环境变化过程的影响，掌握变化规律，提高对影响环境质量变化的因子的识别能力，以系统化、全球化的战略方针保护环境，促进经济、社会和环境的协调可持续发展。本教材的主要特点是融自然科学和社会科学为一体，既揭露问题，总结教训，又阐明了解决问题、寻求美好前景的战略和措施。

本教材围绕人类活动与环境质量的关系，以及保护环境的措施与社会经济可持续发展的关系展开论述，比较全面地介绍了环境学的基本原理、基本概念和研究方法，并引用了大量实证数据和常规参量。本教材提出以节能和清洁生产为基础，以工程技术为手段，保护生态环境和防治污染。重点探讨了大气、水和土壤环境问题的形成原因、机制和防治对策，以及固体废物的污染管理和处理处置技术。并介绍了可持续发展的战略意义。

本教材共9章，第1章绪论，介绍了环境问题的产生和发展，环境科学的研究任务、内容和分支学科。第2章至第5章介绍大气、水、土壤和固体废物污染问题及防治措施。第6章和第7章介绍全球环境问题和物理性污染与防治，第8章和第9章介绍可持续发展、清洁生产和循环经济。

本教材由张景环、匡少平、胡术刚、张晨曦主编；路明义、邹美玲、张菊、隋涛、谢丹、刘衍君、刘娟娟参加编写。其中，第1章由胡术刚、张景环、匡少平、张晨曦、路明义编写；第2章由张晨曦、邹美玲、匡少平、张景环、路明义编写；第3章由张菊编写；第4章由张景环、张晨曦、匡少平、胡术刚、路明义编写；第5章由胡术刚、邹美玲、匡少平、张景环编写；第6章由隋涛、谢丹编写；第7章由刘衍君编写；第8章由刘娟娟、张景环编写；第9章由隋涛编写。全书由张景环和匡少平统稿。

本教材在编写过程中得到了化学工业出版社的大力支持，同时得到青岛科技大学教务处、青岛科技大学环境与安全工程学院、山东科技大学化学与环境工程学院、滨州学院资源环境系、聊城大学环境与规划学院的大力支持。此外，滨州学院资源环境系邹美玲在图表绘制工作上给予了很大帮助，在此一并致谢。

由于水平有限，教材涉及内容较广，难免出现疏漏，希望广大读者不吝指正，使本教材在使用过程中进一步改进和完善。

编　者

目 录

第 1 章 绪论

第 2 章 大气污染与防治

第3章　水污染与防治

第4章　土壤污染与防治

第5章　固体废物污染与处置

第6章　全球环境问题

第7章 物理性污染与防治

第8章 可持续发展与清洁生产

第9章 循环经济

参考文献

第1章

绪　　论

1.1　环境及其组成

1.1.1　环境

所谓环境是指与中心事物有关的周围客观事物的总和。环境总是相对于某中心事物而言，它因中心事物的不同而不同，随中心事物的变化而变化。中心事物与环境是既相互对立，又相互依存、相互制约、相互作用和相互转化的，在它们之间存在着对立统一的相互关系。对于环境学来说，中心事物是人类，环境是以人类为主体、与人类密切相关的外部世界，即人类生存和繁衍所必需的、相适应的环境。人类的生存环境是庞大而复杂的大系统，包括自然环境和社会环境两大部分。

1.1.1.1　自然环境

自然环境是人类目前赖以生存、生活和生产所必需的自然条件和自然资源的总称，即阳光、温度、气候、地磁、空气、水、岩石、土壤、动植物、微生物以及地壳的稳定性等自然因素的总和，用一句话概括就是"直接或间接影响到人类的一切自然形成的物质、能量和自然现象的总体"。

自然环境亦可以看作由地球环境和外围空间环境两部分组成。地球环境对于人类具有特殊的重要意义，它是人类赖以生存的物质基础，是人类活动的主要场所。据目前所知，在千万亿个天体中，能适于人类生存者，只发现地球这一个天体。外围空间环境是指地球以外的宇宙空间，理论上它的范围无穷大。不过在现阶段，由于人类活动的范围还主要限于地球，对广阔的宇宙还知之甚少，因而还没有明确地把其列入人类环境的范畴。

1.1.1.2　社会环境

社会环境是指人类的社会制度等上层建筑条件，包括社会的经济基础、城乡结构以及同各种社会制度相适应的政治、经济、法律、宗教、艺术、哲学的观念与机构等。它是人类在长期生存发展的社会劳动中所形成的，是在自然环境的基础上，人类通过长期有意识的社会劳动，加工和改造了的自然物质，所创造的物质生产体系，以及所积累的物质文化等构成的总和。社会环境是人类活动的必然产物，它一方面可以对人类社会进一步发展起促进作用，另一方面又可能成为束缚因素。社会环境是人类精神文明和物质文明的一种标志，并随着人类社会发展不断地发展和演变，社会环境的发展与变化直接影响到自然环境的发展与变化。人类的社会意识形态、社会政治制度，如对环境的认识程度，保护环境的措施，都会对自然环境质量的变化产生重大影响。近代环境污染的加剧正是由于工业迅猛发展所造成的，因而在研究中不可把自然环境和社会环境截然分开。

中国以及世界上其他国家颁布的环境保护法规中，对环境一词所做的明确具体界定，是从环境学含义出发所规定的法律适用对象或适用范围，目的是保证法律的准确实施，它不需要也不可能包括环境的全部含义。《中华人民共和国环境保护法》把环境定义为：指影响人类生存和发展的各种天然的和经过人工改造的自然因素的总体，包括大气、水、海洋、土地、矿藏、森林、草原、湿地、野生生物、自然遗迹、人文遗迹、自然保护区、风景名胜区、城市和乡村等。

随着人类社会的发展，环境概念也在发展。有人根据月球引力对海水潮汐有影响的事实，提出月球能否被视为人类的生存环境？我们的回答是：现阶段没有把月球视为人类的生存环境，任何一个国家的环境保护法也没有把月球规定为人类的生存环境，因为它对人类的生存发展影响太小了。但是，随着宇宙航行和空间科学的发展，总有一天人类不但要在月球上建立空间实验站，还要开发利用月球上的自然资源，使地球上的人类频繁往来于月球和地球之间。到那时，月球当然就会成为人类生存环境的重要组成部分。特别是人们已经发现地球的演化发展规律，同宇宙天体的运行有着密切的联系，如反常气候的发生，就同太阳的周期性变化紧密相关。所以从某种程度上说，宇宙空间终归是我们环境的一部分。所以，我们要用发展的、辩证的观点来认识环境。

1.1.2 环境的形成和发展

人类的生存环境不是从来就有的，它的形成经历了一个漫长的发展过程。在地球的原始地理环境刚刚形成的时候，地球上没有生物，当然更没有人类，只有原子、分子的化学及物理运动。在大约 35 亿年前，由于太阳紫外线的辐射以及在地球内部的内能和来自太阳的外能共同作用下，地球水域中溶解的无机物转变为有机物，进而形成有机大分子，出现了生命现象。大约在 30 多亿年以前出现了原核生物，经过漫长的无生物化学进化阶段，开始进入生物进化阶段，逐渐形成了生物与生存环境的对立统一的辩证关系。最初生物是在水里生存，直到绿色植物出现。绿色植物通过叶绿体利用太阳能对水进行光解释放出氧气。大约在 4 亿～2 亿年前大气中氧的浓度趋近于现代的浓度水平，并在平流层形成了臭氧层。绿色植物（自养型生物）的出现和发展繁茂，及臭氧层的形成对地球的生物进化具有重要意义。臭氧层吸收太阳的紫外辐射，成为地球上生物的保护层。在距今 2 亿多年前出现了爬行动物，随后又经历了相当长的时间，哺乳动物的出现及森林、草原的繁茂为古人类的诞生创造了条件。

在距今大约 200 万～300 万年前出现了古人类。人类的诞生使地表环境的发展进入了一个高级的、在人类的参与和干预下发展的新阶段——人类与其生存环境辩证发展的新阶段。人类是物质运动的产物，是地球的地表环境发展到一定阶段的产物，环境是人类生存与发展的物质基础，人类与其生存环境是统一的；人与动物有本质的不同，人通过自身的行为来使自然界为自己服务，来支配自然界。但是正如恩格斯在《自然辩证法》中所说的："我们不要过分陶醉于我们对自然界的胜利。对于每一次这样的胜利，自然界都报复了我们。每一次胜利，在第一步确实都取得了我们预期的结果，但是在第二步和第三步却有了完全不同的、出乎意料的影响，常常把第一个结果又取消了"。因而人类与其生存环境又有对立的一面。人类与环境这种既对立又统一的关系，表现在整个"人类-环境"系统的发展过程中。人类用自己的劳动来利用和改造环境，把自然环境转变为新的生存环境，而新的生存环境又反作用于人类。在这一反复曲折的过程中，人类在改造客观世界的同时，也改造着人类自己。这不仅表现在生理方面，而且也表现在智力方面。这充分说明，人类由于伟大的劳动，摆脱了生物规律的一般制约，进入了社会发展阶段，从而给自然界打上了人类活动的烙印，并相应地在地表环境又形成了一个新的智能圈或技术圈。我们今天赖以生存的环境，就是这样由简单到复杂、由低级到高级发展而来的。它既不是单纯由自然因素构成，也不是单纯由社会因素构成。而是在自然背景的基础上，经过人工加工形成的。它凝聚着自然因素和社会因素的交互作用，体现着人类利用和改造自然的性质和水平，影响着人类的生产和生活，关系着人类的生存和发展。

1.1.3 环境要素与环境质量

1.1.3.1 环境要素

环境要素，又称环境基质，是指构成人类环境整体的各个独立的、性质不同的而又服从整体演化规律的基本物质组分，包括自然环境要素和人工环境要素。自然环境要素通常指：水、大气、生物、阳光、岩石、土壤等。人工环境要素包括：综合生产力、技术进步、人工产品和能量、政治体制、社会行为、宗教信仰等。

环境要素组成环境结构单元，环境结构单元又组成环境整体或环境系统。例如，由水组成水体，全部水体总称为水圈；由大气组成大气层，整个大气层总称为大气圈；由生物体组成生物群落，全部生物群落构成生物圈。

1.1.3.2 环境质量

所谓环境质量，一般是指在一个具体的环境内，环境的总体或环境的某些要素，对人群的生存和繁衍以及经济发展的适宜程度，是反映人群的具体要求而形成的对环境评定的一种概念。最早是在20世纪60年代，由于环境问题的日趋严重，人们常用环境质量的好坏来表示环境遭受污染的程度。

显然，环境质量是对环境状况的一种描述，这种状况的形成，有来自自然的原因，也有来自人为的原因，而且从某种意义上说，后者更为重要。人为原因是指：污染可以改变环境质量；资源利用的合理与否，同样可以改变环境质量；此外，人群的文化状态也影响环境质量。因此，环境质量除了所谓的大气环境质量、水环境质量、土壤环境质量、城市环境质量之外，还有生产环境质量和文化环境质量。

1.2 环境问题

1.2.1 环境问题

所谓环境问题，是指作为中心事物的人类与作为周围事物的环境之间的矛盾。人类生活在环境之中，其生产和生活不可避免地对环境产生影响。这些影响有些是积极的，对环境起着改善和美化的作用；有些是消极的，对环境起着退化和破坏的作用。另一方面，自然环境也从某些方面（例如严酷的自然灾害）限制和破坏人类的生产和生活。上述人类与环境之间相互的消极影响就构成环境问题。

环境问题，就其范围大小而论，可从广义和狭义两个方面理解。从广义理解，就是由自然力或人力引起生态平衡破坏，最后直接或间接影响人类的生存和发展的一切客观存在的问题。也就是说，环境问题主要由两个方面引起：自然因素和人为因素。自然原因对环境的影响主要是指各种自然灾害造成的环境影响，也称为原生环境问题；由于人类的生产和生活活动，过度攫取自然资源或者污染物的排放量超出了环境自净能力，使自然生态系统失去平衡，反过来影响人类生存和发展的一切问题，就是从狭义上理解的环境问题。环境科学研究的环境问题主要是指人类活动引起的环境问题，也称为次生环境问题。

1.2.2　环境问题分类

环境问题分类的方法有很多，按发生的机制进行分类，主要有环境破坏和环境污染与干扰两种类型。

1.2.2.1　环境破坏

环境破坏又称生态破坏，主要指人类的社会活动产生的有关环境效应，它们导致了环境结构与功能的变化，对人类的生存与发展产生了不利影响。环境破坏主要是由于人类活动违背了自然生态规律，急功近利，盲目开发自然资源而引起的。其表现形式多种多样，按对象性质可分为两类：一类是生物环境破坏，如因过度砍伐引起的森林覆盖率锐减，因过度放牧引起草原退化，因滥肆捕杀引起许多动物物种濒临灭绝等；另一类属非生物环境破坏，如盲目占地造成耕地面积减少，因毁林开荒造成水土流失和沙漠化，地下水过度开采造成地下水漏斗、地面下沉，因其他不合理开发利用，造成地质结构破坏、地貌景观破坏等。人类对环境的破坏已有近300万年的历史。据科学研究证明，200万年来许多动物的灭绝是人类捕猎带来的。这种环境破坏的历史虽然漫长，但因其进展缓慢而不易察觉。在近代，由于科学技术的迅速发展，人口急剧增加等原因，地球环境遭受人为破坏的规模与速度越来越大，后果也越来越严重。再加上环境破坏恢复起来也需要许多时间，相当困难，甚至很难恢复。例如森林生态系统的恢复需要上百年的时间，而土壤的恢复则需要上千年、上万年或更长的时间，物种的灭绝则是根本不能恢复的。环境破坏导致一些国家和地区经济衰落甚至崩溃，如西亚的美索不达米亚，中国的黄河流域，曾是人类文明的发祥地，由于大规模的毁林垦荒，而又不注意培育林木，造成严重的水土流失，以致良田美地逐渐沦为贫壤瘠土。

1.2.2.2　环境污染与干扰

由于人类的活动，特别是工业的发展，工业生产排出的废物和余能进入环境，便带来了环境污染和干扰。

（1）环境污染　有害物质或因子进入环境，并在环境中扩散、迁移、转化，使环境系统的结构与功能发生变化，对人类或其他生物的正常生存和发展产生不利影响的现象，即环境污染，常简称"污染"。其中引起环境污染的物质或因子称环境污染物，简称污染物。它们可以是人类活动的结果，也可以是自然活动的结果，或是上述两类活动共同作用的结果。在通常情况下，环境污染主要是指人类活动导致环境质量下降。在实际工作中，判断环境是否被污染或被污染的程度，是以环境质量标准为尺度的。环境污染类型的划分也因目的、角度不同而不同，如按污染物性质可分为生物污染、化学污染和物理污染；按环境要素可分为大气污染、水污染、土壤污染、放射性污染等；其他还可以按污染产生的原因、按污染范围等进行不同的分类。但环境污染作为人类面临的环境问题的一个重要方面，总与人类的生产及生活活动密切相关。在相当长的时间内，因其范围小、程度轻、危害不明显，未能引起人们足够的重视。20世纪50年代后，由于工业迅速发展，重大污染事件不断出现，环境污染才逐渐引起人们普遍关注。

（2）环境干扰　人类活动所排出的能量进入环境，达到一定的程度，产生对人类不良影响的现象，就是环境干扰。环境干扰包括噪声、振动、电磁波干扰、热干扰等。常见的有电视塔和其他电磁波通信设备所产生的微波和其他电磁辐射；原子能和放射性同位素应用机构所排出的放射性废弃物的辐射、振动、噪声、废热；汽车、火车、飞机、拖拉机等各种交通运输工具以及各种施工场所产生的噪声。环境干扰是由能量产生的，是物理问题。环境干扰一般是局部性的、区域性的，在环境中不会有残余物质存在，当污染源停止作用后，污染也就立即消失。因此环境干扰的治理很快，只要停止排出能量，干扰就会立即消失。

1.2.3　环境问题的实质

从环境问题的发展历程可以看出：人为的环境问题是随着人类的诞生而产生，并随着人类社会的发展而发展。从表面现象看，工农业的高速发展造成了严重的环境问题。因而在发达的资本主义国家出现了"反增长"的观点。诚然，发达的资本主义国家实行高生产、高消费的政策，过多地浪费资源、能源，应该进行控制；但是，发展中国家的环境问题，主要是由于贫困落后、发展不足和发展中缺少妥善的环境规划和正确的环境政策造成的。所以只能在发展中解决环境问题，既要保护环境，又要促进经济发展。只有处理好发展与环境的关系，才能从根本上解决环境问题。

综上所述，造成环境问题的根本原因是对环境的价值认识不足，缺乏妥善的经济发展规划和环境规划。环境是人类生存发展的物质基础和制约因素，由于人口增长，人类从环境中取得食物、资源、能源的数量必然要增长。人口的增长要求工农业迅速发展，为人类提供越来越多的工农业产品，再经过人类的消费过程（生活消费与生产消费），变为"废物"排入环境。而环境的承载能力和环境容量是有限的，如果人口的增长、生产的发展，不考虑环境条件的制约作用，超出了环境的容许极限，那就会导致环境的污染与破坏，造成资源的枯竭和人类健康的损害。国际国内的事实充分说明了上述论点。所以环境问题的实质是由于盲目发展、不合理开发利用资源而造成的环境质量恶化和资源浪费，甚至枯竭和破坏。

1.2.4　当前人类面临的主要环境问题

随着工农业的发展，污染所涉及的范围越来越大，污染不再局限于污染源周围，而是由于长期的积累，在更广的范围内也能出现污染的迹象。酸雨和二氧化硫的危害不仅发生在工业发达的地区，世界范围内都有它们的踪迹。在人迹罕至的南极，也能从企鹅体内检测出DDT的存在。因而，今天，污染已呈现出明显的全球一体化趋势，许多重大的全球性环境问题不断出现。

目前国际社会最关心的全球环境问题主要包括：全球气候变化、臭氧层破坏、酸雨、有害有毒废弃物的越境转移、生物多样性锐减、热带雨林减少、土地沙漠化、发展中国家的贫困问题等，以及由上述问题带来的能源、资源、饮水、住房、灾害等一系列问题。这些问题源于不同国家和地区，但环境问题的性质具有普遍性和共同性，其影响和危害具有跨国、跨地区乃至涉及全球的后果，因而属全球环境问题；上述环境问题的解决需要全球众多国家加强合作，共同努力，需要发达国家对发展中国家的协助。

1.3 环境科学的研究任务和内容

1.3.1 环境科学的研究对象

环境科学是一个正在迅速发展的新科学。它是在解决环境问题和社会需要的推动下形成和发展起来的。环境学的概念和内涵，在短短的几十年内，随着环境保护实际工作和环境学理论研究工作的发展，日益丰富和完善。到现阶段，环境学是主要研究环境结构与状态的运动变化规律及其与人类社会活动之间的关系，研究人类社会与环境之间协同演化、持续发展的规律和具体途径的科学。它的形成和发展过程与传统的自然科学、社会科学、技术科学都有着十分密切的联系。

生态学家马世俊教授把环境科学的研究对象概括为："环境科学研究质量变化的起因、过程和后果，并找出解决环境问题的途径和技术措施。"地理学家刘培桐教授指出："环境科学是以'人类-环境'系统为特定研究对象，它是研究'人类-环境'系统的发生和发展，调节和控制以及改造和利用的科学。"人类环境系统是一个人类子系统和环境子系统组成的复合系统，两个子系统之间是既对立又统一的辩证关系。两个子系统之间的辩证关系主要通过人类的生产和消费行为表现出来。人类的生产和消费行为是人类与环境之间物质、能量和信息等的交换行为，人类通过生产行为从环境子系统中获取物质、能量和信息等，然后再将消费行为过程中产生的"三废"等废弃物排向环境子系统。人类子系统和环境子系统之间的关系如图1-1所示。因此，人类的生产与消费行为受到环境子系统的影响，同时环境子系统的状况和变化也影响着人类子系统。

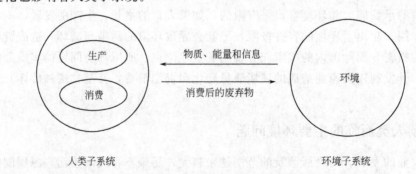

图1-1 "人类-环境"系统

1.3.2　环境科学的基本任务

从环境科学总体上来看，它研究人类与环境之间的对立统一关系，掌握"人类-环境"系统的发展规律，调控人类与环境间的物质流、能量流的运行、转换过程，防止人类与环境关系的失调，维护生态平衡；通过系统分析，规划设计出最佳的"人类-环境"系统，并把它调节控制到最优化的运行状态。《中国大百科全书·环境科学》上卷（1983）指出，环境科学的主要任务是"探索全球范围内自然环境演化的规律，在人类改造自然的过程中使环境向有利于人类的方向发展；揭示人类活动同自然生态之间的关系，使人类生产和消费系统同环境系统之间的物质和能量达到平衡；探索全球环境变化对人类生存的影响；研究区域环境污染综合防治的技术措施和管理措施"。

1.3.2.1　探索全球范围内自然环境演化的规律

这是环境科学的基础。全球性的环境包括大气圈、水圈、土壤圈、岩石圈和生物圈，它们总是在相互作用、相互影响中不断地演化，环境变异也随时随地发生。在人类改造自然的过程中，为使环境向有利于人类的方向发展，避免向不利于人类的方向发展，就必须了解和掌握环境的变化过程，包括环境系统的基本特征、结构和组成，以及演化的机理等。

1.3.2.2　揭示人类活动同自然生态之间的关系

这是环境科学研究的核心，主要是探索人与生物圈的相互依存关系。因为人类是生存在生物圈内的，生物圈的状况如何、是否会发生变化，是关系到人类生存与发展的大问题。因此，探索和深入认识人与生物圈的相互关系是十分重要的。

首先是研究生物圈的结构和功能，以及在正常状态下生物圈对人类的保护作用、提供资源能源的作用，作为农作物及野生动物植物的生长基础的作用，以及为人类提供生存空间和生存发展所必需的一切物质支持的作用等。其二是探索人类的经济活动和社会行为（生产活动、消费活动）对生物圈的影响，已经产生的和将要产生的影响，好的或坏的影响，以及生物圈结构和特征发生的变化，特别是重大的不良变化及其原因分析。如：大面积的酸雨，温室效应，臭氧层破坏，以及大面积生态破坏等。其三是研究生物圈发生不良变化后，对人类的生存和发展已经造成和将要造成的不良影响，以及应采取的战略对策。

1.3.2.3　探索全球环境变化对人类生存的影响

在上述两项探索研究的基础上，需要进一步探索全球环境变化对人类生存的影响，研究协调人类活动与环境的关系，促进"人类-环境"系统协调稳定的发展，这是环境科学的长远目标。

在生产、消费活动与环境所组成的系统中，尽管物质、能量的迁移转化过程异常复杂，但在物质、能量的输入和输出之间总量是守恒的，最终应保持平衡。生产与消费的增长，意味着取自环境的资源、能源和排向环境的废物也相应地增加。环境资源是丰富的，环境容量是巨大的，但在一定的时空条件下环境承载力是有限的。盲目地发展生产和消费势必导致资源的枯竭和破坏，造成环境的污染和破坏，削弱人类的生存基础，损害环境质量和生活质量。环境是一个多要素组成的复杂系统，其中有许多反馈机制，人类活动造成的一些短暂性、局部性的影响会通过一系列机制积累、放大或抵消，其中必然有一些会转化为长期的和全球性的影响，而环境系统又会通过一系列反馈机制将这些影响施加给人类社会，这种反馈影响将是强烈的和全球性的，危害也将是巨大的。因此，关于全球环境变化对人类生存影响的研究已成为环境科学研究的重大课题。

1.3.2.4 探索区域污染综合防治的技术和管理措施

运用工程技术及管理措施（法律、经济、教育及行政手段），从区域环境的整体上调节控制"人类-环境"系统，利用系统分析及系统工程的方法，寻求解决区域环境问题的最优方案。污染防治从最初的治理污染源，转向区域性污染的综合治理，到现在的侧重预防，强调区域规划和合理布局。引起环境问题的因素很多，实践证明需要综合运用多种工程技术措施和管理手段，从区域环境的整体出发，调节并控制人类和环境之间的相互关系，利用系统分析和系统工程的方法寻找解决环境问题的最优方案。

1.3.3 环境科学的研究内容及分科

1.3.3.1 研究内容

① 环境质量的基础理论。包括环境质量状况的综合评价，污染物质在环境中的迁移、转化、增大和消失的规律，环境自净能力的研究，环境的污染破坏对生态的影响等。

② 环境质量的控制与防治。包括改革生产工艺，搞好综合利用，尽量减少或不产生污染物质以及净化处理技术；合理利用和保护自然资源；搞好环境区域规划和综合防治。

③ 环境监测分析技术，环境质量预报技术。

④ 环境污染与人体健康的关系，特别是环境污染所引起的致癌、致畸和致突变的研究及防治。

1.3.3.2 环境科学的分科

环境科学是综合性的新兴学科，已逐步形成多种学科相互交叉渗透的庞大的学科体系。但当前对其学科分科体系尚有不同的看法。现仅就我们现有的认识水平，将环境科学按其性质和作用划分为三部分：环境科学、环境技术学及环境社会学（见图1-2），每一部分下又有许多细小的分支。下面简要介绍环境科学的几个分支学科。

（1）环境化学 运用化学的理论和方法，研究大气、水体、土壤环境中潜在有害有毒化学物质含量的鉴定和测定、污染物存在形态、迁移转化规律、生态效应以及减少或消除其产生的科学。

（2）环境物理学 研究物理环境和人类之间的相互作用。主要研究噪声、光、热、电磁场和射线对人类的影响，以及消除其不良影响的技术途径和措施。

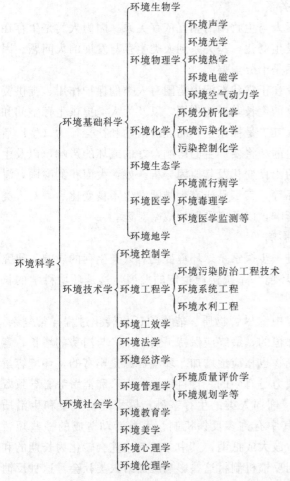

图 1-2 环境科学的学科体系

(3) 环境医学 研究环境与人群健康的关系，特别是研究环境污染对人群健康的有害影响及其预防措施。内容有探索污染物在人体内的动态和作用机理，查明环境致病因素和致病条件，阐明污染物对健康损害的早期危害和潜在的远期效应，以便为制定环境卫生标准和预防措施提供科学依据。

(4) 环境工程学 运用工程技术的原理和方法，防治环境污染，合理利用自然资源，保护和改善环境质量。

(5) 环境管理学 研究采用行政的、法律的、经济的、教育的和科学技术的手段调整社会经济发展同环境保护之间的关系，处理国民经济各部门、各社会集团和个人有关环境问题的相互关系，通过全面规划和合理利用自然资源，达到保护环境和促进经济发展的目的。

(6) 环境经济学 运用经济科学和环境科学的原理和方法，分析经济发展和环境保护的矛盾，以及经济再生产、人口再生产和自然再生产三者之间的关系，选择经济、合理的物质变换方式，以使用最小的劳动消耗为人类创造清洁、舒适、优美的生活和工作环境。

(7) 环境法学 研究关于保护自然资源和防治环境污染的立法体系、法律制度和法律措施，目的在于调整因保护环境而产生的社会关系。

(8) 环境生物学 研究生物与受人类干预的环境之间的相互作用的机理和规律。

(9) 环境生态学 研究人为干扰下，生态系统内在的变化机理、规律和对人类的反效应，寻找受损生态系统恢复、重建和保护对策的科学。即运用生态学理论，阐明人与环境之间的相互作用及解决环境问题的生态途径。

(10) 环境工效学 研究环境因素与工作效率的关系。

(11) 环境教育学 以跨学科培训为特征，以唤起受教育者的环境意识，理解人类与环境的相互关系，发展解决环境问题的技能，树立正确的环境价值观和态度的一门教育科学。

(12) 环境地学 以人类-地球系统为对象，研究它的发生和发展，组成和结构，调节和控制，改造和利用。

(13) 环境伦理学 从伦理和哲学的角度研究人类与环境的关系，是人类对待环境的思维和行为的准则。

(14) 环境美学 研究审美立体、环境意识、环境道德以及技术美的设计，从而达到美感、审美享受的要求，使社会物质不断发展。

(15) 环境心理学 研究从心理学角度保持符合人们心愿的环境的一门科学。

环境是一个有机的整体，环境污染又是极其复杂的、涉及面相当广泛的问题。因此，在环境学发展过程中，环境学的各个分支学科虽然各有特点，但又互相渗透、互相依存，它们是环境学这个整体的不可分割的组成部分。

1.4 环境科学的发生和发展

1.4.1 环境问题的产生与发展

人类是环境的产物，又是环境的改造者。人类在同自然界的斗争中，不断运用自己的智慧，通过劳动，不断地改造自然，创造新的生存条件，然而由于人类认识能力和科学技术水平的限制，在改造环境的过程中，往往会产生意料不到的后果，造成对环境的污染和破坏。

环境是人类生存和发展的基础。环境问题的出现和日益严重，引起人们的重视，环境科学研究工作随着发展起来，逐渐形成环境科学这样一个新兴的综合性学科。

人类活动造成的环境问题，最早可追溯到远古时期。那时，由于用火不慎，大片草地、森林发生火灾，生物资源遭到破坏，他们不得不迁往他地以谋生存。早期的农业生产中，刀耕火种，砍伐森林，造成了地区性的环境破坏。古代经济比较发达的美索不达米亚、希腊、小亚细亚以及其他许多地方，由于不合理的开垦和灌溉，后来成了荒芜不毛之地。中国的黄河流域是中国古代文明的发源地，那时森林茂密，土地肥沃。西汉末年和东汉时期进行大规模的开垦，促进了当时农业生产的发展，但是由于滥伐了森林，水源不能涵养，水土严重流失，造成沟壑纵横，水旱灾害频繁，土地日益贫瘠。随着社会分工和商品交换的发展，城市成为手工业和商业的中心。城市里人口密集，房屋毗连。炼铁、冶铜、锻造、纺织、制革等各种手工业作坊与居民住房混在一起。这些作坊排出的废水、废气、废渣，以及城镇居民排放的生活垃圾，造成了环境污染。13世纪英国爱德华一世时期，曾经有对排放煤炭的"有害的气味"提出抗议的记载。1661年英国人J.伊夫林写了《驱逐烟气》一书献给英王查理二世，指出空气污染的危害，提出一些防治对策。

工业革命后，蒸汽机的发明和广泛使用，使生产力得到了很大发展。一些工业发达的城市和工矿区，工矿企业排出的废弃物污染环境，使污染事件不断发生。恩格斯在《英国工人阶级状况》一书中详细地记述了当时英国工业城市曼彻斯特的污染状况。1873年12月，1880年1月，1882年2月，1891年12月和1892年2月英国伦敦多次发生可怕的有毒烟雾事件。19世纪后期日本足尾铜矿区排出的废水毁坏了大片农田。1930年12月比利时马斯河谷工业区由于工厂排出有害气体，在逆温条件下造成严重的大气污染事件。农业生产活动也曾造成自然环境的破坏。1934年5月美国发生一次席卷半个国家的特大尘暴，从西部的加拿大边境和西部草原地区几个州的干旱土地上卷起大量尘土，以每小时96～160km的速度向东推进，最后消失在大西洋的几百公里海面上。这次风暴刮走西部草原3亿多吨土壤。芝加哥在5月11日这一天，降下尘土1200万吨。这是美国历史上的一次重大灾难。尘暴过后，美国各地开展了大规模的农业环境保护运动。

第二次世界大战以后，社会生产力突飞猛进。许多工业发达国家普遍发生现代工业发展带来的范围更大、情况更加严重的环境污染问题，威胁着人类的生存。美国洛杉矶市随着汽车数量的日益增多，自20世纪40年代后经常在夏季出现光化学烟雾，对人体健康造成了危害。1952年12月英国伦敦出现另一种类型严重的烟雾事件，短短四天内比常年同期死亡人数多4000人。日本接连查明水俣病、痛痛病、四日市哮喘等震惊世界的公害事件，都起源于工业污染。在荒无人烟的南、北极冰层中，监测到有害物质含量不断增加；北欧、北美地区许多地方降下酸雨，大气中二氧化碳含量不断增加。环境问题发展成为全球性的问题。60年代在工业发达国家兴起了"环境运动"，要求政府采取有效措施解决环境问题。到了70年代，人们又进一步认识到除了环境污染问题外，地球上人类生存环境所必需的生态条件正在日趋恶化。人口的大幅度增长，森林的过度采伐，沙漠化面积的扩大，水土流失的加剧，加上许多不可更新资源的过度消耗，都向当代社会和世界经济提出了严重的挑战。在此期间，联合国及其有关机构召开了一系列会议，探讨人类面临的环境问题。1972年联合国召开了人类环境会议，通过了《联合国人类环境会议宣言》，呼吁世界各国政府和人民共同努力来维护和改善人类环境，为子孙后代造福。1974年在布加勒斯特召开了世界人口会议，同年在罗马召开世界粮食大会。1977年在马德普拉塔召开世界气候会议，在斯德哥尔摩召开资源、环境、人口和发展相互关系学术讨论会。1980 年 3 月 5 日国际自然及自然资源保护联合会在许多国家的首都同时公布了《世界自然资源保护大纲》，呼吁各国保护生物资源。这些频繁的会议和活动说明 70 年代以来环境问题已成为当代世界上一个重大的社会、经济、技术问题。

1.4.2 环境科学的形成和发展

环境科学，作为一门科学，产生于 20 世纪 50 年代至 60 年代，然而人类关于环境必须加以保护的认识则可追溯到人类社会的早期。我国早在春秋战国时代就有所谓"天人关系"的争论。孔子倡导"天命论"，主张"尊天命"、"畏天命"，认为天命不可抗拒，成为近代地球环境决定论的先驱；老子则强调人应顺应自然变化，主张无为，"人法地，地法天，天法道，道法自然"，把自然状态和人无为（人不去主宰天地万物）作为理想；荀子提出"天人之分"，主张制"天命而用之"，认为"人定胜天"。在古埃及、希腊、罗马等地也有过类似的论述。

到 20 世纪 50～60 年代，全球性的环境污染与破坏，引起人类思想的极大震动和全面反省。1962 年，美国生物学家 Rachel Carson 出版了《寂静的春天》一书，通俗地说明杀虫剂污染造成严重的生态危害。该书是人类进行全面反省的信号。可以认为，以此为标志，近代环境学开始产生并发展起来。环境学在短短的几十年内，出现了两个重要历史阶段：第一阶段是直接运用地学、生物学、化学、物理学、公共卫生学、工程技术科学的原理和方法，阐明环境污染的程度、危害和机理，探索相应的治理措施和方法，由此发展出环境地学、环境生物学、环境化学、环境物理学、环境医学、环境工程学等一系列新的边缘性分支学科。由于污染防治的实践活动表明，有效的环境保护同时还必须依赖于对人类活动及社会关系的科学认识与合理调节，于是又涉及许多社会科学的知识领域，并相应地产生了环境经济学、环境管理学、环境法学等。这些自然科学、社会科学、技术科学新分支学科的出现和汇聚标志着环境学的诞生。这一阶段的特点是直观地确定对象，直接针对环境污染与生态破坏现象进行研究。在此基础上发展起来的，具有独立意义的理论，主要是环境质量学说。其中包括环境中污染物质迁移转化规律，环境污染的生态效应和社会效应，环境质量标准和评价等科学内容。与此相应，这一阶段的方法论是系统分析方法的运用，寻求对区域环境污染进行综合防治的方法，寻求局部范围内既有利于经济发展又有利于改善环境质量的优化方案。因此，这一阶段把环境学定义为关于环境质量及其保护与改善的科学。由于环境问题在实质上是人类社会行为失误造成的，是复杂的全球性问题，要从根本上解决环境问题，必须寻求人类活动、社会物质系统的发展与环境演化三者之间的统一。由此，环境学发展到一个更高一级的新阶段，即把社会与环境的直接演化作为研究对象，综合考虑人口、经济、资源与环境等主要因素的制约关系，从多层次乃至最高层次上探讨人与环境协调演化的具体途径。它涉及到科学技术发展方向的调整；社会经济模式的改变；人类生活方式和价值观念的变化等。与之相应，环境科学的定义是：研究环境结构、环境状态及其运动变化规律，研究环境与人类社会活动间的关系，并在此基础上寻求正确解决环境问题，确保人类社会与环境之间演化、持续发展的具体途径的科学。

综上所述，环境科学是在环境问题日益严重后产生和发展起来的一门综合性科学。到目前为止，这门学科的理论和方法还处在发展之中。环境科学的形成和发展，大体可分为两个阶段。

1.4.2.1 有关学科分别探索

早在公元前 5000 年，中国在烧制陶瓷的柴窑中已按照热烟上升原理用烟囱排烟。公元前 2300 年开始使用陶质排水管道。古代罗马大约在公元前 6 世纪修建地下排水道。公元前 3 世纪中国的荀子在《王制》一文中阐述了保护自然的思想："草木荣华滋硕之时，则斧斤不入山林，不夭其生，不绝其长也。鼋、鱼、鳖、鳅、鳣孕别之时，罔罟毒药不入泽，不夭其生，不绝其长也。"人类在同自然界斗争中，也逐渐积累了防治污染、保护自然的技术和知识。

19 世纪下半叶，随着经济社会的发展，环境问题已开始受到社会的重视，地学、生物学、物理学、医学和一些工程技术等学科的学者分别从本学科角度开始对环境问题进行探索和研究。德国植物学家 C. N. 弗拉斯在 1847 年出版的《各个时代的气候和植物界》一书中论述了人类活动影响到植物界和气候的变化。美国学者 G. P. 马什在 1864 年出版的《人和自然》一书中从全球观点出发论述人类活动对地理环境的影响，特别是对森林、水、土壤和野生动植物的影响，呼吁开展保护运动。德国地理学家 K. 里特尔和 F. 拉策尔探讨了地理环境对种族和民族分布、人口分布、密度和迁移，以及人类聚落形式和分布等方面的影响。但是他们过分强调地理环境的控制作用，陷入地理环境决定论的错误。马克思和恩格斯批判了这种理论的错误，并且根据许多科学家包括弗拉斯的调查材料，指出地球表面、气候、植物界、动物界以及人类本身都在不断地变化，这一切都是人类活动的结果。

地球上生命的历史，是生物同它的周围环境相互作用的历史。英国生物学家 C. R. 达尔文在 1859 年出版的《物种起源》一书中，以无可辩驳的材料论证了生物是进化而来的，生物的进化同环境的变化有很大关系，生物只有适应环境，才能生存。达尔文把生物和环境的各种复杂关系叫做生存斗争或者叫适者生存。1869 年德国生物学家 E. H. 海克尔提出了物种变异是适应和遗传两个因素相互作用的结果，创立了生态学的概念。1935 年英国植物生态学家 A. G. 坦斯利提出了生态系统的概念，目前生态学的研究大多是围绕着生态系统进行的。

声、光、热、电等对人类生活和工作的影响从 20 世纪初开始研究，并逐渐形成了在建筑物内部为人类创造适宜的物理环境的学科——建筑物理学。

公共卫生学从 20 世纪 20 年代以来逐渐由注意传染病进而注意环境污染对人群健康的危害。早在 1775 年英国著名外科医生 P. 波特发现扫烟囱工人患阴囊癌的较多，就认为这种疾病同接触煤烟有关。1915 年日本学者山极胜三郎用实验证明煤焦油可诱发皮肤癌。从此，环境因素的致癌作用成为引人注目的研究课题。

在工程技术方面，给水排水工程是一个历史悠久的技术部门。1897 年英国建立了污水处理厂。1850 年人们开始用化学消毒法杀灭饮水中病菌，防止以水为媒介的传染病流行。消烟除尘技术在 19 世纪后期已有所发展，20 世纪初开始采用布袋除尘器和旋风除尘器。

这些基础科学和应用技术的进展，为解决环境问题提供了原理和方法。

1.4.2.2 环境科学的提出与发展

环境科学的提出与发展是从 20 世纪 50 年代环境问题成为全球性重大问题后开始的。当时许多科学家，包括生物学家、化学家、地理学家、医学家、工程学家、物理学家和社会科学家等对环境问题共同进行调查和研究。他们在各个原有学科的基础上，运用原有学科的理论和方法，研究环境问题。通过这种研究，逐渐出现了一些新的分支学科，例如环境地学、环境生物学、环境化学、环境物理学、环境医学、环境工程学、环境经济学、环境法学、环境管理学等等，在这些分支学科的基础上孕育产生了环境科学。最早提出"环境科学"这一名词的是美国学者。当时指的是研究宇宙飞船中人工环境问题。1964 年国际科学联合会理事会议设立了国际生物方案，研究生产力和人类福利的生物基础，对于唤醒科学家注意生物圈所面临的威胁和危险产生了重大影响。国际水文 10 年和全球大气研究方案，也促使人们重视水的问题和气候变化问题。1968 年国际科学联合会理事会设立了环境问题科学委员会。70 年代出现了以环境科学为书名的综合性专门著作。1972 年英国经济学家 B. 沃德和美国微生物学家 R. 杜博斯受联合国人类环境会议秘书长的委托，主编出版《只有一个地球》一书，副标题是"对一个小小行星的关怀和维护"。主编者试图不仅从整个地球的前途出发，而且也从社会、经济和政治的角度来探讨环境问题，要求人类明智地管理地球。这可以被认为是环境科学的一部绪论性质的著作。不过这个时期有关环境问题的著作，大部分是研究污染或公害问题的。70 年代后半期，人们认识到环境问题不再仅仅是排放污染物所引起的人类健康问题，而且包括自然保护和生态平衡，以及维持人类生存发展的资源问题。

在控制环境污染技术方面，大体上经历了三个时期。20 世纪 60 年代中期，当时面临着严重的环境污染，许多国家的政府颁布一系列政策、法令，采取政治的和经济的手段，主要搞污染治理。60 年代末期开始进入防治结合、以防为主的综合防治阶段。美国于 1970 年开始实行环境影响评价制度。70 年代中期，强调环境管理，强调全面规划、合理布局和资源的综合利用。随着人们对环境和环境问题的研究和探讨，以及利用和控制技术的发展，环境科学迅速发展起来。

1.4.3 环境科学的现状和展望

环境科学从提出到现在，作为一门新兴学科，发展异常迅速。许多学者认为，环境科学的出现，是 20 世纪 60 年代以来自然科学迅猛发展的一个重要标志。这表现在以下两个方面。

（1）推动了自然科学各个学科的发展 自然科学是研究自然现象及其变化规律的，各个学科从不同的角度，比如从物理学的、化学的、生物学的各个方面去探索自然界的发展规律，认识自然。各种自然现象的变化，除了自然界本身的因素外，人类活动对自然界的影响也越来越大。20 世纪以来科学技术日新月异，人类改造自然的能力大大增强，自然界对人类的反作用也日益显示出来。环境问题的出现，使自然科学的许多学科把人类活动产生的影响作为一个重要研究内容，从而给这些学科开拓出新的研究领域，推动了它们的发展，同时也促进了学科之间的相互渗透。

（2）推动了科学整体化研究 环境是一个完整的有机的系统，是一个整体。过去，各门自然科学，比如物理学、化学、生物学、地理学等都是从本学科角度探讨自然环境中各种现象的。然而自然界的各种变化，都不是孤立的，而是物理、生物、化学等多种因素综合的变化。各个环境要素，如大气、水、生物、土壤和岩石同光、热、声等因素也互相依存，互相影响，又是互相联系的。比如臭氧层的破坏，大气中二氧化碳含量增高引起气候异常，土壤中含氮量不足等，这些问题表面看来原因各异，但都是互相关联的。因为全球性的碳、氧、氮、硫等物质的生物地球化学循环之间有着许多联系。人类的活动，诸如资源开发等都会对环境发生影响。因此，在研究和解决环境问题时，必须全面考虑，实行跨部门、跨学科的合作。环境科学就是在科学整体化过程中，以生态学和地球化学的理论和方法作为主要依据，充分运用化学、生物学、地学、物理学、数学、医学、工程学以及社会学、经济学、法学、管理学等各种学科的知识，对人类活动引起的环境变化、对人类的影响，及其控制途径进行系统的综合研究。

目前，在环境问题研究上主要趋势是：以整体观念剖析环境问题；更加注意研究生命维持系统；扩大生态学原理的应用范围；提高环境监测的效率；注意全球性问题。这些趋势改变了以大气、水、土壤、生物等自然介质来划分环境的做法，要求环境科学从环境整体出发，实行跨学科合作，进行系统分析，以宏观和微观相结合的方法进行研究。这些都将促进环境科学的进一步发展。

面临全球性的环境问题，许多国家政府和学术团体都在组织力量研究和预测环境发展趋势，筹商对策。60 年代末，意大利、瑞士、日本、美国、德意志联邦共和国等 10 个国家的 30 位科学家、经济学家和工业家在意大利开会讨论人类当前和未来的环境问题，并成立了罗马俱乐部。受这个组织委托，美国麻省理工学院利用数学模型和系统分析方法，研究了人口、农业生产、自然资源、工业生产和环境污染五个因素的内在联系，于 1972 年发表了研究报告《增长的限度》，提出了"零增长论"。1974 年罗马俱乐部又发表了由英国生态学家 E. 戈德史密斯为首编著的《生存的战略》。此后，一些国家也开展了全球性预测研究。1979 年欧洲经济合作发展组织发表了《不久的将来》，1980 年美国政府发表了《全球 2000 年》。这些出版物对未来的预测虽然各有特点，但都指出大致相同的趋势：a. 几乎在所有地区人口继续增加；b. 大部分地区经济继续增长；c. 全球范围内粮食和农产品供应变得不那么充裕，价格更为昂贵；d. 能源消耗的增长率下降，对能源更加注意节省；e. 水的问题愈来愈大，在供应和污染方面均是如此；f. 环境压力增大。

苏联科学院院士 Э. K. 费多罗夫认为，罗马俱乐部的科学家对世界形势的分析是新马尔萨斯的观点；自然环境的污染不应当认为是生产增长和技术进步不可避免的后果，进步本身还提供了消除污染的可能性；自然资源储量减少是事实，但技术进步也在不断发现新的资源来满足人的基本需要。在美国以未来研究所为代表，对世界前景持乐观论点，发表了《世界经济发展——令人兴奋的 1978～2000 年》，认为人类总会有办法解决未来出现的问题。

环境是人类生存和发展的条件。我们要科学地预测 2000 年或更长时期环境变化趋势，但更重要的是制定正确的决策，调整发展和生活方式的类型，控制人口增长，合理利用资源，以保证资源的永续利用，创造更好的生存环境。

20 世纪 70 年代以前，中国在基础科学、医学、工程技术等方面已进行了一些有关环境科学的研究工作，但当时都是从各自的学科和系统出发，零星地进行研究的。1972 年在总结过去经验的基础上，提出了"全面规划，合理布局，综合利用，化害为利，依靠群众，大家动手，保护环境，造福人民"的环境保护方针。同年，中国科学院联合全国许多部门对官厅水系的污染和水源保护进行多学科的、大规模的调查研究，推动了环境科学的发展。1973 年中国第一次环境保护会议制定了 1974～1975 年环境保护科学研究任务。以后，又制定环境保护科学技术长远发展规划，并纳入全国科学技术发展规划。十多年来，中国的环境科学研究已形成了一定的力量，取得了一定的成果，环境科学的各门分支学科也得到了蓬勃发展。在环境质量研究方面，已进行了部分城市、河流、湖泊、海域、地下水的环境质量评价。在环境监测方面，研制了大气污染自动监测车和水质污染监测船，建立了标准分析方法，开展了中子活化、激光、遥感遥测等分析技术和生物监测的应用。在工业污染治理技术方面，高浓度二氧化硫回收、无氰电镀和电镀废水治理、酶法脱毛、汞害治理、炼油废水净化、气流噪声防治等技术已在生产上应用。在大自然保护方面，对沙漠综合防治、草原改良、黄土高原大面积造林、农村沼气的利用，中国综合农业区划的制定、野生濒危动物的驯化和濒危植物的引种栽培等，积累了一定经验。在污染和人体健康关系的研究方面，进行了大气和水污染对人体健康的危害、农药的毒性毒理、噪声危害等研究。此外，还在环境化学、环境生物学、环境地学等方面进行一些基础研究。当前中国环境科学研究的重点是：无污染或少污染工艺技术，环境规划和区域环境污染综合防治，污染物在环境中的迁移、转化和归宿的规律，污染物的毒理及其对生物和人体健康的影响，环境政策、环境经济效果和环境立法等。

环境问题是随着人类社会发展而发展，同时也是随着社会进步和科学技术发展而必然被认识和解决的。环境科学是一门新兴科学，它诞生至今不过五六十年的历史，虽然发展迅速，但终究尚未成熟。可以这样认为：环境科学的全盛时期不是已经过去，而是还未到来，无数重要的环境问题正有待我们去研究解决，许多理论和方法问题需要作深入的探讨。

第2章

大气污染与防治

2.1 大气及大气圈

地球是至今知道的太阳系中唯一有生命的行星，其上有适合于人类生存和发展的自然环境。地球表面环绕着一层很厚的气体，称为地球大气，也称为地球大气圈。大气是自然环境的重要组成部分，是人类赖以生存的物质。在大气中发生的各种物理、化学现象和过程都与人类的生存和发展有着密切的关系。

2.1.1 大气及其组成

2.1.1.1 大气与空气

按照国际标准化组织（ISO）对大气和空气的定义：大气（atmosphere）是指环绕地球的全部空气的总和；环境空气（ambient air）是指人类、植物、动物和建筑物暴露于其中的室外空气。可见，"大气"与"空气"的区别仅在于"大气"所指的范围更大些，"空气"所指的范围相对小些。根据上述定义及大气污染的实际状况，1996 年我国将原来的《大气环境质量标准》（GB 3095—82）改为《环境空气质量标准》（GB 3095—1996），2012 年 2 月又进行了修正，颁布了《环境空气质量标准》（GB 3095—2012）。这里的"环境空气"更侧重于和人类关系最密切的近地层空气。而当进行大气物理学、气象学以及环境科学研究时，常常以大区域和全球的气流为研究对象，则用"大气"一词。

2.1.1.2 大气的组成

大气的组成是很复杂的，它是一个多种气体的混合物。其组成可以分为三部分：干洁大气、水蒸气和悬浮颗粒物。干洁大气的主要成分是氮、氧、氩和二氧化碳气体，其体积含量占全部干洁大气的 99.96%；氖、氦、氪、甲烷等次要成分只占 0.04%左右。表 2-1 列出了干洁大气的化学组成。

由于大气的湍流运动和动植物的气体代谢作用，使不同高度、不同地区的大气进行交换和混合。从地面到 90km 的高度，除 CO_2 和 O_3 外，干洁大气的成分基本保持不变，称为均质层。也就是说，在人类经常活动的范围内，地球上任何地方干洁大气的物理性质是基本相同的。其平均相对分子质量为 28.966，在标准状态下（273.15K，101325Pa）密度为 1.293kg/m³。

表 2-1　干洁大气的化学组成

成分	体积分数/%	成分	体积分数/%
氮（N_2）	78.08	甲烷（CH_4）	1.2×10^{-4}
氧（O_2）	20.95	氪（Kr）	0.5×10^{-4}
氩（Ar）	0.934	氢（H_2）	0.5×10^{-4}
二氧化碳（CO_2）	0.033	氙（Xe）	0.08×10^{-4}
氖（Ne）	18×10^{-4}	二氧化氮（NO_2）	0.02×10^{-4}
氦（He）	5.2×10^{-4}	臭氧（O_3）	$0.01 \times 10^{-4} \sim 0.04 \times 10^{-4}$

CO_2 和 O_3 是干洁大气中的可变成分，对大气的温度分布影响较大。CO_2 来源于大气底层燃料的燃烧、动物的呼吸和有机物的腐解等，因此它主要集中于 20km 以下的大气层中，其含量因时空而异，夏季多于冬季，陆地多于海洋，城市多于农村。O_3 是大气中的微量成分之一，总质量约为 3.29×10^9 t，占大气质量的 0.64×10^{-4}。它的含量随时空变化很大，在 10km 以下含量甚微，从 10km 往上含量随高度增高而增加，到 $20 \sim 25$km 高空处含量达到最大值，成为臭氧层，再往上又减少。臭氧层能大量吸收太阳辐射中波长小于 320nm 的紫外线，从而保护地球上有机体的生命活动。

大气中的水蒸气来源于地表水的蒸发，其平均体积分数不到 0.5%，随时空和气象条件而变化。在热带多雨地区，其体积分数可达 4%；而在沙漠或两极地区，其体积分数可小于 0.01%。一般来讲，低纬度地区大于高纬度地区，夏季高于冬季，下层高于上层。观测表明，在 $1.5 \sim 2.0$km 高度上，空气中的水蒸气已减少到地面的 1/2，在 5km 高度上则减少到地面的 1/10，再往上就更少了。水蒸气是实际大气中唯一能在自然条件下发生相变的成分，这种相变导致了大气中云、雾、雨、雪、雹等天气现象的发生。

大气中除含有上述气体成分外，还包括悬浮在大气中的各种固体和液体微粒，称为大气颗粒物，现统称为大气气溶胶粒子。气溶胶粒子有固体和液体两类。前者包括粉尘、烟尘、宇宙尘埃、微生物和植物的孢子、花粉等；后者则指悬浮于大气中的雾滴等水蒸气凝结物。气溶胶粒子粒径一般在 10^{-4} μm 到几十微米之间，多集中于大气底层，含量和成分都是变化的。一般陆地多于海洋，城市多于农村，冬季多于夏季。其中有些物质是引起大气污染的物质，它们的存在对辐射的吸收和散射，云、雾和降水的形成，大气光电现象具有重要作用，对大气污染有重要影响。

2.1.2　大气的垂直结构

地球大气的下边界是从地表或海洋表面开始的，但是地球大气的上边界却不像下边界那么明显，因为大气圈与星际空间之间很难有一个"界面"将它们截然分开。至今，人们只能通过物理分析和现有的观测资料，来大致确定大气的上边界高度。通常有两种方法：一种是根据大气中出现的某些物理现象，以极光出现的最大高度 1200km 作为大气的上界，因为极光是太阳发出的高速带电粒子使稀薄空气分子或原子激发出来的光，它只出现在大气中，星际空间没有这种物理现象；另一种是根据大气密度随高度增加而减少的规律，以大气密度接近星际气体密度的高度定为大气上界，按卫星观测资料推算，该高度约为2000～3000km。

观测表明，地球大气在垂直方向上的物理性质（温度、成分、电荷等）有显著差异，根据这些性质随高度的变化特征，可将大气进行不同类型的分层（图2-1）。

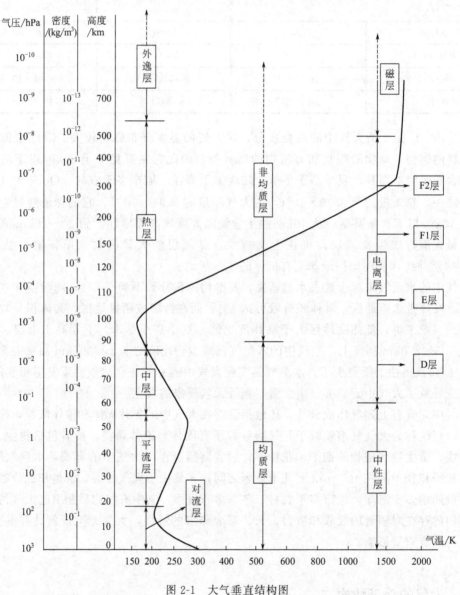

图 2-1　大气垂直结构图

2.1.2.1　按气温垂直分布分层

气温随高度的变化非常明显，但并非单一的降低或增高。按其垂直分布的具体特征，大气分成对流层、平流层、中层、热层和散逸层5层。

（1）对流层　对流层是地球大气的最底层，其下边界为地面或海面。高度随纬度、季节等因素而变，在低纬度地区平均为17～18km，中纬度地区平均为10～12km，极地平均为

8～9km。就季节变化而言，夏季对流层高度大于冬季。概括起来，对流层具有以下几个特点。

① 气温随高度的增加而降低，平均而言，每上升100m约降低0.65℃，这个气温降低速率称为气温递减率，通常以γ表示。当然，某些地区会出现气温不随高度的增加而降低，甚至升高的情况，这种现象称为逆温。

② 大气密度和水汽随高度的增加而迅速递减，对流层几乎集中了整个大气质量的3/4和水汽的90%。

③ 有强烈的垂直运动。包括有规则的垂直对流运动和无规则的湍流运动，它们使空气中的动量、水汽、热量以及颗粒物等得以混合与交换。

④ 气象要素的水平分布不均匀。由于对流层空气受地表的影响最大，因此，海陆分布、地形起伏等差异使对流层中温度、湿度等气象要素的水平分布不均匀。

以上4个特点为云和降水的形成以及天气系统的发生、发展提供了有利条件，因此，大气中所有重要的天气现象和过程几乎都发生在这一层。

（2）平流层 自对流层顶向上至55km左右这一范围称为平流层。其主要特点如下。

① 最初20km以下，气温基本均匀；从20km到55km，温度很快上升，至平流层顶可达270～290K，这主要是臭氧吸收太阳辐射所致。臭氧层位于10～50km，在15～30km臭氧浓度最高，30km以上臭氧浓度虽然逐渐减少，但这里的紫外辐射强烈，故温度随高度的增加能迅速增高。

② 平流层内气流平稳、对流微弱，而且水汽极少，因此大多数为晴朗的天空，能见度很好。

（3）中层 自平流层顶部向上，气温又再次随高度的增加而迅速下降，至离地80～85km处达到最低值，约160～190K，这一范围的气层称为中层。造成气温随高度的增加而迅速下降的原因，一方面是在这一层中几乎没有臭氧，另一方面是氮和氧等气体能直接吸收的太阳辐射大部分已被上层大气吸收掉。

在中层，有相当强烈的垂直对流和湍流混合，故又称为高层对流层，然而，由于水汽极少，只是在高纬度地区的黄昏时刻，在该层顶部附近，有时会看到银白色的夜光云。

（4）热层 中层顶（85km）以上是热层，这一层没有明显的上界，而且与太阳活动情况有关，其高度约在250～500km。在这一层，由于氮和氧吸收大量太阳短波辐射，而使气温再次升高，可达1000～2000K。在100km以上，大气热量的传输主要靠热传导，而非对流和湍流运动。由于热层内空气稀薄，分子稀少，传导率小，因此该层的气温上升得很快。

（5）散逸层 热层顶以上是散逸层，为大气圈向星际空间的过渡地带，没有确定的上界，空气极度稀薄。在这层中气温很高，气温由低到高呈垂直分布，随着高度的升高而升高。由于气温高，粒子运动速度很大，而且这里的地心引力很小，因此，一些高速运动的空气质点不断地向星际空间逃逸，这就是"散逸层"名称的由来。

2.1.2.2 按大气化学组分垂直分布分层

按大气的成分结构，可把大气分为均质层和非均质层。

（1）均质层 从地面到80～100km（平均90km）之间的大气层中，大气中主要成分的组成比例（见表2-1）几乎不随时间、空间变化，因此这层大气称为均质层。

（2）非均质层 在90km以上的大气层中，由于氧分子和氮分子大量解离，使得大气的平均相对分子质量随着高度的增加而降低，所以称为非均质层。

2.1.2.3 按大气电离状态的垂直分布分层

按大气的电磁特性，可把大气分为中性层、电离层和磁层。中性层是指地面到 60km 高度，这里的大气各成分多处于中性，即非电离状态。60~500km 高度的大气层称为电离层。在这里，由于太阳辐射的影响，大气物质开始电离。根据电离层电子的浓度及对电磁波反射的不同效果，又可划分为 D 层（高度大约在 60~90km）、E 层（高度大约在 110km）、F1 层（高度大约在 160km）、F2 层（高度大约在 300km），以及更高的 G 层等。D 层主要是 NO 的光解离，E 层主要是 O_2 的光解离，F 层 O_2 和 N_2 都发生光解离，离子和电子浓度都很高。500km 以上的称为磁层。

2.2 大气污染源和污染物

按照国际标准化组织（ISO）的定义：大气污染通常系指由于人类活动和自然过程引起某些物质介入大气中，呈现出足够的浓度，达到足够的时间，并因此而危害人体的舒适、健康和福利，或危害了环境。

2.2.1 大气污染源

大气污染源是指大气污染的发源地，按污染物产生的原因，可分为天然污染源和人为污染源。

2.2.1.1 天然污染源

天然污染源是由自然灾害造成的，如火山爆发喷出大量火山灰和二氧化硫，有机物分解产生的碳、氮和硫的化合物，森林火灾产生大量的二氧化硫、二氧化氮、二氧化碳和烃类化合物，大风刮起的沙土以及散布于空气中的细菌、花粉等。由于天然污染源造成的污染是局部的、暂时的，通常在大气污染中起次要作用。

2.2.1.2 人为污染源

人为污染源是指由于人类生产和生活活动所造成的污染（见图 2-2）。一般所说的大气污染问题，主要是指人为因素引起的污染问题。

（1）按污染物产生的类型划分

① 工业污染源。指人类在生产过程中和燃烧过程中所造成的大气污染的污染源，称为工业污染源。工业污染源包括燃料燃烧排放的污染物、生产过程中的排气以及各类物质的粉尘，是一类污染物排放量大、种类多、排放比较集中的污染源。随着工业的迅速发展，工矿企业排放污染物的种类和数量日益增加。

② 生活污染源。人们由于烧饭、取暖、沐浴等生活上的需要，燃烧煤、油，向大气排放污染物所造成的大气污染的污染源，称为生活污染源。生活污染源是一种排放量大、分布广、危害不容忽视的空气污染源。

③ 交通污染源。交通污染源是由汽车、飞机、火车及船舶等交通工具排放尾气造成的，主要原因是汽油、柴油等燃料的燃烧而形成的。汽车尾气已逐渐成为大气污染的主要污染源之一，目前全世界的汽车已超过 2 亿辆，一年内排出的一氧化碳近 2 亿吨、铅 40 万吨、碳

图 2-2　各种人为污染源

氢化合物近 5000 万吨。除汽车造成严重污染外，飞机、火车等交通工具所排放的污染物对大气的污染也不能小视。

（2）按污染源存在的形式划分

① 固定污染源。指排放污染物的装置位置固定，如工矿企业的烟囱、排气囱、民用炉灶等。生活污染源和工业污染源都属于固定污染源。

② 移动污染源。指排放污染的装置处于移动状态，如汽车、火车、轮船、飞机等。

（3）按污染源的排放方式划分

① 点源是指一个烟囱或几个相距很近的固定污染源，其排放的废气只构成小范围的大气污染。

② 线源指汽车、火车、轮船、飞机在公路、铁路、河流和航空线附近构成的大气污染。

③ 面源指在一个大城市或工业区，工业生产烟囱和交通运输工具排放出的废气，构成较大范围的空气污染。

（4）按污染物形成过程的不同划分

① 一次污染源指直接向大气排放一次污染物的设施。

② 二次污染源指可产生二次污染物的发生源。二次污染物是指不稳定的一次污染物与空气中原有成分发生反应，或污染物之间相互反应，生成一系列新的污染物质。

（5）按污染物排放时间的不同划分

① 连续污染源指污染物连续排放，如火力发电厂、高炉等。

② 间断污染源指污染物排放时断时续，如取暖锅炉的烟囱。

③ 瞬时污染源指污染物排放时间短暂，如工厂事故排放的污染等。

（6）按污染物排放空间的不同划分

① 高架污染源指距地面一定高度处排放污染物，如高烟囱。

② 地面污染源指地面上排放污染物，如煤炉、锅炉等。

2.2.2 大气污染物

大气污染物是指由于人类活动或自然过程排入大气的并对人类或环境产生有害影响的那些物质。大气污染物的种类很多，根据其存在的特征可分为气溶胶态污染物和气态污染物两类。

2.2.2.1 气溶胶态污染物

在大气污染中，气溶胶是指大气中的固体粒子和液体粒子，或固体和液体粒子在气体介质中的悬浮体。按照气溶胶的来源和物理性质，可将其分为以下几种。

（1）粉尘 粉尘指悬浮于气体介质中，能因重力作用发生沉降的小固体粒子，通常是由于固体物质的破碎、分级、研磨等机械过程或土壤、岩石风化等自然过程形成。一般情况下，粒径大于 $10\mu m$ 的悬浮固体粒子称为落尘，它们在大气中能靠重力在较短时间内沉降到地面；将粒径小于 $10\mu m$ 的悬浮固体粒子称为飘尘，它们能长期飘浮在空气中；粒径小于 $1\mu m$ 的粉尘又称为亚微粉尘。

（2）烟尘 烟尘指由燃烧、冶金过程形成的细微颗粒物，通常包括三种类型。

① 烟，一般是指由冶金过程形成的固体颗粒的气溶胶。它是由熔融物质挥发后生成的气态物质的冷凝物，在生成过程中总是伴有诸如氧化之类的化学反应。烟颗粒的尺寸很小，一般为 $0.01 \sim 1\mu m$ 左右。产生烟是一种较为普遍的现象，如有色金属冶炼过程中产生的氧化铅烟、氧化锌烟，在核燃料后处理厂中的氧化钙烟等。

② 飞灰，指随燃料燃烧产生的烟气排出的分散得较细的灰，包括燃料完全燃烧和不完全燃烧后残留的固体残渣，尺寸一般小于 $10\mu m$，主要在炉窑中产生，尤以粉煤燃烧时排出的飞灰较多。

③ 黑烟，一般是指由燃料燃烧产生的能见气溶胶。主要是化合燃料燃烧时，在高温缺氧条件下，烃类物质热分解生成的炭黑颗粒，粒径尺寸一般为 $0.01 \sim 1\mu m$。

在某些情况下，粉尘、烟、飞灰、黑烟等小固体颗粒气溶胶的界限，很难明显区分开，在各种文献特别是工程中，使用得较混乱。根据我国的习惯，一般可将冶金过程和化学过程形成的固体颗粒气溶胶称为烟尘；将燃料燃烧过程产生的飞灰和黑烟，在不需仔细区分时，也称为烟尘。在其他情况下，或泛指小固体颗粒的气溶胶时，则通称粉尘。

（3）霾 霾是大气中悬浮的大量微小尘粒使空气浑浊，能见度降低到10km以下的天气现象，易出现在逆温、静风、相对湿度较大等气象条件下。

（4）雾 雾是气体中液滴悬浮体的总称，泛指蒸汽凝结、液体雾化和化学反应而形成的液滴。在气象学中则指造成能见度小于1km的小水滴悬浮体。

在我国的环境空气质量标准中，还根据颗粒的大小，将其分为总悬浮颗粒物、可吸入颗粒物和细颗粒物。

总悬浮颗粒物（TSP）：指环境空气中空气动力学当量直径小于等于 $100\mu m$ 的颗粒物。

可吸入颗粒物（PM_{10}）：指环境空气中空气动力学当量直径小于等于 $10\mu m$ 的颗粒物。

细颗粒物（$PM_{2.5}$）：指环境空气中空气动力学当量直径小于等于 $2.5\mu m$ 的颗粒物。

2.2.2.2 气态污染物

大气中的气态污染物种类很多，常见的有 5 类：以 SO_2 为主的含硫化合物；以 NO 和 NO_2 为主的含氮化合物；含碳化合物，如 CO、CO_2；烃类化合物，如烷烃、烯烃和芳香烃等；卤素化合物，如 HF、HCl 等，如表 2-2 所示。

表 2-2　大气中的主要污染物

污染物	一次污染物	二次污染物
含硫化合物	SO_2、H_2S	SO_3、H_2SO_4、MSO_4
含氮化合物	NO、NH_3	NO_2、HNO_3、MNO_3
含碳氧化物	CO、CO_2	醛、酮、过氧乙酰硝酸酯、O_3
烃类化合物	CH	
卤素化合物	HF、HCl	

对于气态污染物，又可分为一次污染物和二次污染物。一次污染物是指直接从污染源排到大气中的原始污染物质；二次污染物是指由一次污染物与大气中已有组分或几种一次污染物之间经过一系列化学或光化学反应而生成的与一次污染物质不同的新污染物质。在大气污染中，目前受到普遍重视的一次污染物主要有硫氧化物（SO_x）、氮氧化物（NO_x）、碳氧化物（CO、CO_2）、烃类化合物以及卤素化合物等。受到普遍重视的二次污染物主要有硫酸烟雾和光化学烟雾。

（1）硫氧化物　硫氧化物包括 SO_2、三氧化硫（SO_3）、三氧化二硫（S_2O_3）、一氧化硫（SO）。其中 SO_2 是目前大气污染数量较大、影响范围较广的一种气态污染物。全球每年人为排放的 SO_2 约 1.6 亿～1.8 亿吨。现在我国是 SO_2 排放量最大的国家。SO_2 是一种无色、具有刺激性气味的不可燃气体，是几乎所有工业企业都可产生的污染物。SO_2 主要来自电力、冶金、建材、化工、炼油等行业中含硫燃料的燃烧和含硫矿物的冶炼。SO_2 的腐蚀性较大，能损害植物的叶片，对人体的呼吸系统有刺激作用，并对人体有促癌作用。

（2）氮氧化物　氮氧化物包括 NO、NO_2、三氧化二氮（N_2O_3）、四氧化二氮（N_2O_4）、五氧化二氮（N_2O_5）等多种化合物，其中污染大气的主要有 NO、NO_2。

一般大气中的 NO 对人体无多大害处，但进入大气后可被缓慢氧化成 NO_2，在大气中 O_2 等强氧化剂或有催化剂存在的情况下，其氧化速度会加快，而 NO_2 具有腐蚀性和生理刺激作用，其毒性要比 NO 大 5 倍。当 NO_2 参与大气中的光化学反应，形成光化学烟雾后，其毒性更强。人为向大气中排放的 NO_x 主要来源于煤、化石燃料的燃烧，汽车尾气，肥料使用和工业生产过程。其中由燃料燃烧产生的 NO_x 约占 83%。

（3）碳氧化物　碳氧化物主要包括 CO、CO_2。CO 是一种窒息性气体，环境中的 80% 是由汽车排出的。汽油在汽车发动机中燃烧不完全会排出大量的 CO。排入大气后，由于大气的扩散稀释作用和氧化作用，一般不会造成危害。但在城市冬季采暖季节或在交通繁忙的十字路口，当气象条件不利于排气扩散稀释时，CO 的浓度有可能达到危害环境的水平。CO_2 是大气中的正常组分，为各类烃类化合物完全燃烧的主要产物，是主要的温室气体，大气中的 CO_2 来源包括自然排放和人为排放。自然排放是指生物活动、自然循环和人为使用土地改变植被而释放出的 CO_2，全球热带地区每年释放 CO_2 约 16.56 亿吨，温带与寒带地区每年释放 CO_2 约 1.33 亿吨。人为排放主要是由于使用矿物燃料、生产水泥、矿井瓦斯燃烧等人类生产和生活活动而产生的。

（4）烃类化合物　烃类化合物包括烷烃、烯烃和芳香烃等复杂多样的含碳和氢的化合物。大气中大部分的烃类化合物的人为来源是石油燃料的不充分燃烧、机动车排气和蒸发过程。其中多环芳烃类物质，大多数具有致癌作用，特别是苯并 [a] 芘是致癌能力很强的物质。烃类化合物的危害还在于参与大气中的光化学反应，生成危害更大的光化学烟雾。

(5) 卤素化合物。 在卤素化合物中氟和氟化氢、氯和氯化氢等是主要污染大气的物质，它们都有较强的刺激性、毒性和腐蚀性，氟化氢甚至可以腐蚀玻璃。卤素化合物一般是在工业生产中排放出来的。如氯碱厂液氯生产排出的废气中，就含有 $20\% \sim 50\%$ 的氯气；又如提取金属钛时排出的废气中也含有 $12\% \sim 35\%$ 的氯。氯在潮湿的大气中，容易形成溶胶状的盐酸雾粒子，这种酸雾有较强的腐蚀性。冶金工业中电解铝和炼钢、化学工业中生产磷肥和含氟塑料时，都要排放出大量的氟化氢和其他氟化物。

由于近代有机合成工业和石油化学工业的迅速发展，使大气中的有机化合物日益增多，其中许多是复杂的高分子有机化合物。例如，含氧的有机物有酚、醛、酮等；含氮有机物有过氧乙酰基硝酸酯（PAN）、过氧硝基苯酰（PPN）、联苯胺、腈等；含氯有机物有氯化乙烯、氯醇、含氯农药、二噁英（PCDD）等；含硫有机物有硫醇、噻吩、二硫化碳等。这些有机物进入大气中，可能对眼、鼻、呼吸道产生强烈刺激作用，对心、肺、肝、肾等内脏产生有害影响，甚至致癌、致畸、致突变，因而是非常令人担忧的。

(6) 硫酸烟雾 硫酸烟雾是指大气中的 SO_2 等硫化物，在有水雾、含有重金属的飘尘或氮氧化物存在时，发生一系列化学或光化学反应而生成的硫酸烟雾或硫酸盐气溶胶。硫酸烟雾引起的刺激作用和生理反应等危害，要比 SO_2 气体强烈得多。

(7) 光化学烟雾 光化学烟雾是在阳光照射下，大气中的氮氧化物、烃类化合物和氧化剂之间发生一系列光化学反应而生成的蓝色烟雾（有时带些紫色或黄褐色），其主要成分有臭氧、过氧乙酰基硝酸酯、酮类和醛类等。光化学烟雾的刺激性和危害要比一次污染物强烈得多。

2.3 大气中污染物的扩散

污染物从排放到对人体和生态环境产生切实的影响，中间经历了复杂的大气过程：迁移、扩散、沉降、化学反应。由于气象条件等因素的影响，大气扩散稀释能力相差很大，因此，即使是同一污染源排出的污染物，对人体和环境造成危害程度也不相同。一个地区的大气污染程度与气象因子和地理环境状况有关。

2.3.1 气象因子的影响

影响大气污染物扩散的气象因子主要是大气稳定度和风。

2.3.1.1 大气稳定度

大气稳定度随气温层结的分布而变化，是直接影响大气污染物扩散的极其重要因素。大气越不稳定，污染物的扩散速率就越快；反之，则越慢。当近地面的大气处于不稳定状态时，由于上部气温低而密度大，下部气温高而密度小，两者之间形成强烈的对流，使得烟流迅速扩散。大气处于逆温层结的稳定状态时，将抑制空气的上下扩散，使得排向大气的各种污染物质因此而在局部地区大量聚积。当污染物的浓度增大到一定程度并在局部地区停留足够长的时间，就可能造成大气污染。

烟流在不同气温层结及稳定状态的大气中运动，具有不同的扩散形态。图 2-3 所示为在 5 种不同条件下形成的典型烟流形状。

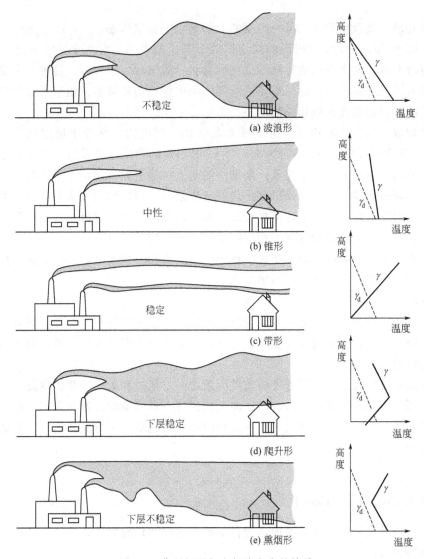

图 2-3　典型烟形与大气稳定度的关系

（1）波浪形　这种烟形发生在不稳定大气中，即 γ（气温垂直递减率）>0，$\gamma>\gamma_d$（绝热递减率）。大气湍流强烈，烟流呈上下左右剧烈翻卷的波浪状向下风向输送，多出现在阳光较强的晴朗白天。污染物随着大气运动向各个方向迅速扩散，地面落地浓度较高，最大浓度点距排放源较近，大气污染物浓度随着远离排放源而迅速降低，对排放源附近的居民有害。

（2）锥形　大气处于中性或弱稳定状态，即 $\gamma>0$，$\gamma<\gamma_d$。烟流扩散能力弱于波浪形，离开排放源一定距离后，烟流沿基本保持水平的轴线呈圆锥形扩散，多出现在阴天多云的白天和强风的夜间。大气污染物输送距离较远，落地浓度也比波浪形低。

（3）带形　这种烟形出现在逆温层结的稳定大气中，即 $\gamma<0$，$\gamma<\gamma_d$。大气几乎无湍流发生，烟流在竖直方向上扩散速度很小，其厚度在漂移方向上基本不变，像一条长直的带子，而呈扇形在水平方向缓慢扩散，多出现在弱风晴朗的夜晚和早晨。由于逆温层的存在，污染物不易扩散稀释，但输送较远。若排放源较低，污染物在近地面处的浓度较高，遇到高大障碍物阻挡时，会在该区域聚积以致造成污染。如果排放源很高时，近距离的地面上不易

形成污染。

（4）爬升形 爬升形为大气某一高度的上部处于不稳定状态，$\gamma>0$，$\gamma>\gamma_d$，而下部为稳定状态，即 $\gamma<0$，$\gamma<\gamma_d$ 时出现的烟流扩散形态。如果排放源位于这一高度，则烟流呈下侧边界清晰平直，向上方湍流扩散形成一屋脊状，故又称为屋脊型。这种烟形多出现于地面附近有辐射逆温日落前后，而高空受冷空气影响仍保持递减层结。由于污染物只向上扩散而不向下扩散，因而地面污染物的浓度小。

（5）熏烟形 与爬升形相反，熏烟形为大气某一高度的上部处于稳定状态，即 $\gamma<0$，$\gamma<\gamma_d$，而下部为不稳定状态，即 $\gamma>0$，$\gamma>\gamma_d$ 时出现的烟流运动形态。若排放源在这一高度附近，上部的逆温层好像一个盖子，使烟流的向上扩散受到抑制，而下部的湍流扩散比较强烈，也称为漫烟形烟云。这种烟形多出现在日出之后，近地层大气辐射逆温消失在短时间内，此时地面的逆温已自下而上逐渐被破坏，而一定高度之上仍保持逆温。这种烟流迅速扩散到地面，在接近排放源附近区域的污染物浓度很高，地面污染严重。

上述典型烟流形状可以简单判断大气稳定度的状态和分析大气污染的趋势。但影响烟流形成的因素很多，实际中的烟流往往更复杂。

2.3.1.2 风

进入大气的污染物的漂移方向主要受风向的影响，依靠风的输送作用，顺风而下，在下风向地区稀释。因此，污染物排放源的上风向地区基本不会形成大气污染，而下风向区域的污染程度就比较严重。

风速是决定大气污染物稀释程度的重要因素之一。风速和大气稀释扩散能力之间存在着直接对应关系，当其他条件相同时，下风向上的任意一点污染物浓度与风速呈反比关系。风速越高，扩散稀释能力越强，则大气中污染物的浓度就越低，对排放源附近区域造成的污染程度就比较轻。

2.3.2 地理环境状况的影响

影响污染物在大气中扩散的地理环境包括地形状况和地面物体。

2.3.2.1 地形状况

陆地和海洋，以及陆地上山坡和谷地都可能对污染物的扩散稀释产生不同的影响。局部地区由于地形的热力作用，会改变地面气温的分布规律，从而形成地方风，最终影响到污染物的输送与扩散。

在大的水域和陆地的交界处，由于水、陆的热性质不同，造成了它们之间温度的差别。温度的差别造成压力差，进而形成局地的水陆风环流，一般称为海陆风。海陆风会形成局部区域的环流，抑制了大气污染物向远处的扩散。例如，白天，海岸附近的污染物从高空向海洋扩散出去，可能会随着海风的环流回到内地，这样去而复返的循环使该地区的污染物迟迟不能扩散，造成空气污染加重。此外，在日出和日落后，当海风与陆风交替时大气处于相对稳定甚至逆温状态，不利于污染物的扩散。还有，大陆盛行的季风与海陆风交汇，两者相遇处的污染物浓度也较高，如我国东南沿海夏季风夜间与陆风相遇。有时，大陆上气温较高的风与气温较低的海风相遇时，会形成锋面逆温。

由于山坡和谷地的受热不均，容易形成山谷风。在白天，太阳先照射到山坡上，使山坡上大气比谷地上同高度的大气温度高，形成了由谷地吹向山坡的风，称为谷风；在夜间，山坡和山顶比谷底冷却得快,使山坡和山顶的冷空气顺山坡下滑到谷底,形成了山风。山谷风也会导致局部区域的封闭性环流的形成,不利于大气污染物的扩散。当夜间出现山风时,由于冷空气下沉谷底,而高空容易滞留由山谷中部上升的暖空气,因此时常出现使污染物难以扩散稀释的逆温层。若山谷有大气污染物卷入山谷风形成的环流,则会长时间滞留在山谷中难以扩散。如果在山谷内或上风峡谷口建有排放大气污染物的工厂,则峡谷风不利于污染物的扩散,并且污染物随峡谷风流动,从而造成峡谷下游地区的污染。

2.3.2.2 地面物体

由于人类的活动和工业生产中大量消耗燃料,使城市成为一大热源。此外,城市建筑物的材料多为热容量较高的砖石水泥,白天吸收较多的热量,夜间因建筑群体拥挤而不易冷却,成为一个巨大的蓄热体。因此,城市市区气温与周围郊区气温高,年平均气温一般高于乡村 $1\sim1.5℃$,冬季可高出 $6\sim8℃$。由于城市气温高,热气流不断上升,并在高空向四周辐散,而四周郊区的冷空气向市区侵入,从而形成封闭的城乡环流,这种现象称为城市"热岛效应"。

城市热岛效应的形成与盛行风和城乡间的温差有关。夜晚城乡温差比白天大,热岛效应在无风时最为明显,从乡村吹来的风速可达 $2m/s$。热岛效应加强了大气的湍流,有助于污染物在排放源附近的扩散。但是这种热岛效应构成的局部大气环流,一方面使得城市排放的大气污染物会随着乡村风返回城市;另一方面城市周围工业区的大气污染物也会被环流卷吸而涌向市区,这样市区的污染物浓度反而高于工业区,并久久不易散去。因此,在城市四周布置工业区时,要考虑热岛环流的存在。

城市内街道和建筑物的吸热和放热的不均匀性,还会在群体空间形成类似山谷风的小型环流或涡流,这些热力环流使得不同方位街道的扩散能力受到影响,尤其对汽车尾气污染物扩散的影响最为突出。例如,建筑物与在其之间的东西走向街道,白天屋顶吸热强而街道受热弱,屋顶上方的热空气上升,街道上空的热空气下降,构成谷风式环流;晚上屋顶冷却速度比街面快,使得街道内的热空气上升而屋顶上空的冷空气下沉,反向形成山风式环流。由于建筑物一般为锐边形状,环流在靠近建筑物处还会生成涡流。当污染物被环流卷吸后就不利于向高空扩散。

2.4 我国目前主要的大气污染问题

我国城市化和工业化的快速发展与能源消耗的迅速增加,给城市带来了很多的大气污染问题。20 世纪 70 年代期间,煤烟型大气污染成为我国工业城市的特点;80 年代,许多南方城市遭受严重的酸雨危害;90 年代我国大气污染依然呈现为典型的煤烟型大气污染特征,大气环境中总悬浮颗粒物普遍超标,二氧化硫污染保持在较高水平,机动车尾气污染排放总量迅速增加,氮氧化物污染呈加重趋势,汽车尾气污染凸显;进入 21 世纪,国家加强了废气治理工程,对常规大气污染物排放进行了总量控制,$2001\sim2011$ 年,二氧化硫排放增加的态势基本得到遏制,二氧化氮指标基本保持稳定,烟尘、粉尘排放量也得到有效控制,可吸入颗粒物的浓度也有所下降。

然而,近年来随着机动车数量的剧增,我国一些经济发达地区(如京津冀、长三角、珠三角等区域)的一次颗粒物、CO、NO_x 和可挥发性有机物(VOCs)排放量显著增长。部分一次污染物可以在一定条件下通过复杂的化学反应，生产二次污染物，如细颗粒物（$PM_{2.5}$）、臭氧（O_3）等。近些年，我国部分地区大气污染的复合型特征日益明显，灰霾、光化学烟雾等新型大气污染问题日趋突出，对人民群众的身体健康构成了严重威胁，已成为社会各界高度关注的重大环境问题。

下面介绍我国目前3种主要的大气污染问题：酸雨污染、光化学烟雾和灰霾污染。

2.4.1 酸雨

在今后相当长的时间内，由于化石燃料的燃烧、飞机和汽车等机动车尾气的排放、森林火灾等原因产生的酸性物质和烟尘等颗粒物不断增加，在地方风和大气环流的输送下，酸雨问题仍将继续存在和发展，它对生态环境的深刻影响使可持续发展面临巨大挑战。酸雨是指pH值小于5.6的大气降水，包括雨、雪、雹等。从大气污染物沉降的角度，又将"酸雨"定义为"酸性降水"。

中国的酸雨监测始于20世纪70年代末，北京、上海、重庆、贵阳等少数城市开展了降水pH值监测。截至2011年底，全国开展例行降水监测的城市约500个，共1000个监测点位。2011年酸雨现状采用对上报监测数据的468个城市进行分析，发现全国酸雨城市比例为31.8%，至少出现一次以上酸雨的城市比例为48.5%。降水中主要阳离子为Ca^{2+}和NH_4^+，分别占离子总当量的25.1%和12.6%；降水中的主要阴离子为SO_4^{2-}，占离子总当量的28.1%；NO_3^-占离子总当量的7.4%。

中国酸雨分布区域主要集中在长江以南，青藏高原以东地区。主要包括浙江、江西、福建、湖南、重庆的大部分地区，以及长江、珠江三角洲地区、湖北西部、四川东南部、广西北部地区，酸雨发生面积约120万平方公里。2005～2011年，全国酸雨城市比例降低了5.6%，全国酸雨发生频率总体呈现下降趋势，但是酸雨问题依然严重。有关酸雨的形成过程和危害会在第6章6.3节中详细讲述。

2.4.2 光化学烟雾

近年来，我国城市光化学烟雾污染逐渐引起了人们的关注。1972年，我国的兰州西固石油化工区出现异常"天气"，当时白天全城不但蓝烟缭绕，而且"黑云压城"，汽车必须开着车灯行驶，这是我国最早发现的光化学烟雾。1986年北京出现了光化学烟雾产生的迹象，1995年6月，上海首次报道出现较大范围的光化学烟雾，在此期间行人感到眼和鼻子受到刺激，甚至呛出眼泪来。之后，相继报道出现光化学烟雾的还有广州、成都和宁波等城市。

烃类化合物（RH）和NO_x等一次污染物在紫外线作用下发生光化学反应生成O_3、醛类、过氧乙酰硝酸酯（PAN）、HNO_3等二次污染物，参与光化学反应过程中的一次污染物和二次污染物的混合物所形成的烟雾污染现象，称为光化学烟雾。

2.4.2.1 光化学烟雾形成的条件

通常考虑光化学烟雾的形成条件时，主要从污染物排放量、地势地形和气象条件等影响因子出发，分析光化学烟雾的形成。这里指的气象条件主要包括逆温层的高度、风向、风速、太阳光辐射强度和湿度等。光化学烟雾形成的条件主要包括3种。

（1）前体污染物浓度较高　光化学污染物的前体污染物主要包括：CO、NO_x和RH

等，而这些污染物也是机动车排放的主要污染物。这些光化学烟雾前体污染物在城市大气中的含量随着城市机动车保有量的逐年增加而迅速增长。2013年底，我国机动车总数突破2.5亿辆，机动车驾驶人近2.8亿人。2013年全国汽车产销分别为2200万辆和2198.41万辆，创全球历史新高，连续五年全球第一。我国城市光化学烟雾主要前体污染物NO_x浓度普遍较高，而其还将随城市机动车保有量的增加而呈现逐年上升趋势。

（2）大气扩散条件差 当前我国大中城市大部分道路狭窄，而且道路旁高大建筑物耸立，建筑物群的中心容易发展为特殊的空气环流，不利于城市机动车排放尾气的扩散和稀释，导致机动车排放的有害物质积累，容易形成以城市主要交通干道为主要污染源的城市街道峡谷光化学烟雾污染现象。城市周边地区高楼林立，降低了城市环境风速，从而使城市环境中的一次污染物和二次污染物的稀释扩散减弱，易造成整个城市大气中的O_3等光化学污染物的累积。

（3）气象条件 气象因素对促进或抑制光化学烟雾的形成是很重要的。光化学烟雾发生的有利条件是太阳辐射强度大、风速低、大气扩散条件差、存在逆温现象等。我国的光化学烟雾主要发生在夏、秋季的中午前后，气温20℃以上，风速低于3m/s的地区。

2.4.2.2 光化学烟雾的形成机制

（1）引发反应（NO_2的分解导致O_3的生成） 低层大气中的一般成分和一次污染物（NO、N_2、O_2、CO_2、C_3H_6）都不吸收紫外线辐射，在污染空气中吸收紫外线辐射的只是NO_2。在低层大气中，光化学反应便是从NO_2的光解开始，通过反应式(2-1)和式(2-2)会产生少量的O_3，生成的O_3会迅速与NO结合生成NO_2。

$$NO_2 + h\nu \longrightarrow NO + O \tag{2-1}$$

$$O + O_2 + M \longrightarrow O_3 + M \tag{2-2}$$

$$O_3 + NO \longrightarrow NO_2 + O_2 \tag{2-3}$$

NO_2的光解是光化学烟雾的链引发反应。但这步反应形成的O_3平衡浓度很低，大约在$(15\sim30)\times10^{-9}$之间，对环境基本没有危害。

（2）基传递反应（OH自由基的生成） 如果大气中存在RH时，NO_2的光解平衡即被破坏，使得大气中的NO能快速向NO_2转化，与O_3氧化NO的反应形成竞争反应，抑制了O_3的消耗，这就使得O_3浓度大大增加。

烃类化合物的存在是自由基转化和增值的根本原因。

与烷烃的反应：

$$RH + HO\cdot \longrightarrow R\cdot + H_2O \tag{2-4}$$

$$R\cdot + O_2 \longrightarrow RO_2\cdot \tag{2-5}$$

与醛的反应：

$$RCHO + HO\cdot \longrightarrow RCO\cdot + H_2O \tag{2-6}$$

$$RCO\cdot + O_2 \longrightarrow RC(O)O_2\cdot \tag{2-7}$$

其中，$R\cdot$为烷基，$RO_2\cdot$为过氧烷基，$RCO\cdot$为酰基，$RC(O)O_2\cdot$为过氧酰基。

通过如上途径生成的$RO_2\cdot$和$RC(O)O_2\cdot$均可以将NO氧化成NO_2。

$$NO + RO_2\cdot \longrightarrow NO_2 + RO\cdot \tag{2-8}$$

$$NO + RC(O)O_2\cdot \longrightarrow NO_2 + RC(O)O\cdot \tag{2-9}$$

接着，$RO\cdot$可与O_2反应生成HO_2和羰基化合物，$RC(O)O\cdot$可发生分解。

$$RO\cdot + O_2 \longrightarrow HO_2\cdot + R'CHO \tag{2-10}$$

$$RC(O)O \cdot \longrightarrow R \cdot + CO_2 \qquad (2\text{-}11)$$

生成的自由基进一步反应：

$$NO + HO_2 \cdot \longrightarrow NO_2 + HO \cdot \qquad (2\text{-}12)$$

其中 $RO \cdot$ 为烷氧基，$R'CHO$ 为醛，R' 为比 R 少一个 C 原子的烷基。$RC(O)O \cdot$ 很不稳定，生成后很快分解为 $R \cdot$ 和 CO_2。

(3)链终止反应(光化学烟雾的形成)　上述生成的自由基再与 NO_2 反应生成二次污染物如 HNO_3、PAN 等：

$$HO \cdot + NO_2 \longrightarrow HNO_3 \qquad (2\text{-}13)$$

$$RC(O)O_2 \cdot + NO_2 \longrightarrow RC(O)O_2NO_2(PAN) \qquad (2\text{-}14)$$

$$RC(O)O_2NO_2 \longrightarrow RC(O)O_2 \cdot + NO_2 \qquad (2\text{-}15)$$

通过上述分析，光化学烟雾的形成可以定性地表述为：光化学烟雾是由一系列复杂的链式反应组成的。它由 NO_2 光解生成原子氧（O）的反应引发，O 的产生导致了 O_3 的形成。由于烃类化合物参与链式反应产生多种自由基，促使 NO 向 NO_2 快速转化。在此转化中，$HO_2 \cdot$、$RO_2 \cdot$ 和 $RC(O)O_2 \cdot$ 均可以将 NO 氧化成 NO_2，以致基本上不需要消耗 O_3 也能使大气中的 NO 转化为 NO_2，NO_2 又继续光解产生 O 并导致 O_3 的产生，从而使 O_3 浓度不断升高。同时，转化过程中产生的醛类和新的自由基又继续与烃类化合物反应，产生更多的自由基。如此继续不断，循环往复地进行链式反应。NO_2 既起到链引发作用，又起到链终止作用，最终生成 PAN 和 HNO_3 等稳定产物。

2.4.2.3　光化学烟雾的危害

① 对人和动物的危害。人和动物受到的主要伤害是眼睛和黏膜受到刺激、头痛、呼吸障碍、慢性呼吸道疾病恶化、儿童肺功能异常等。臭氧是一种强氧化剂，在 0.1mg/L 浓度时就具有特殊的臭味，并可达到呼吸系统的深层，刺激下气道黏膜，引起化学变化，其作用相当于放射线，使染色体异常，使红血球老化。PAN、甲醛、丙烯醛等产物对人和动物的眼睛、咽喉、鼻子等有刺激作用，其刺激阈约为 0.1mg/L。此外光化学烟雾能促使哮喘病患者哮喘发作，引起慢性呼吸系统疾病恶化、呼吸障碍、损害肺部功能等症状，长期吸入氧化剂能降低人体细胞的新陈代谢，加速人的衰老。PAN 还是造成皮肤癌的可能试剂。

② 对植物的危害。臭氧影响植物细胞的渗透性，可导致高产作物的高产性能消失，甚至使植物丧失遗传能力。植物受到臭氧的损害，开始时表皮褪色，呈蜡质状，经过一段时间后，色素发生变化，叶片上出现红褐色斑点。PAN 使叶子背面呈银灰色或古铜色，影响植物的生长，降低植物对病虫害的抵抗力。

③ 其他危害。光化学烟雾会促成酸雨的形成，造成橡胶制品老化、脆裂，使染料褪色，建筑物和机器受腐蚀，并损害油漆涂料、纺织纤维和塑料制品等。

2.4.3　灰霾

灰霾是一种新型城市污染天气，与当地污染情况和较短时间内的气象条件密切相关。灰霾使大气能见度降低、恶化空气质量、导致农作物减产，此外还严重影响人们的生活健康，甚至威胁人类的生命。随着经济的快速发展、汽车现有量的急剧增加及城市化进程的大力推进，中国的灰霾污染日益加重，并且逐渐呈现频率高、持续时间加长、影响范围扩大的特点。2011 年 10 月底，沈阳、北京、石家庄、太原、郑州、长沙、武汉、重庆，从北到南很多地区都被灰霾天气笼罩。据统计，2013 年 1 月期间全国因灰霾原因共计发生交通事故 965 起，造成 36 人死亡，232 人受伤，社会经济损失 2753 万～7935 万元。

2.4.3.1 灰霾的定义

国内对灰霾的确切定义一直存在争议，不同的人员与行业都有着自己的见解。早在 1979 年，中国气象局《地面气象观测规范》将灰霾定义为：大量极细微的干尘粒等均匀浮游空中，使水平能见度小于 10km 的空气普遍有浑浊现象，使远处黑暗物体微带蓝色，光亮物体微带黄色，红色的现象。之后，在 20 世纪 90 年代出版的《大气科学词典》中，霾被定义为悬浮在大气中的大量微小尘粒、烟粒或盐粒的集合体。组成霾的粒子极小，不能用肉眼分辨，而当大气凝结核由于各种原因长大时也能形成霾。现阶段，在 2010 年发布的《中华人民共和国气象行业标准》给出了灰霾的判识条件：当能见度小于 10km，排除了降水、沙尘暴、扬尘、浮沉等天气现象造成的视程障碍，且空气相对湿度小于 80% 时，即可判识为灰霾。除上述定义外，从 $PM_{2.5}$ 的浓度出发，上海则用能见度、$PM_{2.5}$ 小时浓度和 $PM_{2.5}/PM_{10}$ 的值这三个因子来评判灰霾日。评价时段为白天（6:00～17:00），对任意小时同时满足能见度小于 10km、$PM_{2.5}$ 小时浓度大于 $87\mu g/m^3$ 及 $PM_{2.5}/PM_{10}$ 大于等于 50% 定义为灰霾。

由此可见，灰霾的定义大多是围绕着灰霾的组成及灰霾天气的能见度和相对湿度出发，也有直接从 $PM_{2.5}$ 的浓度考虑的。不同时期，不同学者都有各自的关注点。

影响能见度的天气现象有雾、沙尘暴，此外光化学烟雾也与灰霾有着一定的关联。下面介绍灰霾与这些相关概念的区别。

（1）灰霾与雾的区别　霾与雾是两个不同的概念，可以从相对湿度上来区分。具体而言，当空气相对湿度小于 80% 时导致能见度恶化是霾造成的，当空气相对湿度大于 90% 时导致的能见度降低是雾造成的，当相对湿度介于 80%～90% 之间则是由两者共同造成的。研究表明，灰霾发生时一般相对湿度不大，而雾发生时的相对湿度是饱和的。从另外一个角度讲，雾是一种自然的天气现象，而灰霾则是一种稳态大气中的污染现象。

（2）灰霾与沙尘暴的区别　沙尘暴和灰霾是不同的，它们有着本质的区别。沙尘暴是由于强风将地面大量尘沙吹起，使空气很浑浊，造成水平能见度小于 1km 的天气现象。其爆发的原因主要是气象因素及沙尘源头有关，发生在天气相对不稳定的状态下，主要成分是大颗粒沙尘，对人体健康的危害远不如灰霾严重，并且多发生于那些气候干旱，植被稀疏的地区，多发生在每年的 4～5 月；而灰霾天气主要是大气污染造成的，并多发生在天气条件稳定的状态下，主要成分则是细粒子，其来源为工业和机动车等排放的 SO_2、NO_x 和挥发性有机污染物的气粒转化过程。

（3）灰霾与光化学烟雾的区别　灰霾与光化学烟雾有一定的联系和区别。汽车和工厂排放的 NO_x 和烃类化合物等一次污染物在阳光的直接照射下发生一系列光化学反应，生成 O_3、醛类、PAN、HNO_3 等二次污染物，参与光化学反应过程中的一次污染物和二次污染物的混合物所形成的烟雾污染现象，称为光化学烟雾。光化学烟雾是汽车尾气的大量持续排放、淤积、同时在阳光的照射下形成的，此外，O_3 浓度的增加是其发生的标志。灰霾则与此不同，它的发生与阳光的照射与否，挥发性有机化合物的存在与否没有直接的关系，只是对湿度有适当的要求。灰霾主要是二次污染，由气粒转化形成的细小颗粒物的吸湿性组分引起，特别是硫酸盐和硝酸盐是灰霾污染的根源。

灰霾天气的形成与光化学烟雾的产生也有一定联系，灰霾天气的形成利于引发光化学烟雾，光化学烟雾产生的大量强氧化性的气态污染物又加剧了大气中的气粒转化过程，使灰霾污染程度加重。

2.4.3.2 灰霾的化学成分

灰霾的气溶胶组分十分复杂，当粒子来源不同时，其组分也相差很大。来自地表土和由污染源直接排入大气中的颗粒物以及来自海水溅沫的盐粒等一次污染物往往含有大量的 Fe、Al、Si、Na、Mg、Cl 和 Ti 等元素；来自二次污染物的气溶胶粒子则含有大量的硫酸盐、铵盐和有机物等。As、Pb 和 Br 等微量金属和非金属也属于一次污染物，由于不同原因也可能带到气溶胶粒子上来。

对流层气溶胶主要来自人类活动，其化学成分可分为无机组分和有机组分。其中无机组分包括水溶性粒子组分（以硫酸盐、铵盐、硝酸盐、钠盐、氯盐等二次离子为代表）和水不溶性组分（微量金属和地壳元素等）；而有机组分包括有机碳（脂溶性和水溶性有机物）和元素碳。在这些组成中，硫酸盐、铵盐、有机碳和元素碳及某些过渡金属主要存在于细粒子（粒径 $< 3.5 \mu m$）中。而地壳物质，如 Si、Ca、Mg、Al 和 Fe 及生物有机物（花粉、孢子、植物碎屑等）主要存在于粗粒子（粒径 $> 3.5 \mu m$）中。硝酸盐在细粒子和粗粒子中都存在，硝酸盐细粒子通常来自硝酸和氨反应生成的硝酸铵，而粗粒子硝酸盐主要来自粗粒子与硝酸的反应。

2.4.3.3 灰霾的成因

(1) 大气污染物的增加 固态气溶胶等悬浮大气污染物的增加是灰霾形成的主要原因之一。近些年，随着城市的扩建，工业的飞速发展，导致污染物大量排放，悬浮颗粒物的浓度大幅度增加，使空气变得浑浊，细粒子增多，最终导致能见度的降低。而城市道路扬尘、汽车尾气的排放以及城市周围农村地区大面积秸秆的季节焚烧也对灰霾天气的形成起到一定的贡献作用。

(2) 气象因素 风速、相对湿度和逆温层等气象条件是影响灰霾形成的最主要因素。

① 风速增大有利于污染物的水平扩散，同时也会使湍流变大，有利于污染物在垂直方向的扩散和输送，所以风速大时出现灰霾的概率较小。但是随着经济的发展，城市的高层建筑越来越多，这大大增加了地面摩擦系数，阻碍了风的水平流动，使地面附近的污染物难以扩散，形成高浓度污染，从而导致灰霾的出现。

② 空气的湿度大时，有利于水汽在气溶胶粒子上凝结，这会导致消光系数增加 3~5 倍，从而使大气能见度降低。因此，相对湿度较高利于灰霾的形成，但应小于 80%。若相对湿度大于 90% 时，能见度恶化则应称为雾。

③ 垂直方向的逆温层容易使人类活动排放出的大量颗粒物和污染气体等滞留在近地层，不能及时排放到高层，极易产生灰霾。

2.4.3.4 灰霾的时空分布

由于各地的经济发展和工业发展水平以及地形、气候等条件的不同，不同地区的灰霾发生的时间也是有一定差异的。一般而言，现阶段，在空间层面上，灰霾主要集中在京津冀、长江三角洲和珠江三角洲等人口稠密，经济发达的地区。灰霾天气发生频率总体上呈现出冬春季大于夏秋季的季节特征，一些大城市的灰霾天数已经达到全年的 30% 以上，有的甚至达到全年的一半左右。

(1) 时间分布 从年际变化来看，年灰霾日数呈上升趋势。可以将年灰霾日数变化具体分成以下 6 个阶段。

① 20 世纪 60 年代后期到 70 年代后期灰霾日数呈缓慢上升阶段。这可能是因为这一时期工业和交通运输的发展受到限制，经济建设发展缓慢，人为因素引起的环境变化较少。

② 20 世纪 70 年代后期到 80 年代中期开始呈现上升阶段。分析原因可能是因为由于改革开放的开始引起的，这一时期，城市建设大力发展，城市人口增加，工业区增多，这些都使得风力减弱，使污染物不易扩散。此外，海路交通发展，消耗能源总量增加，排放的污染气体逐年增多。

③ 20 世纪 80 年代中期到 80 年代后期为下降阶段。主要由于政府部门的监督管理强度提高和治理力度加强造成的，环境质量在这一时期有所改善。

④ 20 世纪 80 年代后期到 90 年代中后期为迅速上升阶段。主要由于交通业的大力发展，机动车大量增加，机动车排放的尾气造成严重的污染，此外各种建筑物、楼房的再一次的大幅度建设，甚至一些地区开始了地铁建设的发展，都使得大气中总悬浮颗粒物浓度增加，灰霾天气增加严重。

⑤ 20 世纪 90 年代后期开始呈现下降，但灰霾日数仍保持较高水平的阶段。这是因为这一时期各地均意识到环境的重要性，开始积极实施绿色建设，植树造林以增加绿地，节能减排，污染地区的治理，搬迁污染严重的工厂，使得大气中的污染物浓度开始下降，灰霾天数减少。

⑥ 进入 2000 年后，灰霾天数又再次呈现出一个爆发式的增长阶段。机动车尾气是导致灰霾天大量增加的主要原因。此外，城市中的餐饮业所排放的油烟、城市周边的工业污染源也使得城市的颗粒物大量增加，使灰霾天数不断增加。

从季节变化来看，霾在一年中的各个季节也有着变化规律。通过研究对比发现，灰霾在各季节的出现状况为冬季大于春季、秋季大于夏季的特征。冬春季节灰霾发生概率大的原因可能与冬季大气层结相对稳定，人们供暖燃烧大量化石燃料有关。此外还与气象条件，如少雨、逆温现象、气候干燥有关。而夏季灰霾较少发生的原因则可能是化石燃料使用的减少，大气对流旺盛，同时夏季降水较多，对大气污染物起到稀释作用，使得大气中气溶胶粒子减少，不易形成灰霾天气。

（2）空间分布　灰霾严重时可以席卷中国领土面积达到 15% 以上，中国气象局国家气候中心监测数据显示本世纪以来，全国霾日数增加明显，尤其是京津冀、珠江三角洲、长江三角洲等地区，灰霾天气频发。在 2014 年 1 月 29 日，北京市 24h $PM_{2.5}$ 平均浓度值为 $354\mu g/m^3$，属于严重污染级别，能见度仅为 400m，最低甚至可以达到 100～300m。天津市共有 13 个区县，统计得到其年平均灰霾日数为 50～179 天。河北石家庄市从 2005 年开始灰霾天气逐年增多，曾在 2007 年达到 91 天。近年来珠江三角洲、长江三角洲的灰霾污染日趋严重，灰霾天气一年四季长期稳定存在，其中以珠江口以西的珠江三角洲西侧、浙江北部的一些城市受污染严重。

灰霾的分布特征可能与某一地区的工业发展程度、城市的开发建设程度、污染企业的多少以及经济发达情况有关，另外，灰霾的空间分布与某一地区的盛行风向、所处位置、地形及气候也有关系。

2.4.3.5　灰霾的危害

（1）灰霾对全球和区域气候的影响　大气中的颗粒物对气候有较为复杂的影响，既可以是颗粒物对太阳光的散射和吸收作用产生直接效应，也可以通过参加成云过程影响云量以及云的反照率,造成间接效应。颗粒物对阳光的散射作用阻挡了太阳辐射到达地表系统,使得地表接收的辐射能量减少,进而引起向外出射的辐射能也有所减少,使上层大气吸收的长波辐射减少,在很大程度上有着降温的作用。

(2)灰霾对人体健康的影响 灰霾的成分非常复杂,包括数百种大气颗粒物,其中对人体健康有害的主要是直径小于 $10\mu m$ 的气溶胶粒子,如矿物颗粒物、硫酸盐、硝酸盐、海盐、有机气溶胶粒子等,它可以直接进入并黏附在人体上、下呼吸道和肺叶中。由于灰霾的大气气溶胶大部分都可以被人体的呼吸道吸入,很容易造成沉积,引起鼻炎、支气管炎等疾病,长期处于灰霾天气的环境中甚至可以诱发肺癌。此外,由于太阳中的紫外线是人体合成维生素 D 的唯一途径,而灰霾却会造成紫外线辐射的减弱,会直接导致小儿佝偻病的高发。同时,灰霾还能影响心理健康。研究表明,阴沉的灰霾天容易让人产生悲观情绪,心情持续低沉且忧郁,易使人精神沉闷,脾气暴躁,遇到不顺心事情更容易发怒甚至容易失控。总而言之,灰霾天气对人体无论是身体还是心理的健康危害都是极大的。

(3)灰霾对农业的影响 灰霾天气对农业也有着不利影响。研究表明,当灰霾天气增加到一定程度时,农作物减产可高达 25%。具体来说,灰霾污染严重时,会影响太阳辐射,使到达地表的太阳辐射能量减少,不利于农作物吸收太阳光进行光合作用获得能量,进而影响了农作物的生长发育。

另外,由于灰霾可以引起大气能见度降低,很容易引发陆运交通事故、空难和海难,对人类的经济生活和生命安全都产生严重危害。

2.5 大气污染综合防治与管理

实施大气污染综合防治与管理,一是运用技术手段减少或防止污染物的排放,治理排出的污染物,合理利用环境的自净能力,从而达到保护环境的目的;二是运用政策和法律等手段限制和控制污染物排放数量和扩散影响范围。

2.5.1 控制大气污染物的技术手段

2.5.1.1 颗粒污染物的控制

减少颗粒污染物的排放可采取两种措施:一是改变燃料的构成,以减少颗粒物的生成,比如采用天然气代替煤,用核能发电取代燃煤发电等;二是在烟尘排放到大气环境之前,采用控制设备将尘去除,以减轻大气环境污染程度。这里重点介绍第二类方法,根据它的作用原理,可以分为 4 种类型。

(1)干法去除颗粒污染物 通过颗粒本身的重力和离心力,使气体中的颗粒污染物沉降,而从气体中去除的方法,如重力除尘、惯性除尘和离心除尘。常用的设备有重力沉降室、惯性除尘器和旋风除尘器(图 2-4)等。

(2)湿法去除颗粒污染物 用水或其他液体使颗粒污染物湿润,而加以去除的方法,如气体洗涤、泡沫除尘等。常用的设备有喷雾塔(图 2-5)、填料塔、泡沫除尘器、文丘里洗涤器(图 2-6)等。

(3)过滤法去除颗粒污染物 使含有颗粒污染物的气体通过具有很多毛细孔的滤料,而

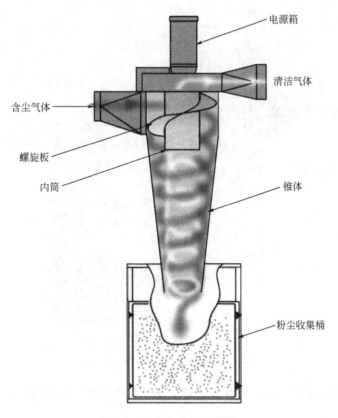

图 2-4 旋风除尘器原理图

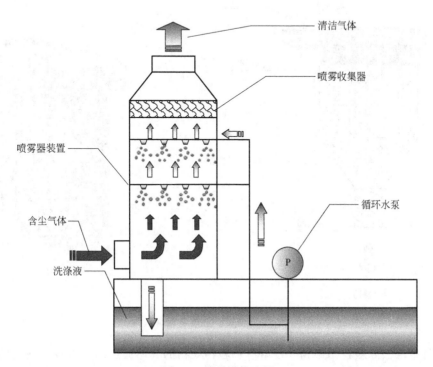

图 2-5 喷雾塔构造图

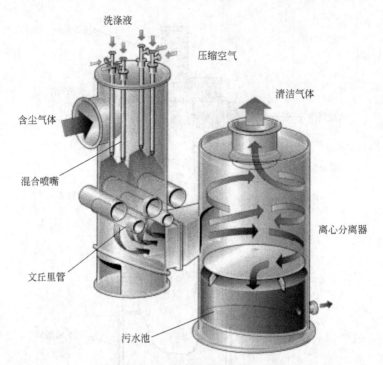

图 2-6　文丘里洗涤器工作原理图

将颗粒污染物截留下来的方法，如填充层过滤、布袋过滤等。常用的设备有颗粒层过滤器和袋式过滤器（图 2-7）。

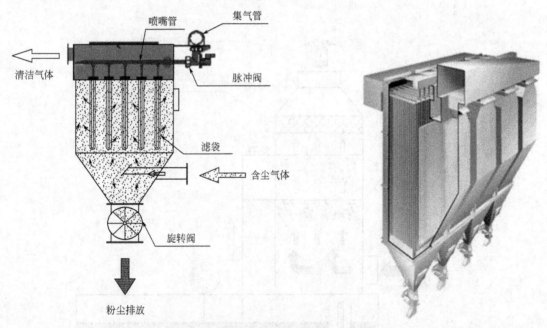

图 2-7　袋式过滤器工作原理及实物图

（4）静电法去除颗粒污染物　使含有颗粒污染物的气体通过高压电场，在电场力的作用下，使其去除的过程。常用的设备有干式静电除尘器（图 2-8）和湿式静电除尘器（图 2-9）。

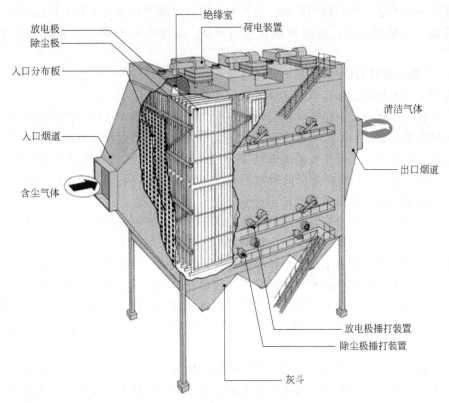

图 2-8　干式静电除尘器工作原理

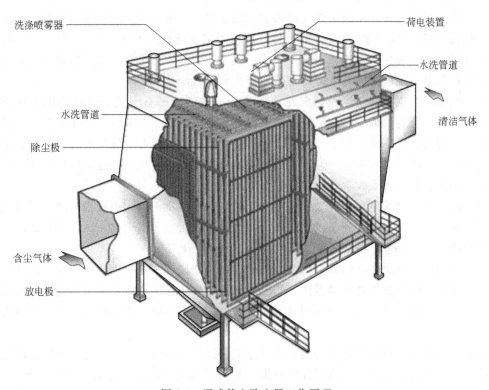

图 2-9　湿式静电除尘器工作原理

选择哪一种方法去除颗粒污染物，主要从颗粒污染物的粒径大小和数量以及操作费用等方面来考虑。一般情况下，较大颗粒宜采用干法，而细小颗粒则以采用过滤法和静电法为宜。

2.5.1.2 气态污染物的控制

气态污染物的控制主要有以下几种方法。

(1) 吸收法 吸收是利用气体混合物中不同组分在吸收剂中溶解度的不同，或者与吸收剂发生选择性化学反应，从而将有害组分从气流中分离出来的过程。吸收法用于治理气态污染物，技术上比较成熟，操作经验比较丰富，适用性强，各种气态污染物如：SO_2、H_2S、HF、NO_x 等一般都可以选择使用的吸收剂和设备进行处理，并可回收有用产品。因此，该法在气态污染物治理方面得到广泛应用。

(2) 吸附法 气体混合物与适当的多孔性固体接触，利用固体表面存在的未平衡的分子引力或化学键力，把混合物中某一组分或某些组分吸留在固体表面上，这种分离气体混合物的过程称为气体吸附。作为工业上一种分离过程，吸附已广泛应用于化工、冶金、石油、食品等工业部分。由于吸附法具有分离效率高、能回收有效组分、设备简单、操作方便、易实现自动控制等优点，已成为治理环境污染的主要方法之一。在大气污染控制中，吸附法可用于中低浓度废气净化。例如用吸附法回收或净化废气中有机污染物，治理含低浓度二氧化硫，以及废气中的氮氧化物等。

(3) 催化法 催化法净化气态污染物是利用催化剂的催化作用，将废气中的气体有害物质转变为无害物质或转化为易于去除的物质的一种废气治理技术。催化法与吸收法、吸附法不同，应用催化法治理污染物过程中，无需将污染物与主气流分离，可直接将有害物质转变为无害物质，不仅可以避免产生二次污染，而且可简化操作过程。

近年来，城市建设和交通事业发展很快，汽车尾气对城市大气的污染日趋严重。其主要的有害物质为烃类、CO 和 NO_x，前 2 种是燃料不完全燃烧所产生，NO_x 则是由气缸中的高温条件所造成。催化转化法，因其反应快，设备体积小，污染物可直接转化为无害物，加上发动机排气具有足够高的温度，非常适用于汽车尾气净化。

(4) 燃烧法 燃烧法是通过热氧化作用将废气中的可燃有害成分转化为无害物质的方法。例如含烃类化合物的废气在燃烧中被氧化为无害的 CO_2 和 H_2O。此外燃烧法还可以消烟、除臭。燃烧法已广泛应用于石油化工、有机化工、食品工业、涂料和油漆生产、金属漆包线的生产、造纸、动物饲养、城市废物焚烧处理等主要含有机污染物的废气治理。该法工艺简单，操作方便，可回收含烃类化合物废气的热能。

(5) 冷凝法 此法是利用废气中各污染物的饱和蒸汽压不同，通过采用降低系统温度或提高系统压力的方法，使处于蒸汽状态的污染物冷凝，从而分离出来。该法特别适用于处理污染物浓度在 10000ppm（ppm 即 $\times 10^{-6}$）以上的有机废气。

(6) 生物法 该法是利用微生物的新陈代谢过程把废气中的有害物转化为少害甚至无害的物质。自然界中的微生物多种多样，几乎所有的污染物都能被微生物所转化。与其他净化法相比，生物处理不需要再生过程和其他高级处理，设备简单，费用低廉，并可达到无害化目的。

(7) 膜分离法 膜分离法是利用不同气体在透过特定薄膜时具有的透过速度不同这一特点，使气体混合物中不同组分达到分离效果。不同结构的膜，可以分离不同的气态污染物。根据构成膜物质的不同，分离膜具有固体膜和液体膜两种。液体膜技术尚未投入工业规模运行，目前一些工业部分实际应用的主要是固体膜。

2.5.2 防治大气污染的政策与法律措施

2.5.2.1 全面规划，合理布局

影响大气环境质量的因素很多，要控制大气污染，无论是对一个国家，还是对一个地区，都必须要有全面而长远的大气污染综合防治规划。所谓大气污染综合防治规划是指从区域大气环境整体出发，针对该地域内的大气污染问题，根据对大气环境质量的要求，以改善大气环境质量为目标，抓住主要问题，综合运用各种措施，组合、优化确定大气污染防治方案。制定大气污染综合防治规划，是在新形势下实施可持续发展战略、全面改善大气环境质量的重要措施。

生产布局是人类生产活动存在和发展的空间形式，它对区域大气环境产生直接的影响。合理的生产布局能够最大限度地减轻区域大气环境的危害，并在有限的大气环境容量情况下，发挥区域最大生产潜力。

在新城规划与旧城改造过程中，政府部门应充分考虑包括地理环境与主导风向在内的自然条件，要求工业企业在选址时，需要充分考虑大气影响方面因素，注意三点：其一，按照所在城市主导风向，厂址应该位于下风向；其二，厂址尽量选在宽敞、空气流畅、废气能够得以有效稀释与扩散的地方；其三，厂址和居民区间必须保持足够距离，按照国家相关标准严格执行。例如，化肥厂与居民地的距离应在1000m以上，并在两者之间种植防护林带。

2.5.2.2 区域集中供暖

分散于千家万户的炉灶和市区密集的矮烟囱是大气烟囱的主要污染源，尤其是我国北方城市冬季采暖耗煤量的增加，使烟尘量大为增加。采取区域集中供暖，即在城市的郊区设立大的热电厂和供热站，以替代分散的锅炉，这是消除烟尘的有效措施：①可以提高锅炉设备的效率，降低燃料消耗；②可以利用"废热"，提高热效利用率；③集中供热的大锅炉适于采用高效率的降尘器，而大大减少粉尘的污染；④可以减少燃料的运输量。

相对于分散供热，集中供热可以节约30%～50%的燃煤，并且利于提高除尘效率和采取脱硫措施，从而大大减少SO_2和烟尘的排放量。在进行城市规划、建设和改造中，尤其是在新建工业、居民小区等的建设中，应积极发展集中供热。

2.5.2.3 改变燃料构成，提高能源有效利用率

我国燃料构成中以煤炭为主，煤炭占能源消费总量的73%，在煤炭燃烧的过程中会放出大量的SO_2、NO_x、CO及颗粒物等污染物。因此，从根本上解决大气污染问题，必须从改善能源结构入手，例如使用天然气及二次能源，如煤气、液化天然气、电等，还应重视清洁能源的应用，因地制宜地开发水电、地热、风能、海洋能以及充分利用太阳能。我国以煤炭为主的能源结构在短时间内不会有根本性的改变。对此，当前应首先推广煤及洗选煤的生产和使用，以降低烟尘的SO_2的排放量。

我国能源的平均利用率仅30%，提高能源利用率的潜力很大。我国有20余万台锅炉，年耗煤量超过$2×10^8$t，因此，合理选择锅炉，对低效锅炉的改造、更新、提高锅炉的热效率，能够有效地降低燃煤对大气的污染。

2.5.2.4 植树造林，绿化环境

植树造林是防治大气污染长效可行和多功能的战略性措施，植物可以使空气增湿、降

温，缓解"城市热岛"效应；防风沙、滞尘、降低地面扬尘；可以吸收有害气体、杀菌净化等。因此应该加强绿地规划，根据所处位置的经济条件和自然条件做出合理的规划方案。

2.5.2.5 完善法规标准，健全监管机制

大气污染的控制，需要完善法规标准作为保障，健全监管机制加以协调。1982 年制定出《大气环境质量标准》，列出来总悬浮微粒、飘尘、二氧化硫、氮氧化物、一氧化碳、臭氧 6 种污染物的浓度标准；2012 年 3 月，我国颁布了新的《环境空气质量标准》，确定了近阶段我国大气污染防治的重点将是 $PM_{2.5}$ 的污染。1987 年我国制定了《中华人民共和国大气污染防治法》，这部法律较为详细地规定了大气污染检测制度、申报排污登记制度和超标排污收费制度。经 1995 年、2000 年两次修改后，于 2014 年迎来首次大规模修订，新增条款超过原法的一半。煤炭消费总量控制、重点联防联控、重污染天气监测预警体系等写入，惩罚力度也突破"天花板"，规定按日计罚和罚无上限。

尽管如此，从长远看，仍不能满足治理大气污染尤其是治理灰霾的需要。目前依然存在管理落后、监管不严、地方政府干预执法，地方政策缺乏环境保护意识，不严格执行环评制度，盲目建设重污染工业，重复建设浪费能源，工矿企业生产和处理设备陈旧落后，偷排、漏排、超排，缺乏对机动车排气污染的有效监督等现象。因此，应加快大气污染防治政策和标准对接，推进油品标准、机动车污染排放标准、重点污染源排放标准实施，落实地方政府责任，加强管理监督和评价考核，联防联控，增加监测点位，提高监测水平，建立信息共享平台，完善预报预警体系和应急联动预案。

第**3**章

水污染与防治

　　水是自然界的基本要素，是人类和其他生物赖以生存的物质基础。水是可更新的自然资源，能通过自己的循环过程不断地复原。

　　人类社会与经济的发展，使得工业、农业及生活不仅过多地取用水资源，而且排放的废弃物造成了广泛的水污染，不但减少了可利用的水资源，造成了水资源紧缺和水资源危机，而且还直接威胁到人类自身的健康和生命。水资源的可持续利用问题已成为当代世界最重大的资源问题和环境问题之一，更是未来人类面临的最严峻的挑战。

3.1　天然水的分布与循环

3.1.1　地球上水的分布

　　据估计，地球上水的总体积为13.9亿立方千米，其中97%以上为海洋水，不能直接为人类所利用；淡水总体积仅为0.35亿立方千米，其中数量最大的是极地和高山冰川，其次为地下水。与海水量、极地/高山冰川量和地下水量相比，地球上河水和淡水湖的水量很少，只有9.3万立方千米，仅占全部淡水的0.3%，但它们能直接取用供应人类生活、生产需要，与人类的关系最为密切，是水资源中最为重要的组成部分。各种水的蓄积量见表3-1。

表 3-1　地球上水的分布

水体类型	总水量		淡水量	
	体积/$10^4 km^3$	比例/%	体积/$10^4 km^3$	比例/%
(1)海洋水	133800	96.54		
(2)地下水	2340	1.69		
其中:地下咸水	1287			
地下淡水	1053		1053	30.1
(3)土壤水	1.7	0.00	1.7	0.05
(4)冰川与永久积雪	2406	1.74	2406	68.7

续表

水体类型	总水量		淡水量	
	体积/10^4km³	比例/%	体积/10^4km³	比例/%
(5)永冻土底水	30	0.02	30	0.857
(6)湖泊水	17.6	0.01		
其中:咸水	8.5			
淡水	9.1		9.1	0.26
(7)沼泽水	1.1	0.00	1.1	0.031
(8)河川水	0.2	0.00	0.2	0.006
(9)生物水	0.1	0.00	0.1	0.003
(10)大气水	1.3	0.00	1.3	0.037
合计	138598.0	100.0	3502.5	100.0

3.1.2　水的自然循环

　　水的自然循环是指地球上各种形态的水在太阳辐射和重力作用下，通过蒸发、水汽输送、凝结降水、下渗、径流等环节，不断发生相态转换的周而复始的运动过程。海洋和陆地间的水分交换是自然界水循环的主线，海洋表面的水蒸发进入大气中形成水汽，蒸发形成的水汽大部分留在海洋上空，少部分输送至陆地上空，在适当的条件下这些水汽凝结形成雨雪等降水。海洋上空的降水回落到海洋，陆地上空的降水则降落至地面，一部分形成地表径流补给河流和湖泊，另一部分渗入土壤与岩石空隙，形成地下径流，地表径流和地下径流最后都汇入海洋，由此构成全球性的连续有序的水循环系统（图 3-1）。而正是由于水循环的存在，使地球上的水不断得到更新，成为一种可再生的资源。

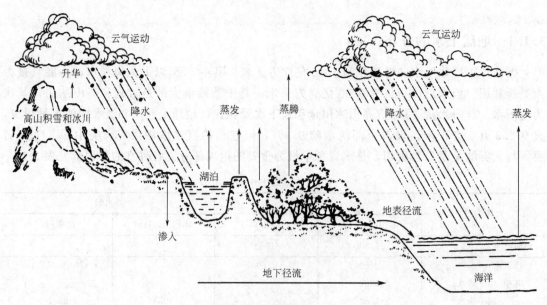

图 3-1　地球上的水循环

　　随着社会经济的快速发展，人类活动越来越强烈地影响水循环的过程。一方面，人类修建水库、大坝，开凿运河、渠道、河网以及大量开发利用地下水等，改变了水原来的径流路线，引起水的分布和水的运动状况的变化。农林垦植、森林砍伐、城市化等改变了陆面对太阳辐射的反射率、粗糙度、不透水面积等物理参数，引起蒸发、径流、下渗等过程的变化。虽然这些影响是局部的，但其强度往往很大，有时它对水循环的影响可扩展至地区，甚至通过水圈、气圈的相互作用影响到全球范围。另一方面，人类活动排出的污染物可通过不同的途径进入水循环从而使水体受到污染。例如矿物燃料燃烧产生并排入大气的二氧化硫和氮氧化物，进入水循环能形成酸雨，从而把大气污染转变为地面水和土壤的污染。土壤和固体废物受降水的冲洗、淋溶等作用，其中的有害物质通过径流、渗透等途径，参与水循环而迁移扩散。人类排放的工业废水和生活污水，使地表水或地下水受到污染，最终使海洋受到污染。

当前，水资源短缺是世界各国所面临的严重问题，主要表现在数量和质量两个方面。数量不足是指随着世界人口的不断增加和工农业生产的迅速发展，人类对水量的需求日益增多，而水资源的利用和水量分布极不平均，可用的水源和人口分布不成比例；而质量上不足是指人为污染所引起的水质性缺水。1993年第47届联合国大会通过决议，将每年的3月22日定为"世界水日"，以推动对水资源进行综合性的统筹规划和管理，加强水资源保护，解决日益严峻的缺水问题。我国自1994年开始将每年的3月22日至28日定为"中国水周"，通过开展广泛的宣传教育活动，增强公众合理开发、利用和保护水资源的意识。

3.2 水体与水体污染

3.2.1 水体和水体污染的概念

水体是地表水圈的重要组成部分，指的是以相对稳定的陆地为边界的天然水域，包括河流、湖泊、沼泽、水库、地下水、海洋等。在环境科学领域中则把水体当作包括水中的悬浮物、溶解物质、底泥（沉积物）和水生生物等完整的生态系统或综合自然体。

在水环境污染的研究中，区分"水质"与"水体"的概念十分重要。水质主要指水相的质量。水体则包含除水相以外的固相物质，内容广泛得多。例如重金属污染物易于从水中转移到底泥（沉积物）中，水中重金属的含量一般都不高，若着眼于水质，似乎未受到污染，但从水体看，可能受到较严重的污染，使该水体成为长期的次生污染源。

当污染物进入河流、湖泊、海洋或地下水等水体后，其含量超过了水体的自然净化能力，使水体的水质和水体底质的物理、化学性质或生物群落组成发生变化，从而降低了水体的使用价值和使用功能的现象，被称为水体污染。研究水体污染主要研究水污染，同时也研究底质（底泥或沉积物）和水生生物体污染。

3.2.2 水体污染源

水体污染源指的是向水体排放污染物的场所、设备和装置等，通常也包括污染物进入水体的途径。水体污染最初主要是自然因素造成的，如地面水渗漏和地下水流动将地层中某些矿物质溶解，使水中的盐分、微量元素或放射性物质浓度偏高而使水质恶化。

3.2.2.1 按活动方式分类

随着工业、农业和交通运输业高度发展，人口大量集中于城市，水体污染主要是人类的生产和生活活动造成的。根据活动方式分类，主要有以下三种污染源。

（1）工业污染源　工业废水是目前造成水体污染的主要来源。工业废水是指各种工业企业在生产过程中排出的废水，包括工艺过程用水、机器设备冷却水、烟气洗涤水、设备和场地清洗水以及生产废液等。由于受产品、原料、药剂、工艺过程、设备构造、操作条件等因素的综合影响，工业废水所含的污染物质成分极为复杂，而且造成水体的水质在不同时间会有很大差异。因此，工业污染源具有量大、面广、成分复杂、毒性强、不易净化、处理困难等特点，对自然界中各类水体都造成较大危害，是重点治理的污染源。

（2）生活污染源　生活污水是人们日常生活中产生的各种污水混合液，包括厨房、洗涤室、浴室等排出的污水和厕所排出的含粪便污水。其来源除家庭生活污水外，还有各种集体单位和公用事业等排出的污水。所谓城市污水是指排入城市污水管网的各种污水的总和，包括城市居民日常的生活污水、经处理达到一定排放标准的工业废水和城市径流污水。其中，城市径流污水是雨雪淋洗城市大气污染物和冲洗建筑物、地面、废渣、垃圾等而形成的。对于分别铺设污水管道和雨水管道的城市，降雨径流汇入雨水管道；对于采用雨污水合流排水管道的城市，可以使降雨径流与城市污水一同加以处理，但雨水量较大时由于超过截留干管的输送能力或污水处理厂的处理能力，大量的雨污水混合液出现溢流，将造成对水体更严重的污染。

生活污水中悬浮固体、耗氧有机物、合成洗涤剂、氨氮、磷、氯、细菌和病毒含量高，其次是 Ca、Mg 等，重金属含量一般都是微剂量。其中对水体环境威胁最大的是氮、磷、细菌和病毒。生活污水中的有机物质主要有纤维素、淀粉、糖类、蛋白质、脂肪和尿素等，在厌氧细菌作用下，易产生恶臭物质，如硫化氢、硫醇以及特殊的粪臭素。

（3）农业污染源　农业生产用水量大，并且是非重复用水。农业退水是指农作物栽培、牲畜饲养、食品加工等过程中排出的污水和液态废物。农业退水主要含有氮、磷、钾等化肥、各种农药、粪尿等有机物、人畜肠道病原体及一些难溶性固体和盐分等。

滥施农药、化肥是造成水体污染的一个重要因素。在各类蔬菜和大田作物的生产中，农药、化肥的施用不断增加。喷洒农药及施用化肥，一般只有少量（10%～20%）附着或施用于农作物上，其余绝大部分（80%～90%）残留在土壤和漂浮在大气中，通过降雨、沉降和径流的冲刷而进入地表水或地下水，造成水体污染。加之畜牧业的集约化，大型畜禽饲养场的增加，各种废弃物的排放，造成水体水质更加恶化。由此可见，农业污染源覆盖面广、分散，并可通过各种渠道影响地表水体，其治理难度较大。

3.2.2.2 按照污染物进入方式分类

按照污染物进入水体的方式，水体污染源可分为点源和面源（或非点源）。

（1）点源　点源指的是通过沟渠管道集中排放的污染源，主要包括工业废水和城市生活污水，它们有固定的排放点，排放量和浓度随生产、生活活动有规律性的周期变化。

（2）面源　面源为受外界气象、水文条件控制的不连续性、分散排放的污染物质。面源多为人类在地表上活动所产生的水体污染源，包括农业、农村生活、矿业、石油生产、施工等。面源分布广泛，物质构成与污染途径十分复杂，如地表水径流、大气沉降、农村生活污水与分散畜牧业废物、农村种植业固废、农药化肥流失、水土流失等。面源形成过程受区域地理条件、气候条件、土壤结构、土地利用方式、植被覆盖和降水过程等多种因素影响，具有随机性大、分布范围广、形成机理模糊、潜伏性强、滞后发生和管理控制难度大的特点。目前，随着点源控制力度的加大，非点源已逐渐成为水体水质恶化的主要原因。在美国，非点源污染已经成为环境污染的第一因素，60％的水污染起源于非点源污染。

3.2.3　水体污染物

影响水体污染的主要污染物按释放的污染种类可归为物理、化学和生物三个方面。

3.2.3.1　物理性污染

物理性污染指的是颜色、悬浮固体、温度、放射性等。

（1）颜色　纯净的水是无色透明的。天然水经常呈现一定的颜色，它主要来源于植物的叶、根、茎、腐殖质以及可溶性无机矿物质和泥沙。当各种工业（如纺织、印染、染料、造纸等）废水排入水体后，可使水色变得极为复杂。颜色可以说明所含污染物的含量。

（2）悬浮固体　包括悬浮于水中的固体颗粒物（泥沙、腐殖质、浮游藻类等）和胶体颗粒物。悬浮固体可影响水体的透明度，妨碍光线向水体中的透射，减少透光层深度，降低水中藻类的光合作用，影响水生生物和鱼类的生存。

（3）温度　地表水的温度一年中随季节变化区间为 $0\sim35℃$，地下水温度比较稳定。由排放的工业废水引起天然水体温度上升，称为热污染。热电厂等的冷却水是热污染的主要来源。热污染的危害主要有以下几点。

① 由于水温升高，使水中溶解氧减少，同时又使水生生物代谢率增高而消耗更多的氧，导致水质迅速恶化，造成鱼类和其他水生生物死亡。

② 水体增温显著地改变了水生生物的习性、活动规律和代谢强度，从而影响其分布和生长繁殖；增温幅度过大和升温过快，对水生生物有致命的危险。

③ 水温升高加速了水体中有机物的生物降解和营养元素的循环，藻类因而过度生长繁殖，导致水体富营养化；有机物降解又加速了水中溶解氧消耗；某些有毒物质的毒性随水温上升而加强，例如，水温升高 $10℃$，氰化物毒性就增强一倍，而生物对毒物的抗性，则随水温的上升而下降。

④ 加速细菌生长繁殖，引起疾病流行，危害人类健康。

（4）放射性污染物　天然地下水和地表水中，常常含有某些放射性同位素，如铀（^{238}U）、镭（^{226}Ra）、钍（^{232}Th）等，但其放射性一般都很微弱，对生物没有什么危害。人工的放射性污染物主要来源于天然铀矿的开采和选矿，精炼厂和放射性同位素应用时产生的废水，尤其是原子能工业和原子反应堆设施的废水，核武器制造和核试验污染等，后者影响最大。人工放射性废水中主要的放射性同位素除 ^{238}U、^{226}Ra 等外，还有锶（^{90}Sr）、铯（^{137}Cs）、碘（^{131}I）、钴（^{60}Co）等。某些矿泉水和地下水有时还有放射性氡（^{222}Rn），它最后衰变成铅（^{210}Pb）和钋（^{210}Po）。

放射性物质可由大气进入海洋，现在世界任何海区均可测出 ^{90}Sr 和 ^{137}Cs，北半球高于南半球。放射性物质可经水生食物链而富集，如英国温斯科尔（Windscale）放射性废物工厂处理地附近海域食用海产中铯（^{137}Cs）和钌（^{106}Ru）的放射性比整个英国沿海平均高 $300\sim1000$ 倍。放射性物质经水和食物进入人体后，会继续释放出 α 射线、β 射线、γ 射线，伤害人体组织，并可蓄积在人体内部，造成长期危害，导致贫血、癌症、畸形、遗传性病变的发生。

3.2.3.2 化学方面

排入水中的化学物质，大致可分为无机无毒物质、无机有毒物质、有机无毒物质和有机有毒物质。

（1）无机无毒物质　指排入水中的酸、碱及一般无机盐类。水体遭到酸碱污染后，pH值发生变化，对水生生物的生存构成威胁。各种溶于水的无机盐类，会造成水体含盐量增高，硬度变大，影响各种用水水质。生活污水和某些工业废水中，经常含有一定量的氮、磷等植物营养物质，施用氮肥、磷肥的农田水中，也含有无机氮和无机磷的盐类，这些物质可引起水体的富营养化，使水质恶化。

（2）无机有毒物质

① 重金属。重金属元素是无机有毒物质的主要组成部分，是具有潜在危害的重要污染物。目前在环境污染研究中所说的重金属主要是指 Hg、Cd、Pb、Cr 以及类金属 As 等毒性显著的元素。重金属污染物进入水体环境中不发生降解易累积在藻类和底泥中，且能被生物吸收，并与生物体内的蛋白质和酶等高分子物质结合，产生不可逆的变性，导致生理或代谢过程障碍，或者与脱氧核糖核酸等相互作用而致突变。从化学结构来看，人体组织中的生理活性高分子拥有的主要官能团为 —SH、—NH$_2$、—NH、—COOH、—PO$_4$、—OH 等，都可能与重金属元素配位生成稳定的络合物或螯合物，从而失去活性。因此，进入水体环境中的重金属通过食物链富集后进入人体后可造成毒害作用，如 20 世纪五六十年代发生在日本的震惊世界的水俣事件和骨痛病事件。重金属对人体还具有致癌作用，美国毒物与疾病登记署（ATSDR，Agency for Toxic Substances and Disease Registry）已将 As、Cd、Co、Cr、Hg、Ni、Pb 和 Se 等重金属列为致癌物质。

② 氰化物。氰化物是指含有氰基（CN$^-$）的化合物，是剧毒物质。当含氰废水排入水体后，会立即引起水生动物的急性中毒甚至死亡。氰化物的毒性主要是由氢氰酸的形成而产生的。各种氰化物分解出 CN$^-$ 及 HCN 的难易程度是不相同的，其毒性也不相同。简单的化合物如 KCN、NaCN、Ca(CN)$_2$ 可解离出 CN$^-$ 有剧烈毒性，较易分解的络合物如 Zn(CN)$_4^{2-}$、Ni(CN)$_4^{2-}$ 等也有相当的毒性，较稳定的络合物如 Fe(CN)$_6^{2-}$、Fe(CN)$_6^{4-}$ 和 CNO$^-$ 氧化物则基本无毒。水体 pH 值的变化能影响氰化物的毒性。在碱性条件下氰化物的毒性较弱，而 pH 值低于 6 时则毒性增大，氰化物在酸性溶液中也可生成 HCN 而挥发。当水中游离氰化物（即 CN$^-$）浓度在 1mg/L 以上，可使水和废水中微生物的繁殖受到影响，浓度在 0.3～0.5mg/L 之间，可使鱼致死。CN$^-$ 进入人体，破坏血液中氧的传输，会使新陈代谢作用停止，发生细胞内窒息，以至死亡，口腔吸入 50mg CN$^-$ 可瞬间致人死亡。

③ 氟化物。氟广泛存在于自然水体中，适量的氟是人体所必需的，但过量的氟对人体有害，饮用水中含氟超过 1.0mg/L 时则出现氟斑牙，2.4～5.0mg/L 时可引起氟骨症、损害肾脏等。电镀加工含氟废水和含氟废气洗涤水排入水体后造成水污染。氟化物对许多生物具有明显毒性。牲畜饮用含氟高的水，会引起慢性氟中毒，主要表现为牙齿、骨骼等病变，易骨折，失去劳动能力，重者瘫痪衰竭而死。氟化物在植物体内的毒害作用，主要是氟能取代酶蛋白中的金属元素形成络合物或与钙离子、镁离子等离子结合，使酶失去活性，进而导致光合作用受到抑制，引起植物缺绿和钙营养障碍。

（3）有机无毒物质　天然水中的有机物一般指天然的腐殖物质及水生生物生命活动的产物。生活污水、食品加工和造纸等工业废水中，含有大量的有机物，如碳水化合物、蛋白质、油脂、木质素、纤维素等。这些有机物的共同特点是直接进入水体后，通过微生物的生物化学作用而分解为 CO_2、NO_3^- 和 H_2O 等简单的无机物质，在分解过程中需要消耗水中的溶解氧，在缺氧条件下就发生腐败分解，分解产物除 CO_2 和 H_2O 外，还有 NH_3、有机酸、醇类等，恶化水质，故常称这些有机物为耗氧有机物。

耗氧有机物的种类繁多，组成复杂，因而难以分别对其进行定量、定性分析。没有特殊要求，一般不对它们进行单项定量测定，而是利用其共性，间接地反映其总量或分类含量。表征耗氧有机物含量的指标将在第3.3节进行详细的介绍。

（4）有机有毒物质

① 酚类化合物。酚类化合物广泛地存在于自然界中。各类工业废水包括煤气、焦化、石油化工、制药、油漆等大量排放的主要是苯酚，即挥发酚。苯酚产生臭味，溶于水、毒性较大，能使细胞蛋白质发生沉淀和变性。当水体中酚浓度为 $0.1\sim0.2mg/L$ 时，鱼肉产生酚味；浓度高时，可使鱼类大量死亡。若人们长期饮用含酚水，可引起头昏、贫血及各种神经系统症状，甚至中毒。地表 I 类水中酚的最高允许浓度为 $0.002mg/L$，渔业水体标准规定为 $\leqslant0.005mg/L$。

② 有机农药。有机农药及其降解产物对水环境的污染十分严重。引起水体污染的代表性农药有 DDT、艾氏剂、六六六、对硫磷等。有机氯农药易溶于脂肪和有机溶剂而不易溶于水，它们的光学性质稳定，残留时间长。有机磷农药的特点是毒性剧烈，但在环境中较易分解，在水体中会随温度、pH 值、微生物的数量、光照等增加而加快降解速度。

③ 多环芳烃（polycyclic aromatic hydrocarbons，PAHs）。多环芳烃指分子中含有两个以上苯环的烃类化合物，是一类典型的持久性有机污染物。环境中存在的 PAHs 主要有天然和人为两种来源。天然来源主要包括燃烧（森林大火和火山喷发等）和生物合成（某些细菌、藻类和植物的生物合成产物等）；人为来源主要是由煤、石油等燃料及木材、可燃气体在不完全燃烧或在高温处理条件下所产生的。水体中的 PAHs 主要来自城市生活污水和工业废水排放、地表径流、土壤淋溶、石油的泄漏及长距离的大气传输造成的颗粒物的干湿沉降。由于 PAHs 具有低溶解性和憎水性，会强烈地分配到非水相中，吸附于颗粒物上，因此水体中 PAHs 主要聚集在沉积物中。多环芳烃化合物中有许多种类具有致癌或致突变作用。致癌物有苯并 [a] 芘，苯并 [a] 蒽、蒽、二苯并 [a、h] 芘，二苯并 [a、h] 蒽等。多环芳烃可通过呼吸道、皮肤或经过生物体的吸收、浓缩再通过食物链传递进入人体，威胁着人类健康与生态环境。例如，接触含多环芳烃较多的煤焦油和沥青的作业工人，可引发职业性癌症。

④ 多氯联苯（polychlorinated biphenyls，PCBs）。多氯联苯又称氯化联苯，是一类人工合成有机物，是联苯上的氢被氯置换后生成物的总称，一般以四氯或五氯化合物为最多。PCB 的物理化学性质极为稳定，高度耐酸碱和抗氧化，它对金属无腐蚀性，具有良好的电绝缘性和很好的耐热性，除一氯化物和二氯化物外均为不燃物质。因此，PCB 广泛应用于电器绝缘材料和多种工业产品的添加剂（如塑料增塑剂）。PCB 属于致癌物质，在环境中不易降解，极难溶于水而易溶于脂肪和有机溶剂，其进入生物体内也相当稳定，不易被排泄，易聚集在脂肪组织、肝和脑中，可引起皮肤、肝脏和脑部损害，并影响神经、生殖及免疫系统。1968 年日本曾发生震惊世界的因 PCB 污染米糠油而造成的公害病："油症"。PCB 已被《斯德哥尔摩公约》（2001 年）列为在全球范围内被禁用或严格限用的持久性有机污染物。

⑤ 洗涤剂。洗涤剂是代替肥皂，而其功能又远远强过肥皂的一类合成化学物质。洗涤剂的主要成分是表面活性剂，表面活性剂是分子结构中含有亲水基和亲油基两部分的有机化

合物。在洗涤剂广泛应用于生活和工业之后，排入水体中的洗涤剂的量愈来愈大，逐渐显示出其对水环境的恶劣影响，从而被确认为一种污染物。洗涤剂对水体污染形式大体表现为：a. 当水体中含洗涤剂达到 0.5mg/L 时，水面上将浮起一层泡沫，这不仅破坏自然景观，而且影响大气中的氧向水中的溶解交换，水体中的洗涤剂大于 10mg/L 时鱼类就难以生存，若达到 45mg/L 时，水稻生长就会受到严重危害，甚至死亡；b. 洗涤剂中均含有以磷酸盐为主的增净剂，因而可导致水体的富营养化，使水质恶化；c. 洗涤剂中的表面活性剂会使水生动物的感官功能减退，甚至丧失觅食或避开有毒物质的能力，也即可以使水生动物丧失生存本能。

3.2.3.3 生物方面

生活污水、医院废水、制革、屠宰等工业废水以及牧畜污水排入地表水后，可引起病原微生物污染。排放的污水中常包含有细菌、病毒、原生动物、寄生虫等。常见的致病菌是肠道传染病菌，如大肠杆菌、痢疾杆菌、绿脓杆菌等。病毒是一类没有细胞结构但具有遗传、变异、共生、干扰等生命现象的微生物，多数用电子显微镜才能观察到，如麻疹、流行性感冒病毒、传染性肝炎病毒等。寄生虫主要有疟原虫、血吸虫、蛔虫、线虫等。

3.3 水质指标和水质标准

水质，水体质量的简称。它标志着水体的物理（如色度、浊度、臭味等）、化学（无机物和有机物的含量）和生物（细菌、微生物、浮游生物、底栖生物）特性及其组成的状况。为评价水体质量的状况，规定了一系列水质参数和水质标准。

3.3.1 水质指标

水质指标用于表示水质特性，并可用于评价给水和污水处理方法的优劣，某些指标还可预测污水排入水体后对水体的影响。水质指标可概括性地分为物理指标、化学指标、生物学指标和放射性指标。其中，有些指标用某一物理参数或某一物质的浓度来表示，是单项指标，如温度、pH 值、溶解氧等；而有些指标则是根据某一类物质的共同特性来表明在多种因素的作用下所形成的水质状况，称为综合指标，比如生化需氧量表示水中能被生物降解的有机物的污染状况，总硬度表示水中含钙、镁等无机盐类的多少。

3.3.1.1 物理指标

包括水温、色度、臭味、浊度、透明度、悬浮物、矿化度、电导率和氧化还原电位等。

3.3.1.2 化学指标

根据水中所含物质的化学特性的不同，化学指标可分为无机物指标和有机物指标。

（1）无机物指标 包括 pH 值、碱度、溶解氧、植物营养元素（氮、磷）、无机盐类及重金属离子等。在无机物指标中，溶解氧是一项很重要的指标，氮和磷是导致湖泊、水库和海湾等水体富营养化的主要因子。

① 溶解氧（dissolved oxygen，DO）是指水体中溶解的氧气浓度。水中溶解氧是水生生物生存的基本条件，一般 DO 低于 4mg/L 时鱼类就会窒息死亡。天然水体中 DO 含量一般为 5~10mg/L。当有机污染物进入水体后被微生物氧化分解，消耗水体中的氧气，从而导致受纳水体的溶解氧降低。当水中溶解氧缺乏时，厌氧细菌繁殖，水体发臭，鱼类大量死

亡。因此，溶解氧尽管是一个无机物指标，但是它却间接反映了水体受有机物污染的程度。溶解氧含量越高，说明水体中有机物浓度越小，即水体受有机物污染程度越低。

② 氮、磷的水质指标通常包括总氮、氨氮、亚硝酸盐氮、硝酸盐氮和凯氏氮。其中，总氮是衡量水质的重要指标之一；氨氮是指水中游离氨（NH_3）和离子状态铵盐（NH_4^+）之和。鱼类对水中氨氮比较敏感，当氨氮含量高时会导致鱼类死亡；亚硝酸盐氮是指水中以亚硝酸盐形式（NO_2^-）存在的氮；硝酸盐氮是指水中以硝酸盐形式（NO_3^-）存在的氮；凯氏氮又称为基耶达氮（Kjeldahl nitrogen，KN），是指以凯氏法测得的含氮量，指有机氮与氨氮之和。磷的水质指标通常使用总磷来表示，包括有机磷和无机磷。

③ 重金属指标主要是指 Hg、Cd、Pb、Cr、Ni 以及类金属 As 等生物毒性显著的元素，也包括具有一定毒害性的一般重金属，如 Zn、Cu、Co、Sn 等。

（2）有机物指标 水体中有机物种类繁多，组成复杂，因而难以分别对其进行定量、定性分析。没有特殊要求，一般不对它们进行单项定量测定，而是利用其共性，间接地反映其总量或分类含量。在实际工作中，一般采用下列综合指标来表示水中耗氧有机物的含量。

① 化学需氧量（chemical oxygen demand，COD）。指在一定条件下，使水样中能被氧化的物质氧化所需耗用氧化剂的量，以每升水消耗氧的毫克数表示（mg/L）。COD 值越高，表示水中有机物污染越严重。常用的氧化剂是高锰酸钾（$KMnO_4$）或重铬酸钾（$K_2Cr_2O_7$）。高锰酸钾法（COD_{Mn}）测定相对简便快速，适用于测定一般地表水，如河水、海水。重铬酸钾法（COD_{Cr}）对有机物反应较完全，适用于分析污染严重的水样。目前国际标准化组织（ISO）规定，化学需氧量（COD）是指 COD_{Cr}，而称 COD_{Mn} 为高锰酸盐指数。

化学需氧量所测定的内容范围是不含氧的有机物和含氧有机物中碳的部分，实际上是反映有机物中碳的耗氧量。另外，由于化学需氧量不具备选择性，其不仅包括了有机物，而且一定程度上包括了还原态的无机物（如硫化物、亚硝酸盐、铵和低价铁盐等）所消耗的氧量。

② 生物化学需氧量（biochemical oxygen demand，BOD）。指在好氧条件下，微生物分解水体中有机物质的生物化学过程中所需溶解氧的量。由于微生物分解有机物是一个缓慢的过程，将所能分解的有机物全部分解往往需要 20 天以上，并与环境温度有关。目前在 BOD 的测量中，普遍采用 20℃培养 5 天的生物化学过程需要氧的量为指标（以 mg/L 为单位），记为 BOD_5。

一个受污染水体的水样在实验室测得的 BOD 曲线示意于图 3-2。由图可见，有机污染物的生物化学氧化作用分为两个阶段完成。

第一阶段为碳氧化阶段，主要是有机物转化为 CO_2、水和氨等无机物，反应式为：
$$RCH(NH_2)COOH + O_2 \longrightarrow RCOOH + CO_2 + NH_3$$

第二阶段为硝化阶段，主要是氨被转化为亚硝酸盐和硝酸盐，反应式为：
$$2NH_3 + 3O_2 \longrightarrow 2HNO_2 + 2H_2O$$
$$2HNO_2 + O_2 \longrightarrow 2HNO_3$$

最后因氨已是无机物，它的进一步氧化对水体污染的影响较小，所以废水的生化需氧量通常只指第一阶段有机物生物化学氧化所需的氧量。对于一般的生活污水和有机废水，硝化过程在 5～7 天以后才能显著展开，因此不会影响有机物 BOD_5 的测量；对于特殊的有机废水，为了避免硝化过程耗氧所带来的干扰，可以在样本中添加抑制剂。

可以看出，生化需氧量包含的内容范围同化学需氧量一样，是不含氮有机物和含氮有机物中的碳的氧化部分，也就是有机物的碳的生化需氧量。总的说来，生物氧化不如化学氧化

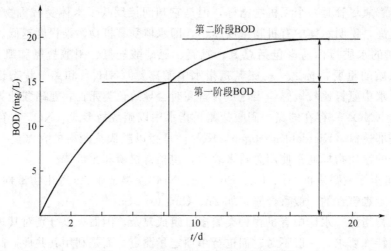

图 3-2 受污染水样的生化需氧量曲线

进行得彻底，而五日生化需氧量又只是一部分生化需氧量，它只占最终生化需氧量的 65%～80%，所以 BOD_5 比 COD 值要低得多，只能相对反映可氧化有机物的含量。

如果废水中各种成分相对稳定，那么 COD 和 BOD 之间应有一定的比例关系。一般来说，BOD_5/COD 可作为废水是否适宜生化法处理的一个衡量指标，比值越大，越容易被生化处理。一般认为 BOD_5/COD 大于 0.3 的废水才适宜采用生化处理。

③ 总需氧量（total oxygen demand，TOD）。是指水中能被氧化的物质，主要是有机物质经燃烧变成稳定的氧化物时所需要的氧量，结果以 O_2 的 mg/L 表示。碳被氧化为 CO_2，而 H、N、S 则分别被氧化为 H_2O、NO 和 SO_2 等。TOD 的值一般大于 COD 的值。

④ 总有机碳（total organic carbon，TOC）。是近年来发展起来的一种水质快速测定方法，是指水中所有有机污染物中的碳含量。即把有机碳高温燃烧氧化成 CO_2，然后测得所有产生 CO_2 的量，以此计算出污水中有机碳的量。

在水质状况基本相同的情况下，BOD_5 与 TOC 或 TOD 之间存在一定的相关关系。由于 COD 和 BOD 反映不出难以分解的有机物含量，且测定比较费时，国内外正在提倡用 TOC 和 TOD 作为衡量水质有机物污染的指标。通过实验建立相关关系，可快速测定出 TOC，从而推算出其他有机污染物指标。

3.3.1.3 生物学指标

指水中浮游植物、浮游动物及微生物的生长情况。生物学指标主要包括大肠菌群数（或称大肠菌群值）、大肠菌群指数、病毒及细菌总数等。

3.3.2 水质标准

水质标准是指为了保障人体健康、维护生态平衡、保护水资源、控制水污染，在综合水体自然环境特征、控制水环境污染的技术水平及经济条件的基础上，所规定的水环境中污染物的允许含量、污染源排放污染物的数量和浓度等的技术规范。

3.3.2.1 水环境质量标准

水环境质量标准是对水体环境中污染物在一定时间和空间内的允许含量所做的规定。水环境质量标准是国家环境政策目标的具体体现，是评价环境是否被污染和制定污染物排放标准的依据。

按照水体的类型，水环境质量标准可分为地表水水质标准、海水水质标准、地下水水质标准；按照水的用途，又可分为生活饮用水水质标准、工业用水水质标准、农田灌溉水质标准、渔业水质标准和娱乐用水水质标准等。由于各种标准制定的目的、适用范围和要求不同，同一污染物在不同的标准中所规定的数值也不同。

为了有效控制地表水污染，我国于 2002 年修订颁布了《地表水环境质量标准》（GB 3838—2002），该标准项目共计 109 项，其中地表水环境质量标准基本项目 24 项，集中式生活饮用水地表水源地补充项目 5 项和特定项目 80 项。依据地表水水域环境功能和保护目标，按功能高低依次划分为 5 类：Ⅰ类，主要适用于源头水，国家自然保护区；Ⅱ类，主要适用于集中式生活饮用水地表水源地一级保护区、珍稀水生生物栖息地、鱼虾类产卵场、仔稚幼鱼的索饵场等；Ⅲ类，主要适用于集中式生活饮用水地表水源地二级保护区、鱼虾类越冬场、洄游通道、水产养殖区等渔业水域及游泳区；Ⅳ类，主要适用于一般工业用水区及人体非直接接触的娱乐用水区；Ⅴ类，主要适用于农业用水区及一般景观要求水域。对应地表水上述五类水域功能，将地表水环境质量标准基本项目标准值分为五类，不同功能类别分别执行相应类别的标准值；水域功能类别高的标准值严于水域功能类别低的标准值；同一水域兼有多类使用功能的，执行最高功能类别对应的标准值。

3.3.2.2 水污染物排放标准

水污染物排放标准是指为了实现水环境质量目标，结合经济技术条件和水环境特点，对排入水体环境的污染物的数量、浓度等所做的控制规定。水污染物排放标准是实现水环境质量标准的主要保证，是控制污染源的重要手段。

我国现行的综合性水污染物排放标准是于 1996 年修订颁布的《污水综合排放标准》（GB 8978—1996），该标准按照污水排放的去向，分年限规定了 69 种水污染物的最高允许排放浓度及部分行业的最高允许排水量。标准中将排放的污染物按其性质及控制方式分为两类：第一类污染物指能在水环境或动植物体内蓄积，对人体健康产生长远不良影响的有害物质，这类污染物不分行业和污水排放方式，也不分受纳水体的功能类别，一律在车间或车间处理设施排放口采样，其最高允许排放浓度必须达到标准要求；第二类污染物指其长远影响小于第一类污染物的有害物质，这类污染物在排污单位排放口采样，其最高允许排放浓度必须达到标准要求。

针对不同的行业，我国还制定颁布了大量的行业性水污染物排放标准，如《纺织染整工业水污染物排放标准》、《造纸工业水污染物排放标准》、《钢铁工业水污染物排放标准》、《肉类加工工业水污染物排放标准》、《磷肥工业水污染物排放标准》等。根据国家综合性排放标准与国家行业排放标准不交叉执行的原则，有行业排放标准的要执行行业排放标准，没有行业排放标准的执行综合性排放标准。

3.4 水体富营养化过程

3.4.1 水体富营养化的概念和类型

3.4.1.1 概念

水体富营养化（eutrophication）是指由于水体中的氮、磷营养物质的富集，引起藻类及其他浮游生物迅速繁殖，水体溶解氧量下降，使鱼类和其他生物大量死亡、水质恶化的现象。水体发生富营养化后，浮游生物大量繁殖，因占优势的浮游生物的颜色不同水面往往呈现蓝色、红色、棕色、乳白色等，这种现象在江河湖泊中称为"水华"，在海中则称为"赤潮"。

3.4.1.2 类型

(1) 天然富营养化　自然界中的许多湖泊，在数千万年前，或者更远年代的幼年期间，处于贫营养状态。随着时间的推移和环境的变化，湖泊一方面从天然降水中接纳氮、磷等营养物质，另一方面因地表土壤的侵蚀和淋溶，使大量营养元素进入湖内，逐渐增加了湖泊水体的肥力。这就使大量浮游植物和其他水生植物的生长成为可能，进而为草食性的甲壳纲动物、昆虫和鱼类提供了丰富的食料。当这些动植物死亡后沉积在湖底，积累形成底泥沉积物。残存的动植物残体不断分解，由此释放出的营养物质又被新的生物体所吸收。经过千万年的天然演化过程，原来的贫营养湖泊逐渐地演变成为富营养湖泊。湖泊营养物质的这种天然富集，营养物质浓度逐渐升高而发生水质变化的过程，通常称为天然富营养化。

(2) 人为富营养化　随着工农业生产规模的迅速发展，城市排出大量含有氮、磷等营养物质的污水，这些污水进入湖泊、河流和水库，增加了这些水体的营养物质的负荷量。同时，为了提高农作物产量，农业生产过程中施用的化学肥料和牲畜粪便逐年增加，经过雨水冲刷和渗透，以面源的形式使一定数量的植物营养物质最终输送到水体中，加剧了水体富营养化过程，称为人为富营养化。

天然富营养化是湖泊水体生长、发育、老化、消亡整个生命史中必经的过程，这个过程极其漫长，常常需要以地质年代或世纪来描述其过程。但人为排放含营养物质的工业、生活污水和农业面源性污染所引起的水体富营养化现象，可以在短时间内使水体由贫营养状态变为富营养状态。

根据湖泊贫营养状态和富营养状态的特征列表比较见表3-2。

表 3-2　贫营养湖泊与富营养湖泊的特征比较

指标	贫营养	富营养
营养物质	贫乏	丰富
浮游藻类	稀少	较多
有根植物	稀疏	茂盛
湖水深度	较深	较浅
湖底	砂石、砂砾	淤泥沉积物
水质透明度	清澈透亮	浑浊发暗
水温	较低(冷水)	较高(温水)
特征性鱼类	鲑鱼等	鲤鱼、草鱼、鲢鱼等

3.4.2　水体富营养化的危害

水体富营养化尤其是人为富营养化是由多种因素综合作用形成的结果，一方面它会威胁水生态系统的平衡，导致生态系统结构的变化和功能的退化；另一方面富营养化的水体普遍被认为是劣质水体，对生产生活造成很大危害。

3.4.2.1　直接影响

水体富营养化破坏了水体生态系统原有的平衡。首先，藻类过度生长繁殖，在水体中占据的空间越来越大，从而挤占其他水生生物的生存空间；另外，藻类种类逐渐减少，并由以硅藻和绿藻为主转为以蓝藻为主，而蓝藻有不少种有胶质膜，不适于作鱼的饵料，而且有些种属是有毒的。大量水藻浮在湖水表面，形成一层"浮渣"，降低了水体的透明度，从而影响水中植物的光合作用，水下生物因得不到充足阳光而影响其生存和繁殖；同时，藻类会分泌大量毒素，威胁水生生物的生存。

富营养化水体中由于藻类生长密集，只有表层水体中的藻类能获得充足的阳光进行光合作用，释放出氧气，在深层的水中就无法进行光合作用而出现耗氧；在夜间或阴天水体中的藻类也将耗氧。藻类死亡后不断向湖底沉积，其腐烂分解也会消耗深层水体大量的溶解氧，严重时可能使深层水体的溶解氧消耗殆尽而呈厌氧状态，这种厌氧状态，可以触发或者加速底泥积累的营养物质的释放，造成水体营养物质的高负荷，形成富营养水体的恶性循环，加速湖泊等水域的衰亡过程。

由于水体溶解氧大量减少等原因，鱼类、贝类等水生生物常会缺氧窒息而死亡。此外，藻类死亡释放的毒素和藻类尸体分解产生的挥发性氨也会毒害鱼类，导致水产养殖减产，甚至完全破产。

3.4.2.2　间接影响

（1）危害人体健康　富营养化水中含有大量的硝酸盐和亚硝酸盐，硝酸盐超过一定量时有毒性，亚硝酸盐又能在人体内与仲胺合成亚硝胺，有使人得癌症、生畸胎和影响遗传的危险。因此，人畜长期饮用这些物质含量超标的水会中毒致病。富营养化水体中生长的某些藻类如蓝藻会产生藻毒素，不但影响鱼类生存，还可在鱼类等水生生物体内富集，通过食物链影响人类健康。藻毒素的生物毒性在自然界自然合成的毒素中居第二位，仅次于二噁英，其急性作用是纯砒霜的数百倍。此外，人体直接接触富营养化水体，也会产生瘙痒、刺痛等不适感觉。

（2）给水处理增加成本和难度　作为生活饮用水和工业用水水源的水体富营养化之后，给净水厂的正常工作带来一系列问题。首先是过量的藻类会给净水厂在过滤过程中带来障碍，为此需要改善或增加过滤措施，既影响净水厂的出水率，又增加了水处理的费用。其次，富营养水体中含有由于缺氧而产生的硫化氢、甲烷和氨等有毒有害气体和水藻产生的某些有毒物质，增加了水处理的技术难度，降低了水处理效果。同时，水体的富营养化也造成可利用水资源的愈加短缺，加剧水资源危机，影响工农业的可持续发展。

（3）影响水体的旅游价值　富营养化水体由于占优势的浮游藻类颜色的不同会呈现绿色、蓝色、棕色等，水体透明度降低，影响水体的观感。此外，部分藻类能够散发出腥味异臭，使水体变得腥臭难闻，影响人们的娱乐和休闲，从而影响水体的旅游功能。

3.4.3　N、P在水体中的转化

氮、磷是构成水体初级生产力和食物链最重要的生源要素，水体中氮、磷营养物质过多，是水体富营养化的直接原因。因此，研究水体中氮、磷的平衡、分布和循环，生物吸收和沉淀，底质中氮、磷形态，有机物分解和释放等规律，对水体的富营养化过程和防治都有重要意义。

3.4.3.1 含氮化合物在水体中的转化

水体中的含氮化合物可分为有机氮和无机氮两大类。有机氮大多是农业废弃物和城市生活污水中的含氮有机物，包括蛋白质、氨基酸和尿素等；无机氮指的是氨氮、亚硝态氮和硝态氮等，它们一部分是有机氮经微生物分解转化作用而产生的，一部分直接来自施用化肥的农田退水和工业排水。此外，由于大气中 N_2 溶解于水中，地表水中还存在着一定量的游离氮气，天然水体中 N_2 占水中溶解气体的平均体积分数约为61%。

含氮有机物在水体中的生物降解过程包括氨化和硝化过程，见图3-3。氨化可以在有氧或无氧条件下进行，其产物即 NH_3 或 NH_4^+。在有氧条件下，NH_3 在硝化细菌的作用下进一步发生硝化作用，先氧化为亚硝酸盐（NO_2^-），再氧化为硝酸盐（NO_3^-），它们都可以重新由植物作为营养吸收。在缺氧的水体中，硝化过程就不能进行，一些厌氧细菌使水中的 NO_3^- 和 NO_2^- 发生还原反应，逐步又转化为还原态，其主要形态是以气体的 N_2O 和 N_2 又回到大气中去，这就是所谓的反硝化过程。

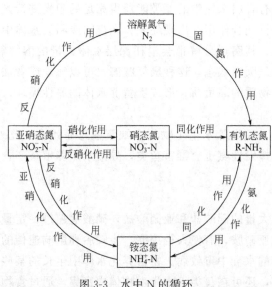

图3-3 水中N的循环

从耗氧有机物在水体中的转化过程来看，有机氮→NH_3→N→NO_2→N→NO_3，可作为耗氧有机物自净过程的判断标志，但在水中它们提供了植物营养所需的氮元素。

3.4.3.2 含磷化合物在水体中的转化

水体中的磷是以多种形态存在的，按其化学性质可分为有机磷和无机磷，按存在形态可分为可溶性磷和颗粒态磷。水体中磷是由矿石风化、侵蚀、淋溶、细菌作用、农业肥料、污水和洗涤剂排入等来源构成的。其中，可溶性磷化合物包括正磷酸盐（PO_4^{3-}、HPO_4^{2-}、$H_2PO_4^-$ 等）、多聚磷酸盐（$P_2O_7^{4-}$、$P_3O_{10}^{5-}$、$P_3O_9^{3-}$、$HP_3O_8^{2-}$ 等）、有机磷酸物（葡萄糖-6-磷酸、2-磷酸-甘油酸、磷肌酸等形态存在）。天然水体中无机磷几乎完全是以正磷酸盐形态（也就是磷的完全氧化态）存在。受工业废水或生活污水污染的天然水含有多聚磷酸盐，它们是某些洗涤剂、去污粉的主要添加成分；随着多聚磷酸盐分子量的增大，溶解度变小。多聚磷酸盐很容易在微生物酶的作用下水解成正磷酸盐。可溶性磷酸盐能被微生物和植物吸收，组成有机化合物中的含磷有机物，如卵磷脂、核酸以及各种糖的磷酸酯等。磷在生物体内的一个重要作用就是合成三磷酸腺苷（adenosinetriphosphate，ATP），ATP是生物体内能源的直接来源，因此过量磷存在，就会使藻类等植物迅速繁殖，造成水体的富营养化。

水体中可溶性磷含量较少，因它们很容易与 Ca^{2+}、Fe^{3+}、Al^{3+} 等生成难溶性沉淀物，例如 $Ca_5OH(PO_4)_3$、$AlPO_4$、$FePO_4$ 等，沉积于水体底泥。根据利贝格最小值定律（Liebig's law of the minimum），植物生长取决于外界供给它所需要的养料中数量最少的那一种。因此，藻类的生产量主要取决于水体中磷的供应量。当水体中磷供应充足时，藻类可以得到充分的繁殖；如果磷供应量受到限制，那么藻类的生产量也将随之受到限制。

聚集于底泥中的磷的存在形式和数量，一方面决定于污染物输入和通过地表和地下径流的排出情况；另一方面决定于水中的磷与底泥中的磷之间的交换情况。水中的无机磷经生物吸收及有机磷沉淀，从上覆水中除去。沉积物中的磷，通过颗粒态磷的悬浮作用和湍流扩散作用，释放到上覆水中去。例如，就可溶性磷的情况而言，当沉积物孔隙水中溶解的无机磷浓度超过湖水中磷的浓度时，沉积物中溶解的无机磷才能被释放到上覆水中去。

在湖泊水体中磷的循环，大体可以看作是一个动态的稳定体系，其中在各不同部分中磷含量的变化在稳定环境条件下是很小的，并且是很缓慢的，它影响到湖泊水体中磷的有效状态。其交换与转化过程见图3-4。

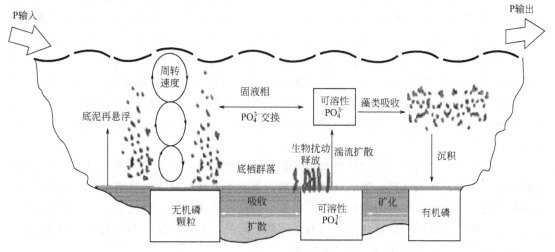

图 3-4　湖泊水体中磷的循环和转化

3.4.4　水体富营养化的防治措施

由于污染源的复杂性和营养物质去除的高难度性，使富营养化成为水污染防治中最为复杂和困难的问题。

3.4.4.1　预防措施

预防措施主要从控制外源输入方面着手，具体措施包括：

（1）合成洗涤剂禁磷和限磷　磷对水体富营养化的负荷超过氮，是导致富营养化的关键因子。普通合成洗涤剂中均不同程度的含有一定成分的磷酸盐，对水体中磷污染的贡献约为20%。合成洗涤剂禁磷与限磷是减少磷排放，降低富营养化水体中总磷含量的重要措施，也是成本最低、最简单直接的措施。在软水区可使用肥皂型洗涤剂替代合成洗涤剂；在硬水区，可利用无害的替代物代替三聚磷酸钠。

（2）大力发展生态农业　逐步增加的化肥施用量和肥料流失量是造成水体富营养化日趋严重的更直接原因。通过实施生态农业工程，大力推广农业新技术，改进施肥方式和灌溉制度，合理种植农作物，推广新型复合肥，控制氮、磷肥的使用量，以减少农业面源污染。同时，合理使用土地，最大限制地减少土壤侵蚀、水土流失与肥料流失。如在农田设置自然排泄系统，防止地表径流漫流，就可以减少被暴雨或融雪冲走的氮和磷。同样，保护湖泊、河流、水库等绿化带、集中收集饲养场的畜禽粪便等也是控制面源营养物质的方法。

（3）加强治理工业废水和生活污水　对来自城镇建筑群的生活污水应修建与完善下水道系统，以截流输送到污水处理厂进行集中脱氮除磷；对于零散分布的建筑物，因与下水道距离较远其污水不可能送至城市污水厂，应修建如化粪池、地下土壤渗滤处理系统等，也可采用稳定塘或湿地处理系统。而工业废水应优先选择的对策是推行清洁生产及生产绿色产品，改进生产工艺，将污染消除于生产过程中；对需要外排的废水，采取必要的脱氮除磷处理，达标后才能外排。

3.4.4.2　治理措施

若富营养化程度已十分严重，则必须采取相应的治理措施。

（1）工程性措施　这类措施主要有底泥疏浚、水体深层曝气、机械除藻、引水冲淤、注水冲稀以及在底泥表面敷设塑料等。对于已经发生了富营养化的湖泊，底泥释放磷是重要的内源性污染源，目前最直接和有效的方法是底泥疏浚，我国的滇池就采用这一方法，但成本很高。深层曝气，要定期或不定期采取人为湖底深层曝气而补充氧，使水与底泥界面之间不出现厌氧层，经常保持有氧状态，有利于抑制底泥磷释放。此外，在有条件的地方，用含氮磷浓度低的水注入湖泊，可起到稀释营养物质浓度的作用，这对控制水华现象、提高水体透明度有一定作用，但营养物绝对量并未减少，不能从根本上解决问题。

（2）化学方法　这类方法包括凝聚沉降和化学药剂杀藻等。投加化学试剂可使营养物质生成沉淀而沉降，如加入铁、铝和钙盐促进磷的沉淀等。使用化学杀藻剂杀藻效果较好，但藻类被杀死后，水藻腐烂分解仍旧会释放出磷，因此，死藻应及时捞出，或者再投加适当的化学药品，将藻类腐烂分解释放出的磷酸盐沉降。另外，大规模化学杀藻剂的使用易造成二次污染，给环境带来负面影响，应慎重使用。

（3）生物性措施　生物性措施是指利用水生生物吸收利用氮、磷元素进行代谢活动这一自然过程，达到去除水中氮、磷营养物质这一目的的方法。它的最大特点是投资省，有利于建立合理的水生生态循环。在浅水型富营养湖泊中，通常种植高等植物，如睡莲、蒲草等，通过水生植物的收割将氮磷营养物质移除出水体。利用鱼类食性的不同，放养以浮游藻类为食的鱼种，可达到促进渔业生产，又净化水质的双重目的。

3.5　水污染防治与管理

水体环境污染的根源来自人类生产、生活活动所排放的含有大量污染物的各种废水。保护水环境质量、预防水体污染的重要任务及有效途径之一，就是通过采取各种管理对策和治理过程措施，对废水的水质进行控制，将其可能对水体环境造成的污染控制在环境许可的限度之内。

3.5.1　污水的处理方法和流程

3.5.1.1　污水处理的基本方法

污水处理的目的就是将污水中的污染物以某种方法分离出来，或者将其分解转化为无害稳定物质，从而使污水得到净化。一般要达到防止毒害和病菌的传染，避免有异嗅和恶感的可见物，以满足不同用途的要求。

污水处理非常复杂，污水处理方法的选择取决于污水中污染物的性质、组成、状态及对水质的要求。常见的污水处理方法包括物理法、化学法、物理化学法和生物法（表3-3），在污水治理中用于不同的处理单元技术中。

表 3-3 常见的污水处理方法

处理方法	基本原理	单元技术
物理法	物理或机械的分离过程	过滤、沉淀、离心分离、上浮等
化学法	加入化学物质与污水中有害物质发生化学反应的转化过程	中和、氧化、还原、分解、混凝、化学沉淀等
物理化学法	物理化学的分离过程	气提、吹脱、吸附、萃取、离子交换、电解电渗析、反渗透等
生物法	微生物在污水中对有机物进行氧化、分解的新陈代谢过程	活性污泥、生物过滤、生物转盘、氧化塘、厌氧消化等

3.5.1.2 污水的处理流程

污水中含有多种污染物质，仅用一种方法往往很难达到良好的治理效果，通常需要采用多种方法才能够达到处理要求。根据对污水的不同净化要求，污水处理可以分为一级处理、二级处理和三级处理。

（1）一级处理 一级处理可由筛滤、重力沉淀和浮选等方法串联组成，除去废水中大部分粒径在 $100\mu m$ 以上的大颗粒物质。筛滤可除去较大物质；重力沉淀可去除无机粗粒和比重略大于1的有凝聚性的有机颗粒；浮选可去除比重小于1的颗粒物（油类等），往往采取压力浮选方式，在加压下溶解空气，随后在大气压下放出，产生细小气泡附着于上述颗粒上，使之上浮至水面而去除。废水经过一级处理后，一般达不到排放标准，还需要进行二级处理。

（2）二级处理 二级处理常用生物法和絮凝法。生物法主要是去除一级处理后污水中的有机物；絮凝法主要是去除一级处理后污水中无机的悬浮物和胶体颗粒或低浓度的有机物。

絮凝法是通过加凝聚剂破坏胶体的稳定性，使胶体粒子发生凝聚，产生絮凝物，并发生吸附作用，将废水中污染物吸附到一起，然后经沉淀（或上浮）而与水分离。常用的絮凝剂有明矾、聚合氯化铝、硫酸亚铁、硫酸铁、三氯化铁、硫酸钴等无机凝聚剂和有机聚合物凝聚剂。后者通常按其分子链上活性基团在水溶液中呈现的电荷，分为非离子型、阴离子型和阳离子型3类。凝聚剂的选择和用量要根据不同废水的性质、浓度、pH值、温度等具体条件而定。选择的原则是去除效率高、用量少、易获得、价格便宜、絮凝物沉降快、体积小、容易与水分离等。

生物法是利用微生物处理废水的方法。通过构筑物中微生物的作用，把废水中可生化的有机物分解为无机物，以达到净化目的。生物法分为好氧生物处理和厌氧生物处理。好氧生物处理是指在有氧情况下，借好氧或兼氧微生物的作用来进行。目前污水二级处理主要采用好氧生物处理，包括生物过滤法和活性污泥法。在生物过滤法中滤料表面有发达的微生物膜，在活性污泥中有大量微生物存在于表面呈现高度吸附活力的絮状活性污泥中。处理时，废水中有机物首先被吸附到生物膜或活性污泥上；其次通过微生物的代谢把有机物氧化分解和同化为微生物细胞质；最后经过沉淀与脱落的生物膜或活性污泥分离，得到净水。好氧生物处理中污水有机物氧化分解的最终产物是 CO_2、H_2O、NO_3^-、NH_3 等。

经过二级处理的废水，一般可以达到农灌标准和污水排放标准。但是水中还存留一定的悬浮物、生物不能分解的溶解性有机物、溶解性无机物和氮、磷等营养物质，并含有病毒和细菌。在一定条件下，仍然可能造成天然水体的污染。

图 3-5 是利用活性污泥法的二级污水处理厂流程示意图。当污水进厂后，先通过格栅装置，以去除悬浮杂质，防治损坏水泵或堵塞管道。有时也可专门配有磨碎机，将较大的一些杂物碾成较小颗粒，使其可以随污水一起流动，在随后的工序中除去。

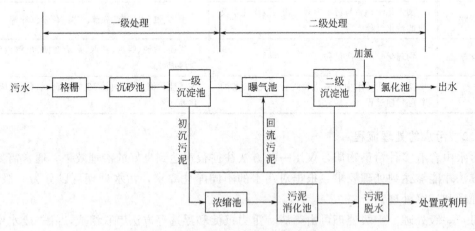

图 3-5　城市生活污水处理工艺流程示意图

污水经过格栅装置筛滤后流入沉砂池，大粒粗砂、石块、碎屑等大颗粒都沉析出来。污水进入一级沉淀池后流速减慢，使大多数悬浮固体借重力沉淀下来，然后用连续刮板收集并于沉淀池排除出去。在一般情况下，污水在一次沉淀池停留时间保持在 $90 \sim 150 min$ 就可以除去 $50\% \sim 65\%$ 的悬浮固体和 $25\% \sim 40\%$ 的 BOD_5。如果是一级污水处理厂，污水在出水口进行氯化消毒杀死病原菌后再排入天然水体。

曝气池是二级处理的主要设备。在曝气池内，活性污泥在充分搅拌和不断鼓入空气的条件下，使污水中部分可降解的有机物被细菌氧化分解，转化为 NO_2^-、SO_4^{2-}、CO_2 等无机物。曝气时间约 $6h$ 后，可除去绝大部分的 BOD_5。污水流过二次沉淀池后，固体物质（主要是细菌絮状团）因沉降作用从液体中分离出来，这些活性污泥的一部分重新返回曝气池以便保持池内的一定生物活性。二次沉淀后的出水加氯气消毒，然后排入天然水体。

（3）三级处理　污水三级处理是为了控制富营养化或达到使废水能够重新回用的目的。三级处理的对象主要是 N、P 等营养物质和其他溶解物质。所采用的技术通常分为上述的物理法、化学法和生物处理法三大类，如生物脱氮、混凝沉淀、离子交换、活性炭过滤、臭氧氧化等，但所需处理费用较高。

综上所述，可以看出近代水质污染控制的重点，初期着眼于预防传染性疾病的流行，后来转移到耗氧有机物的控制，目前又发展到防治水体富营养化的处理及废水净化回收重复利用方面来，做到废水资源化。某些专门的工业废水按要求需进行单项治理，如含酚、含氰、含油废水及含各种有毒重金属废水等，以防止对天然水体的污染。

3.5.2　水污染综合防治对策

（1）完善环境管理体制，加强监督管理　污染防治不是单纯的技术问题，加强管理是防治污染的重要手段。建立并完善环境污染物排放标准及污染物控制相关法规条例，严格执行"三同时"制度、排污许可证制度、排污收费制度等环境管理制度。加大环境监督及执法力度，对那些不能够进行污染源治理或达标排放的厂矿企业，要坚决关、停、并、转。转变环境管理指导思想，从以往污染的分散治理为主转向集中控制与分散治理相结合，从末端治理为主转向全过程控制和清洁生产，从单一的浓度控制转向浓度控制和总量控制相结合，从区域管理为主转向区域管理与流域管理相结合。对产生废水的污染源要严格管理，加强治理，使排放的废水达标。

（2）调整产业结构，合理工业布局　产业结构的优化与调整应按照"物耗少、能耗少、占地少、污染少、技术密集程度高及附加值高"的原则，限制发展那些能耗大、用水多、污染大的工业。从环境、经济、社会效益这三方面统筹考虑，进行第一、第二和第三产业之间的结构比例的调整和优化，走可持续发展道路。

（3）推行清洁生产，发展节水工艺，减少污染物排放量　清洁生产是采用清洁能源、原材料、生产工艺和技术来制造清洁产品，通过生产的全过程控制减少污染物的排放量。改革现有的生产工艺，积极发展新型节水技术和工艺，以降低产品生产过程中的用水量，减少废水的产生和排放。例如采用无水印染工艺，可以消除印染废水的排放。

（4）大力发展废水资源化及回用技术　通过回收废水中的有用物质，即可使之变废为宝，又可增加经济效益，还可减轻废水处理的负荷。废水经过有效净化后，可直接返回到生产工艺流程中进行重复或循环利用，如用作生产工艺用水或工业冷却水，也可用于城市建设，用作娱乐、景观用水或补充地下水；还可用于农业生产，用来灌溉、养鱼等。

（5）开发污水处理的高新技术工艺，提高污水治理水平　依靠科技进步，不断开发处理功能强、出水水质好、基建投资少、能耗及运行费用低、操作维护简单、处理效果稳定的污水处理新技术、新工艺，提高水污染治理水平。

3.6　海洋污染

海洋约占地球表面积的 70.8%，即 $3.61 \times 10^8 \, km^2$，其平均深度约为 4100 多米，拥有海水总量约 $137 \times 10^{16} \, t$。地球上的生命起源于海洋。海洋与大气彼此相互作用，调节着全球的气候，创造了人类和其他生物能够生存的自然环境。同时，海洋还有很强的净化能力，分解和消除着各种有害物质。但是，自 20 世纪 60 年代以来，人类的技术经济活动给海洋环境和海洋生物带来一次又一次的灾难，直接或间接影响了人类的生产和生活活动，已经引起各国的高度重视。受污染的海水、海鸟和鱼类是没有国界的，因此保护好海洋环境需要各国共同的努力。

3.6.1　海洋与人类的关系

自从出现了人类以来，海洋就与人类有着密切的关系。沿海气候适宜，海洋环境幽美，自古以来，人类就喜欢在沿海一带居住。到了近代，人类又利用海洋兴渔盐之利，航运通商。在人类社会的发展史上，海洋为世界各国经济、文化的交流和发展起了积极的作用。

海洋与人类的关系这样密切，是由于海洋的辽阔和富饶所决定的。地球上的生物生产力每年约为 1540 亿吨有机碳，其中 1350 亿吨是来自海洋，约占总量 87.7%。海洋中的生物多达 20 余万种，其中动物约 18 万种，植物 2 万余种。在动物中有鱼类 2.5 万种，可供人类食用的鱼类有 200 余种。据估计，海洋每年可向人类提供约 2 亿吨鱼和贝类，现在被利用的每年约为 1 亿吨左右。由此可见，海洋为人类提供食物的潜力是巨大的。

海洋中埋藏着极为丰富的矿产资源。据估计，地球上石油的总埋藏量中约有 1/3 在海洋。近几十年内发现并开始开采的深海矿产锰结核，是一种含有锰、铁、铜、镍、钴、锌等二十几种金属元素而且经济价值较高的矿瘤。它分布在大洋底部，据估计仅太平洋底就有数千亿吨，它所含的锰金属，如按目前的消耗水平（每年 180 万吨）计算，足能供应 14 万年。

在 $137 \times 10^{16} t$ 海水中，约有 $(3 \sim 4) \times 10^{16} t$ 为溶解在水中的各种化学元素和它们的化合物，这些物质是一项巨大的化学资源。据估算，如将海水中的盐类全部都提取出来，能填平北冰洋还有余。据统计，人们每年从海水中提取食盐 3500 万吨，占总产量的 29%；溴化物 10 多万吨，占总产量的 70%；金属镁 10.6 万吨，占总产量的 61%。另外，海洋不仅为人类提供廉价的航运资源，海水还可成为取之不尽的动力资源。据初步估计，利用潮汐能每年可发电 $1.24 \times 10^{16} kW \cdot h$，海流、波浪的动能也可用来发电。同时，如果利用近代科学技术，把海水变成淡水直接供人类饮用，海洋又可能成为世界工业用水和生活用水的最大来源。

随着生产力的发展，人类大规模地开发利用海洋生物资源、矿产资源、水利资源、能源和海洋空间。随着石油工业的迅速发展，海上油污染事件亦大量增加；同时，随着大量工业废水、农业污水、生活污水和各种固体废弃物排入海洋，海洋的污染也日益严重了。

3.6.2 海洋污染的类型和特点

《联合国海洋法公约》(The UN Convention on the Law of the Sea) 于 1982 年根据联合国海洋污染专家组的定义，将海洋污染定义为：人类直接或间接把物质或能量引入海洋环境，其中包括河口湾，以至造成或可能造成损害生物资源和海洋生物、危害人类健康、妨碍包括捕鱼和海洋的其他正当用途在内的各种海洋活动、损坏海水使用质量和减损环境优美等有害影响。

海洋污染物质是指由于人类活动而进入海洋并破坏海洋生态平衡和造成有害影响的物质。这些污染物质及其来源如表 3-4 所示。污染物质进入海洋主要有三种途径。第一种途径是由陆地通过河川流入海中，如工业废水和生活污水排入河流，随河流流入海洋。其次是污染物质先扩散到大气中，再被带入海水，如农药（DDT、BHC、狄氏杀虫剂等）、核试验的放射性物质等。这种途径会使局部海域的海水污染在较短的时间内扩展为全球规模的污染。第三种途径是工业废水或生活废弃物直接向海水中排放或投弃，或由航行中的船舶排放或海底管道发生泄漏引起，其中以油污染和废热污染尤其严重。

表 3-4 海洋主要的污染源和污染物

污染源	污染物质
1. 城市生活与生产排水及废弃物	
（1）生活污水及其废弃物	粪便、洗涤剂、杀虫剂、塑料制品及其他废弃物
（2）工业废水及其废弃物	重金属、石油、石油化工产品、纸浆、合成洗涤剂、工厂冷却水、固体废物、疏浚泥、放射性物质等

续表

污染源	污染物质
2. 农药及农业废弃物	有机汞化合物、有机磷化合物、多氯联苯、其他农药、肥料、家畜粪便
3. 船舶、飞机及海上设施	
(1)船舶、飞机石油及其制品、粪便、工业废弃物及其他有害物质	润滑油、洗舱水、食品、橡胶、污水
(2)海上设施、钻探、开采	污水、废物、油罐渗漏油、造地填土、疏浚泥、石油、天然气、锰结核矿、磷矿、其他金属矿砂
4. 原子能生产与应用	
(1)原子能设施	裂变衍生物、引爆放射性物质、冷却水
(2)核动力船	废弃物
(3)医药、工业、科研	放射性废物
5. 军事活动	有机物、生物化学武器、重金属、石油及其化工产品、炸弹、杀虫剂、落叶剂、固体废物、疏浚泥、放射性物质等

3.6.2.1 海洋污染的类型

据报道，人类每年向海洋倾倒约 600 万～1000 万吨石油，1 万吨汞，25 万吨铜，390 万吨锌，30 万吨铅，100 万吨有机氯农药等。由此而造成的海洋污染使海洋环境状况不断恶化，以致发生海洋污染灾害。

(1) 石油污染　海洋石油污染是指石油及其炼制品（汽油、柴油、煤油等）在开采、炼制、贮运和使用过程中进入海洋环境而造成的污染。石油污染的污染源包括以下几种。

① 陆源性排放，即河流、工矿企业排污口、港口油库、沿岸工程和输油管道等排油。我国这样的沿海石油排放污染源有 200 多处，每年入海油量约 10 万吨以上，当沿岸石油企业发生溢油事故时，污染就更为严重。如 1989 年山东黄岛油库爆炸起火，造成约 630t 石油流入胶州湾，使当地海洋生物资源受到危害。

② 油船漏油、排放和发生事故，使油品直接入海。1978 年超级油轮"阿莫戈·卡迪兹"号在法国西北部布列塔尼半岛附近触礁，约 22 万吨原油全部泄入海中，酿成了世界上最严重的海洋石油污染事件之一。

③ 海底油田在开采过程中的溢漏及井喷，使石油进入海洋水体。如 2010 年的墨西哥湾原油泄漏事件造成 5000km² 多的污染区，被称为"美国历史上最为严重的环境灾害"；2011年位于我国渤海湾的蓬莱 19-3 油田发生溢油事故，造成 840km² 海域受污染，对海洋环境造成了一定程度的污染损害。

④ 大气中的低分子石油烃沉降到海洋水域。

⑤ 海洋底层局部自然溢油。

(2) 赤潮　由于大量陆源污染物向海洋超标排放，使入海河口、内湾和沿岸水域富营养化，导致某些浮游植物大量繁殖，形成赤潮，给海洋渔业资源和沿岸海水养殖业造成不同程度的损失。据《中国海洋环境质量公报》统计，2014 年我国海域共发现赤潮 56 次，累计面积 7290km²。其中，东海发现赤潮次数最多，为 27 次；其次为南海 16 次，渤海 11 次，黄海 2 次。渤海赤潮累计面积最大，为 4078km²。2014 年赤潮次数和累计面积均较上年有所增加，与近 5 年平均值基本持平。赤潮高发期集中在 5 月。

(3) 毒物污染　向海洋排放污水量最大的是化学工业污水，占入海总污水量的 32.1%。此类废水含大量有毒物质，如汞、氯化物等，且毒性强，化学性质稳定，往往造成海域的严重污染。

杀虫剂，特别是有机氯杀虫剂，也是对海洋污染较严重的毒物。有机氯杀虫剂主要是通过陆地径流和大气降水两个途径进入海洋。据估计，排放于大气中的有机氯杀虫剂约有25％随大气降水进入海洋。有机氯杀虫剂属高稳定性物质，其在海洋生态系统中的半衰期为几十年或上百年。

（4）塑料垃圾 海洋塑料垃圾问题早在 20 世纪 70 年代就引起广泛关注。2003 年，联合国环境规划署曾发起"海洋垃圾全球倡议"，2009 年发布报告《海洋垃圾：一个全球挑战》。据 2015 年美国佐治亚大学科学家发表在《科学》杂志上的研究，全球每年流入海洋的塑料垃圾大约是 800 万吨。这些垃圾对海洋动物和海鸟造成一定程度的危害。海洋环境中的塑料垃圾主要来自船只抛入、河流输入、渔业活动、海岸的旅游和休闲使用、沿海垃圾场的排放等，其构成主要是渔具、渔网、包装材料和塑料原材料等。塑料垃圾不仅会影响船只的正常行驶和影响沿岸风景，而且其所含的有毒物质还有可能溶于海水中，通过食物链富集对海洋生物并最终对人类健康构成威胁。

（5）核污染 核工业有控制地向海洋排放放射性物质和核动力舰船对海洋造成的放射性污染，也应引起足够的重视。海洋人工放射性主要来自大气核试验沉降灰、深海核废物处置、同位素应用排污及海上核事故等。虽然研究表明，人为造成的放射性仅占海洋整个环境放射性的 4％左右，但其影响仍是不可忽视的。目前世界海洋已被锶-90 和铯-137 这两种放射性同位素所污染，其在动物体内的含量已达到可以检出的程度。

3.6.2.2　海洋污染的特点

（1）污染源广 人类活动产生的废物由于风吹、雨淋和江河径流作用，最后都有可能进入海洋。因此，海洋有"一切污染物的垃圾桶"之称。

（2）持续性强，危害大 海洋只能接受来自大气和陆地的污染物质，很难再向其他场所转移污染物。一些未溶解和不易分解的物质长期在海洋中蓄积，降解缓慢。通过海洋生物的摄取，污染物质可进入生物体内。由于海洋生物对污染物质一般都有富集作用，所以生物体内污染物质的含量比海水中的浓度大得多。海水中的污染物质还可以通过海洋生物的食物链进行传递和富集，甚至可以达到产生毒效的程度。另外，海洋生物还能把一些毒性本来不大的无机物转化为毒性很强的有机物，然后再在食物链中浓缩。

（3）扩散范围大 海水主要有两种运动形式：潮流和海流。在这两种流的作用下，目前海洋污染已不仅局限于受废水影响的河口和沿岸，而是正在向大洋扩散。例如，多氯联苯在远洋环境中本来是不存在的，但从北冰洋和南极洲捕获的鲸鱼中分别检出了 0.2mg/kg 和0.5mg/kg（干重）的多氯联苯，说明污染物质在海洋中的扩散范围是相当大的。

（4）控制复杂 上述三个特点决定了海洋污染控制的复杂性。要防止和消除海洋污染，必须进行长期的监测和综合研究，对污染源进行管理，包括对工业的合理布局和资源的综合利用，以防为主，以管促治。

3.6.3　海洋污染对环境的影响

3.6.3.1　海水的混浊

海水的混浊主要是由于海水中含有可溶性的有色物质和悬浮粒子（除由无机和有机物质组成的微粒外，还包括细菌和浮游生物等）。在沿岸一带和内海湾的海水混浊则来源于疏浚和填埋，或者是随着大雨，河川上游带下来的土砂等造成的。

海水的混浊程度，可用浊度来表示，也可用光量和光度在海水中的变化来表示。水中的光量和光度是随着水深（水层的厚度）、可溶性有色物质、悬浊粒子等所造成的光的吸收和散射变化而变化的。

水中照度对决定海洋植物（浮游植物和海藻类）光合作用所需的光能具有重要意义。相对照度为 1% 的深度，一般大体可以看作是维持植物独立营养生活的最低限度。因此，海水中的悬浊粒子不单给视觉带来了不快或者给鱼类造成危害，而且在作为海洋生物繁殖基础的初级繁殖方面有着极其重要的影响。这就要求人们在治理陆上河川或疏浚和填埋海域时，对于泥沙等的流出必须预先进行充分的考虑。

3.6.3.2 油污染的影响

石油污染物进入海洋环境后，会造成多方面的危害，主要体现在以下几个方面。

（1）对水生生物的影响 石油污染物进入海洋环境会对水生生物的生长、繁殖以及整个生态系统产生巨大的影响。污染物中的毒性化合物可以改变细胞活性，使藻类等浮游生物急性中毒死亡；当海洋中石油浓度在 $10^{-4} \sim 10^{-3}$ mg/L 时，可以对鱼卵和鱼类的早期发育产生影响；而石油的涂敷作用会导致大量海鸟因沾染油污而死亡。

（2）对渔业的影响 石油污染能够抑制光合作用，降低海水中 O_2 的含量，破坏生物的正常生理机能，使渔业资源逐步衰退。在被污染的水域，其恶劣水质使养殖对象大量死亡；存活下来的也因含有石油污染物而有异味，导致无法食用。资料表明，鱼类和贝类在含油量为 0.01mg/L 的海水中生活 24h 即可带有油味，如果浓度上升为 0.1mg/L，2～3h 就可以使之带有异味。

（3）对旅游业的影响 受洋流和海浪的影响，海洋中的石油极易聚积于岸边，使海滩受到污染，破坏旅游资源。如 2002 年巴拿马籍油轮"威望号"的搁浅漏油事故，使得原本风光迷人的西班牙加里西亚海岸成了黑色油污的人间地狱，给当地旅游业造成沉重打击。

（4）对人类健康的影响 石油成品油中燃料油类对人体健康的危害有麻醉和窒息、引发化学性肺炎和皮炎等。如汽油为麻醉性毒物，急性中毒可引起中枢神经系统和呼吸系统损害；而在短期内吸入大量柴油雾滴可导致化学性肺炎。石油进入到海洋后，还可以通过食物链最终在人体内富集，从而对人体健康造成严重危害。

3.6.3.3 赤潮危害

赤潮引起的危害可归纳为：a. 导致水体缺氧，危及海洋生物；b. 赤潮生物（均为浮游植物）使海洋生物的呼吸器官发生堵塞，妨碍呼吸，从而导致海洋生物死亡；c. 含毒素的赤潮生物使鱼、贝类死亡或产生鱼毒、贝毒，通过食物链危害人体健康。

3.6.3.4 污染物质的浓集

海水中难降解的物质如尼龙、塑料等高分子化合物由于不能自然分解，而在海洋中堆积；汞、铜、锌等重金属元素，在海洋中则是通过物理、化学过程被悬浮物吸附沉淀而堆积海底，或是被生物从海水中吸收，随着食物链转移到高层次的生物中浓缩，最后进入人体，即被生物富集。生物对某种污染物的富集程度通常用富集系数（concentration factor，CF）来表示，其计算公式如下所示：

$$富集系数（CF）＝\frac{水生生物体内元素或化合物浓度}{环境水中元素或化合物的浓度}$$

富集系数也叫蓄积系数、浓集系数或丰度比。海水中浓度以 1mL 海水的平均浓度表示，生物体内的浓度是以 1g 质量生物体内的含量表示的。海洋生物富集系数如表 3-5 所示。表中富集系数在 1 以下的表示稀释，但这种情况很少，多数为 $10^3 \sim 10^5$。富集系数因生物种类不同而异。即使同一种生物，也因身体部位、器官和组织等不同而有别。另外，海洋生物对各种有机污染物也存在富集现象，但未在表中列出。

生物富集可以直接从海水中吸收污染物，也可通过食物链过程把污染物由低级生物转移到高级生物。通常，营养层次越高，富集程度也越高（表 3-5）。可以认为污染物质在海水中迁移过程如下：

浮游植物→浮游动物→小型鱼类→大型鱼类

（植物性动物）（肉食性动物）（肉食性大型动物）

表 3-5　海洋生物的富集系数

元素	藻类		植物性		动物性		
	固定性	浮游性	浮游生物	贝类	浮游生物	鱼	乌贼
Ag	$100 \sim 1000$	$<100 \sim 200$	<100	$330 \sim 2 \times 10^4$	$<45 \sim 900$		$900 \sim 3000$
Cd	$11 \sim 20$	$<350 \sim 6000$	$<80 \sim 10^5$	$10^5 \sim 2 \times 10^6$	$<300 \sim 10^4$	$10^3 \sim 10^5$	2800
Ce	$100 \sim 3300$	$2000 \sim 4500$		$40 \sim 300$		$5 \sim 12$	
Co	$15 \sim 740$	$75 \sim 1000$	$<110 \sim 10^4$	$24 \sim 260$	$<70 \sim 1300$	$28 \sim 560$	$<200 \sim 5 \times 10^4$
Cr	$100 \sim 500$	$<70 \sim 600$	$<15 \sim 10^4$	$6 \times 10^4 \sim 3 \times 10^5$	$<55 \sim 3900$	$3 \sim 30$	<70
Cs	$16 \sim 50$	$6 \sim 22$	$6 \sim 15$	$3 \sim 15$		$10 \sim 100$	
Fe	$10^3 \sim 5 \times 10^3$	$750 \sim 7 \times 10^4$	$<440 \sim 6 \times 10^4$	$7 \times 10^3 \sim 3 \times 10^4$	$3 \times 10^3 \sim 3 \times 10^4$	$400 \sim 3 \times 10^3$	$10^3 \sim 3 \times 10^3$
Hg	$10 \sim 30$			$5 \times 10^3 \sim 10^4$		$10^5 \sim 5 \times 10^5$	
I	$160 \sim 10^5$			$40 \sim 70$		10	
Mo	$10 \sim 200$	$<3 \sim 17$	$2 \sim 175$	$30 \sim 90$	$<2 \sim 14$	~ 200	<10
Mn	$20 \sim 2 \times 10^4$	$300 \sim 7 \times 10^5$	$21 \sim 4 \times 10^3$	$3 \times 10^3 \sim 6 \times 10^4$	$270 \sim 1600$	$95 \sim 10^5$	10^3
Ni	$50 \sim 10^3$	$25 \sim 300$	2×10^3	$4 \times 10^4 \sim 6 \times 10^4$	$17 \sim 19$		$30 \sim 80$
Pb	$8 \times 10^3 \sim 2 \times 10^4$	$<10^3 \sim 2 \times 10^6$	$3 \times 10^3 \sim 2 \times 10^6$	$39 \sim 5 \times 10^3$	$200 \sim 6 \times 10^4$	5×10^4	$100 \sim 2 \times 10^5$
Ru	$<200 \sim 1200$	<200	$<10 \sim 6 \times 10^3$	$1 \sim 3 \times 10^3$	$<160 \sim 2400$	10	$<400 \sim 2100$
Sr	$0.1 \sim 90$	$0.9 \sim 54$	$1 \sim 85$	约 50	$1.2 \sim 10$	$0.03 \sim 30$	$0.9 \sim 1.2$
Pt	$200 \sim 3 \times 10^4$	$600 \sim 10^4$	$28 \sim 3 \times 10^4$		$110 \sim 2 \times 10^4$		$300 \sim 3000$
Zn	$80 \sim 3000$	$200 \sim 1300$	$125 \sim 500$	$1400 \sim 10^5$	约 50	$280 \sim 2 \times 10^4$	2500
Zr	$200 \sim 3000$	$<1000 \sim 2 \times 10^4$	$360 \sim 3 \times 10^4$	$8 \sim 36$	$<800 \sim 4 \times 10^4$	5	2×10^4

3.6.3.5　海洋热污染

海洋热污染是指大量的含热废水（温排水）不断地排入水体，使水温升高，影响水质，危害水中生物生长的一种现象。一般情况下，在局部海区，如果有比该海区正常水温高 4℃以上的热废水常年流入，就会产生热污染的问题。海洋热污染的主要来源是电力工业冷却水，其次为冶金、化工、石油、造纸和机械等工业排放的热废水。

热废水进入海域后，在周围低温海水的作用下，发生水平和垂直混合，对热废水进行"稀释"和"冷却"，并在与大气的热交换中，把热量转移给大气。一般，热废水进入海域时，其温度比海水平均要高出 $7 \sim 8$℃。由于它们的密度相对较小，所以能薄薄地分布在海洋的表层。此时，如果海面平静及无潮汐影响，海域处于极为稳定的气象和海象条件下，则在排水口附近，热废水形成的水流占优势。由于这种水的流动而传递热量，同时，因冷水由下层连续吸入而发生混合稀释。在远离排水口的地方，海洋涡流占优势。这种涡流造成的混合稀释很激烈（涡流热扩散），同时水温也逐渐下降。在此期间，由于海面与大气间的热交换（尤其是海面蒸发引起的热传递），热废水渐渐冷却，并很快接近周围海域的温度。

海洋热污染的主要危害表现在：由于水温升高使水中溶解氧减少，水体处于缺氧状态，同时又使水生生物代谢率增高而需要更多的氧，造成一些水生生物在热效力作用下发育受阻或死亡；引起污染水域藻类结构发生变化；加剧水体的富营养化；改变某些生物的洄游路线；可能加大海水中有害物质毒性。此外，由于热废水中的热量最后都进入大气中，因此，进入海洋的热废水不仅影响局部海域生物的存在，并且对气候亦产生影响。

3.6.4　海洋污染的控制

拥有巨量海水，覆盖面积达 $3.61 \times 10^8 km^2$，常常波涛汹涌的浩瀚大海，一旦遭受污染，要进行处理是极端困难的。因此，要保护海洋环境首先必须监督管理排入海洋的一切废弃物，这是具有决定性意义的措施。但是，发生在近海海域的油污染，对人们的危害最大，必须积极采取有效的防治措施，以保护海洋环境避免遭受严重的污染。下面着重介绍海洋污染的防治措施。

3.6.4.1　油污染的控制

海洋受石油污染后的防治工作，首先是利用油障，把油包围起来，然后再利用回收船或回收装置收回油障内的油，最后用油吸附材料和油处理剂等对那些剩余的油进行处置。

（1）油的包围　利用石油的密度比水小以及在水中的溶解度也小的特点，可采取下列措施把海面的油包围起来，不让其扩散流失。

① 油障。如果发现有油流出，不管其排放源在船上或陆上，首先采取的措施是展开油障。油障是用泡沫苯乙烯做成的筒形浮体，其下部挂有重锤作为下摆。油障的形状有：屏风型——将浮体部分固定在一块维尼纶帆布的上部两侧，下部用铅锤使其直立在水中；沉浮式——通常沉没在海面下，必要时，例如油轮驶进来开始作业，就给浮体冲空气，使油障浮上来，将轮船周围包围起来。浮体在水面上的部分，高度约为 $20 \sim 30cm$，在水中的部分约为 $30 \sim 40cm$，以防在风和潮流压过来时油溢出去或由下面漏掉。这种器材是用尼龙和维尼纶布加工制成的，能耐油耐水，由于它柔软，所以要在下摆中装有重物，使其尽量垂直。即使这样，在海潮猛烈时，下摆也会倾斜呈弯曲，油就会流到外面。

② 扩散抑制剂（集油剂）。扩散抑制的原理是在油的周围散步扩散速度比油快的液体来控制油的扩散，并进一步将其压缩。采用这种方法要选择使用的时机和海域，以利于防止油的扩散和有助于油的回收。

（2）油的回收

① 油的吸附材料。如果使厚度 1cm 左右、大小约为 $50cm \times 50cm$ 的聚氨基甲酸酯和氨基甲酸乙酯泡沫撒落在油上即可吸收表层的油。这种方法主要是在不可能用处理剂对油进行化学处理的情况下采用，但必须尽量使吸附材料的密度低于 $1g/cm^3$，以便在吸附含灰尘或细砂子的油后，不会下沉入海底。日本用此法处理水岛发生的事故时就有一部分沉入海底而造成二次污染。这是因为吸附剂对厚油层的处理效果不好，其本身又易扩散在海上，所以回收十分困难，而且在最后的燃烧处理时，如不使用特别装置就会发生恶臭和油烟的二次污

染。此外，在不得已时，也可用麦秆等作代用品进行吸附处理。

② 油回收船。模仿鲸鱼张嘴吸进海水和糠虾，再经过滤后留下糠虾的摄食原理，将海面表层的油和水吸进双体船首间，并进行油水分离，把油积存在油罐里。此外，还有一种方法是在海水表面旋转氨基甲酸酯制的带子将油吸收，然后再拧紧带子将油回收。

③ 油的吸引装置。此装置把油和水同时吸引上来，然后进行油水分离以回收油，此法效率一般不高。

④ 撇取。在上述方法均不适用的情况下，只好靠人海战术用勺子撇取。当然，如果油层厚，含尘量多，沿岸地形好，亦可用吊车提取。

(3) 油的化学处理　用表面活性剂（20%～40%）和溶剂（80%～60%）混合配成的油处理剂，混进流出的油里，靠其中亲油基团和亲水基团的作用，将油的微粒子（当油微粒大小为 10^{-7}～10^{-5} cm 时，分离效果最好）分离并包围起来，使其在海水中分散以便最后用细菌等微生物进行有效的自然净化。表面活性剂多用毒性小的聚氧化乙烯脂肪酸酯（非离子型），而正烷烃或煤油是较理想的溶剂，可降低油的黏度，提高表面活性剂的效率。

(4) 油的焚烧　点火焚烧看来是处理海上油污的最简单的一种方法。但是，在实际应用中并不那么容易。首先，要求点火不能给周围环境带来任何影响。其次，某些油类不易焚烧，例如流失海上的厚油，其中的易燃轻质油多立即蒸发和扩散到大气中，剩下沸点高的重质油，则慢慢地蒸发扩散，并被海水冷却，以致很难达到燃点进行燃烧。要强行焚烧，就得添加很多汽油。因此，在海上进行这种作业是较困难的。

(5) 生物处理法　海洋生物除污的基本原理就是利用微生物来加速降解和分解污染油中的石油烃，使之转化为无毒或低毒的物质，从而减少对环境造成的危害。微生物的广适性是生物治理的一个主要优点，而且用化学消油剂实际上是向海洋投入了人工合成的化学污染物，造成了新的污染。据报道，能够降解石油的微生物有 200 多种，分属于 70 多个属，其中细菌约 40 个属。研究表明，微生物对石油的降解具有可选择性，同时具有环境适应性。即一种细菌只对一种或几种烃类易发生降解作用，而且一种烃在某个地方不易降解，但是在另一个地方却能被微生物迅速降解。因此，石油发生泄漏后撒播的石油降解菌都是来自被石油污染的地点，经过筛选和大规模培养而获得的。研究表明，限制生物降解速率的主要环境因素是氧分子、磷和固定化氮（包括铵、硝酸盐和有机氮）的浓度。

(6) 其他　对于冲到海岸上的，或渗进沙子中的油，可用推土机挖很深的沟埋起来。此外，对附着在岩石和峭壁上的油，可用加压海水将其冲刷掉。

上述油污染的物理、化学和生物防治方法和器材，很少单独使用，通常是根据不同情况，把各种器材和方法综合使用，或者是反复作业，进行处理。

3.6.4.2　塑料垃圾的防治

首先应严格控制塑料垃圾向海洋的倾倒。可通过制定相关法律法规，严格禁止向海洋倾倒塑料垃圾。同时应加强塑料垃圾的回收利用，例如利用废塑料制造燃油、生产防水抗冻胶、制取芳香族化合物和制备多功能树脂胶等。另外，研究新型的可降解塑料尤其是生物塑料代替常规塑料，将大大缓解塑料对海洋的污染。如藻类基生物塑料，其原材料来自于海洋，美国 Algenol 公司已经设计出可将藻类转变成乙醇的方法，然后再将乙醇作为原材料来制造塑料。再如，全球微藻研究领先者 Soley 生物技术研究院自 2000 年起，已从螺旋藻生产出生物塑料。

3.6.4.3　赤潮问题的管理对策

现在沿海各国对赤潮问题所采取的措施主要是研究、完善减少赤潮造成危害和损失的管理对策，主要包括：加强对航海、养殖等人类活动的管理，尽可能降低赤潮藻种的传播；控制化肥使用，提高污水处理能力，控制营养物质向近海的排放，降低近海富营养化水平；建立和发展赤潮的应急治理技术等。另外，赤潮预报是防治工作的前提，预报结果直接反映赤潮灾害的基本情况，为开展赤潮治理工作提供依据。

赤潮预报的方法包括数值预测法、经验统计预测法和遥感检测法，其中前两种属于常规预报方法。数值预测法主要根据赤潮发生机理，通过各种物理-化学-生物耦合生态动力学数值模型模拟赤潮发生、发展、高潮、维持和消亡的整个过程而对赤潮进行预测；经验预测法一般是对大量赤潮生消过程监测资料进行分析处理，基于多元统计方法，如判别分析、主成分分析等，在选择不同的预报因子的同时，利用一定的判别模式对赤潮进行预测。常规预报方法所选择的因子主要有叶绿素、溶解氧、透明度、化学需氧量、水文气象因子、某些微量元素（铁和锰等）、细胞密度和多样性指数等。卫星遥感技术具有迅速的多时相数据更新能力和多尺度的空间概括能力，可以快速及时地获取区域和全球尺度的海洋参量信息，方法包括叶绿素 a 算法、海表温度算法、多光谱赤潮算法等。

第**4**章

土壤污染与防治

　　土壤是位于地球陆地的具有肥力并能生长植物的疏松表层。土壤圈是连接大气圈、岩石圈、水圈和生物圈之间的枢纽，是结合有机界和无机界的中心环节，是环境中特有的组成部分。土壤是人类和生物赖以生存和繁衍的基础，是重要的自然资源。土壤可以提供植物生长所需的养分、水分及机械的支持，是植物生长的介质。同时是各种生物居住生存的场所，在人类建构的生态系统中，可以提供为建筑材料。土壤是一自然循环体系，在生态系统的水循环中，影响着水的命运。在陆地生态系统中，土壤与生物之间进行着物质循环和能量之间的转化。

　　随着人口的快速增长，工业和农业的发展，土壤环境正承受着越来越大的环境负荷。当前土壤资源开发利用过程中存在一系列的环境问题。砍伐森林和过度放牧使植被遭受破坏，从而引起水土流失、土壤沙漠化和土壤贫瘠化等生态破坏问题。为了提高农产品的产量人们过多地施用化肥和农药，此外，工业排放的废水、废气和废渣中的污染物通过不同途径进入土壤，使得土壤中污染物的含量超出了土壤自身的净化能力，引起土壤污染，使农产品质量下降，危害人类健康。土壤污染已经成为一个普遍的问题，因此，预防和控制土壤污染，保护土壤环境是一项十分重要的任务。

4.1　土壤的组成和性质

4.1.1　土壤的组成

　　土壤是由固、液、气三相共同组成的多相体系。固相指土壤矿物质（原生矿物和次生矿物）和土壤有机质。土壤矿物质可占土壤固体总质量的 90% 以上，土壤有机质约占固体总质量的 1%～10%，可耕性土壤中的有机质约占 5%。液相指土壤水分和溶解性物质（合称土壤溶液）。气相指存在于土壤孔隙中的空气。此外，土壤中还含有数量众多的细菌、真菌、放线菌等微生物，这些微生物可以降解土壤中的有机污染物，净化土壤。在良好的土壤中，大约含 45% 的矿物质、25% 的空气、25% 的水和 5% 的有机质，这种组合可以提供良好的排水、通风和有机质。

4.1.1.1 土壤矿物质

土壤矿物质是岩石经过物理和化学风化作用形成的大小不同的颗粒，来源于成土母质，按成因可分为原生矿物和次生矿物。

（1）原生矿物 原生矿物是各种岩石经受不同程度的物理风化，仍遗留在土壤中的一类矿物，其原来的化学组成和结晶构造没有改变。土壤中最主要的原生矿物包括硅酸盐类、氧化物类、硫化物类和磷酸盐类矿物，常见的有石英、长石、云母、辉石、角闪石、赤铁矿、金红石、橄榄石、黄铁矿、磷灰石等。

（2）次生矿物 次生矿物是原生矿物经岩石风化和成土过程形成的新矿物，其化学组成和结晶构造都有所改变。根据其组成和性质可分为简单盐类、次生氧化物和铝硅酸盐类，其中简单盐类是水溶性盐，易流失。土壤中次生硅酸盐类矿物的颗粒都很小，粒径一般在 $0.001\mu m$ 以下，具有胶体性质，又称为黏土矿物，是土壤无机胶体的组成部分，它对土壤的物理化学性质有重要影响，如吸附性、膨胀收缩性、黏着性、吸水性等。次生硅酸盐类可分为伊利石、蒙脱石和高岭石 3 大类。

4.1.1.2 土壤有机质

土壤有机质是土壤的重要组成部分，尽管有机质含量只占土壤固体总质量的百分之几，最高也不过 10% 左右，但它是反映土壤质量的关键指标，也是影响土壤肥力的重要因素。土壤有机质是指以各种形态存在于土壤中的含碳有机化合物，主要来源于动物、植物和微生物残体，以及死亡残体经过分解转化形成的各种有机物质。土壤有机质的化学组成主要有：碳水化合物（包括一些简单的糖类及淀粉、纤维素和半纤维素等多糖类）、含氮化合物（主要为蛋白质）、木质素等物质，此外还有一些脂溶性物质（如脂肪、蜡质及树脂）。土壤有机质的主要元素组成是 C、H、O、N，此外还有 P、Ca、Mg、K、S、Na、Si、Fe、Mn、Al、Mo、Cu、Zn、B 等灰分元素，这是植物生长吸收元素的主要来源。

土壤有机质可分为非腐殖物质和腐殖物质两大类。非腐殖物质为有特定物理化学性质、结构已知的有机化合物，其中一些是经微生物改变的植物有机化合物，而另一些则是微生物合成的有机化合物，主要是碳水化合物和含氮化合物，绝大部分主要来源于动植物生命体和残体。这些化合物的含量较低，在有机质中一般不超过 30%，且多以聚合态和与黏粒相结合而存在，并相互转化，游离的非腐殖物质含量一般不超过有机质的 5%。但是，这些化合物相对容易被降解和作为基质被微生物利用，在土壤中存在的时间较短，因此对氮、磷等一些植物营养物质的有效性十分重要。腐殖物质是有机残体经微生物作用后，在土壤中形成的一类特殊的高分子化合物，它不同于动植物残体组织和微生物的代谢产物中的有机化合物，它是土壤有机质的主体，也是土壤有机质中最难降解的组分，一般占土壤有机质的 60%～80%。腐殖物质的主体是有着不同分子量和结构的腐植酸及其与金属离子结合的盐类，其余部分包括有微生物代谢而产生的一些简单的有机化合物（糖类、糖醛酸类、氨基酸类）。通常将腐殖物质划分为胡敏酸、富里酸和胡敏素 3 个组分。胡敏酸是深色有机质，可以从土壤中用碱提取，不溶于酸的部分。富里酸是带色物质，酸化去除胡敏酸后存留在溶液中的部分。胡敏素是腐殖质中既不溶于碱也不溶于酸的部分。

4.1.1.3 土壤生物

土壤生物是土壤具有生命力的重要部分，主要包括高等植物根系、土壤动物和土壤微生物，可参与土壤颗粒重组、化学反应和死亡生物体的循环利用，土壤物质组成和微环境的复杂性导致了土壤具有丰富的生物多样性。土壤中的微生物主要包括细菌、放线菌、真菌和藻类等，一般细菌可占土壤微生物总数的 70%～90%，放线菌和真菌次之，藻类较少。土壤动物（包括原生动物、线虫、螨、蚯蚓、蚂蚁等）直接或间接地改变土壤结构。直接影响来自掘穴、残体再分配以及含有未消化残体和矿质土壤粪便的沉积作用，间接作用是指土壤动物的行为改变了地表或地下水的运动、颗粒的形成以及水、风和重力运输的溶解物，影响了物质运输。另外，植物根系的活动也能明显影响土壤的物理化学性质，同时植物根系与其他生物之间也常常存在竞争或协同关系。土壤中生活的微生物及动物对进入土壤的有机污染物（如化学农药、石油类、多环芳烃）的降解及无机污染物（如重金属）的价态和形态转化起着主导作用，是土壤净化功能的主要贡献者。

4.1.1.4 土壤溶液

土壤水是植物生存和生长的物质基础，是农作物水分的主要来源，它对土壤的形成和发育以及土壤中物质和能量的运移都有重要的影响。它不仅影响林木、大田作物、蔬菜、果树和草类等的发育和产量，还影响陆地表面植物的分布。土壤水的来源主要有大气降水、降雪、地表径流、凝结水、人工灌溉水和地下水。这些水以向下渗漏、土内侧向径流和地表径流的方式流动，一部分被植物吸收并通过蒸腾散失，另一部分直接从裸露的地面蒸发散失。土壤中的水分和溶解性物质组成土壤溶液。土壤溶液是一种稀薄的溶液，不仅溶有各种溶质，又有溶解的气体，而且还有胶体颗粒悬浮或分散其中。其中的溶质包括：可溶性盐类和营养物质及可溶性污染物质。这些物质有无机胶体（如铁铝氧化物）、无机盐类（如碳酸盐、重碳酸盐、硫酸盐、氯化物、硝酸盐、磷酸盐等）和有机化合物（腐植酸、有机酸、碳水化合物、蛋白质等）。不同地域的气候、母质、地形、生物等条件会影响土壤溶液的组成。例如，在降水量较少的地区，土壤溶液呈中性至微碱性，主要离子 K^+、Ca^{2+}、Na^+、Mg^{2+}、SO_4^{2-} 和 Cl^- 的浓度均在 1mmol/L 以上，离子强度大多在 10mmol/L 以上。而在降水量丰富的地区，土壤呈酸性，K^+、Ca^{2+}、Na^+、Mg^{2+}、SO_4^{2-} 和 Cl^- 的浓度一般小于 1mmol/L，离子强度小于 10mmol/L。由于土壤溶液参与水的循环，所以其组成是经常变动的。

4.1.1.5 土壤中的空气

土壤空气主要存在于未被土壤水分占据的土壤孔隙之中，其中具有植物生长需要的营养物质，如氮气、氧气、二氧化碳和水汽等。是土壤肥力因素的重要成分，对作物养分形态的转化、养分和水分的吸收、热量状况等都有重要影响。土壤空气主要来源于大气，其次是土壤中的生物化学过程所产生的气体，其组成与大气的组成接近，但又存在显著的差异（见表4-1）。土壤空气的容量和组成会影响作物的产量，因此在农业实践中，需要通过耕作、排水或改善土壤结构等措施以促进土壤空气的更新，使植物生长发育有一个适宜的通气条件。

表 4-1　土壤空气与大气组成的差异（体积分数）　　　　单位：%

气体	O_2	CO_2	N_2	其他气体
近地面的大气	20.94	0.03	78.05	Ar、Ne、He、Kr 等占 0.98
土壤空气	18.00～20.03	0.15～0.65	78.80～80.24	CH_4、H_2S、NH_3 等占 0.98

4.1.2 土壤质地

4.1.2.1 土壤的机械组成

土壤颗粒的大小不同，其表面性质也不同，对土壤肥力的影响差别也较大。根据土壤颗粒粒径的大小，将土粒划分为若干级别，称为土壤粒级。各国采用的粒级划分标准很不一致，表4-2中列出了国际制、中国制、前苏联制（威廉斯-卡庆斯基，1957）和美国制的土壤粒级分级标准。4种分级标准中，粒级均划分为4个级别，即石砾、砂粒、粉（砂）粒和黏粒，此外，中国制、前苏联制和美国制的土壤粒级还划分出了石块一级。不同的分级标准对各粒级的粒径划分界限不同，相同粒级进一步细分的程度和侧重点也不同。

表 4-2　国际制、中国制、前苏联制和美国制的土壤粒级分级标准

国际制		中国制		前苏联制		美国制	
颗粒名称	粒径/mm	颗粒名称	粒径/mm	颗粒名称	粒径/mm	颗粒名称	粒径/mm
石砾	>2	石块	>10	石块	>3	石块	>3
		粗砾	3～10	石砾	1～3	粗砾	2～3
		细砾	1～3				
粗砂粒	2～0.2	粗砂粒	0.25～1	粗砂粒	0.5～1	极粗砂粒	1～2
细砂粒	0.2～0.02	细砂粒	0.05～0.25	中砂粒	0.25～0.5	粗砂粒	0.5～1
				细砂粒	0.05～0.25	中砂粒	0.25～0.5
						细砂粒	0.1～0.25
						极细砂粒	0.05～0.1
粉（砂）粒	0.02～0.002	粗粉粒	0.01～0.05	粗粉粒	0.01～0.05	粉（砂）粒	0.002～0.05
		细粉粒	0.005～0.01	中粉粒	0.005～0.01		
				细粉粒	0.001～0.005		
黏粒	<0.002	粗黏粒	0.001～0.005	粗黏粒	0.001～0.0005	黏粒	<0.002
		细黏粒	<0.001	细黏粒	0.0001～0.0005		
				胶体	<0.0001		

土壤是由不同粒径大小的颗粒按照不同的比例组合而成的，各粒级在土壤中所占的相对比例或质量分数称为土壤的机械组成（或颗粒组成）。根据土壤的机械组成，可以划分土壤质地，常用的划分标准有中国制土壤质地分类标准（表4-3）、国际制土壤质地分类标准（表4-4）和前苏联制（卡庆斯基，1965）土壤质地分类标准（表4-5）。土壤的机械组成和土壤质地是两个不同的概念，不能混淆。相同质地的土壤的机械组成都有一定的变化范围，而土壤质地是一种十分稳定的自然属性，反映母质来源及成土过程某些特征，对肥力有很大影响。

表 4-3　中国制土壤质地分类标准

质地名称		颗粒组成/%（粒径/mm）		
		砂粒(0.05～1)	粗粉粒(0.01～0.05)	细黏粒(<0.001)
砂土	极重砂土	>80		
	重砂土	70～80		
	中砂土	60～70		
	轻砂土	50～60		
壤土	砂粉土	≥20		<30
	粉土	<20	≥40	
	砂壤土	≥20		
	壤土	<20	<40	

续表

质地名称		颗粒组成/%（粒径/mm）		
		砂粒(0.05～1)	粗粉粒(0.01～0.05)	细黏粒(<0.001)
黏土	轻黏土			30～35
	中黏土			35～40
	重黏土			40～60
	极重黏土			60

表 4-4　国际制土壤质地分类标准

质地名称		颗粒组成/%（粒径/mm）		
		黏粒(<0.002)	粉砂粒(0.002～0.02)	砂粒(0.02～2)
砂土类	砂土及壤质砂土	0～15	0～15	85～100
壤土类	砂质壤土	0～15	0～45	55～85
	壤土	0～15	35～45	40～55
	粉砂质壤土	0～15	45～100	0～55
黏壤土类	砂质黏壤土	15～25	0～30	55～85
	黏壤土	15～25	20～45	30～55
	粉砂质黏壤土	15～25	45～85	0～40
黏土类	砂质黏土	25～45	0～20	55～75
	壤质黏土	25～45	0～45	10～55
	粉砂质黏土	25～45	45～75	0～30
	黏土	45～65	0～35	0～55
	重黏土	65～100	0～35	0～35

表 4-5　前苏联制土壤质地分类标准

质地分类		物理性黏粒(<0.001mm)含量/%			物理性砂粒(0.01～1mm)含量/%		
		土壤类型			土壤类型		
质地组	质地名称	灰化土类	草原土壤及红黄壤类	碱性及强碱化土类	灰化土类	草原土壤及红黄壤类	碱性极强碱化土类
砂土	松砂土	0～5	0～5	0～5	100～95	100～95	100～95
	紧砂土	5～10	5～10	5～10	95～90	95～90	95～90
壤土	砂壤土	10～20	10～20	10～20	90～80	90～80	90～80
	轻壤土	20～30	20～30	20～30	80～70	80～70	80～70
	中壤土	30～40	30～40	30～40	70～60	70～60	70～60
	重壤土	40～50	40～50	40～50	60～50	60～50	60～50
黏土	轻黏土	50～65	60～75	40～50	50～35	40～25	50～65
	中黏土	65～80	75～85	50～65	35～20	25～15	50～35
	重黏土	>80	>85	>65	<20	<15	<35

4.1.2.2　土壤剖面

土壤剖面是一个具体土壤的垂直断面，包括在土壤形成过程中所产生不同的发生层，自上而下可分为：A层（淋溶层）、E层、B层（淀积层）、C层（母质层）和D层（风化层）。

A层（淋溶层）：是土壤的最上层，也称表土层，混合有小的无机颗粒和绝大多数的有机质。由于有机质含量相对较高，颜色较暗，绝大多数的生物和营养物质都在A层，是生物活性最大的土层。当水向下流动通过A层时，将溶解性有机物和矿物质携带到下层，这个过程称为淋溶。根据物质的组成、性质和形态特征，A层又可分为A_1层（腐殖质层）和A_2层（浅色强度淋溶层）。

E层：位于A层以下。由于深色的溶解性物质或悬浮性物质，如铁的化合物，从该层淋溶下去了，所以该层颜色较浅。不是所有的土壤都有E层，该层几乎不含营养物质。

B层（淀积层）：也称底土，有机质含量较低，积累了从上面土层渗滤下来的营养物质。当水携带溶解性矿物质向下运动，从A和E到B层时，黏土矿物和颗粒就积累在B层，其中硅酸盐黏土矿物、铁和有机物积累量最大。B层是植物所需营养的重要来源，并支持充分伸展的根系。B层可分为B_1层（过渡层）和B_2层（典型B层）。

C层（母质层）：由母质组成，没有产生明显的成土作用，不含有机质，但会对土壤的性质产生影响，如土壤pH值。

D层（风化层）：又称母岩，没有受成土过程的影响。

4.1.3 土壤的性质

4.1.3.1 土壤胶体及其吸附性

（1）土壤胶体　土壤胶体是土壤形成过程中的产物，是土壤中颗粒最细小的固相组分，土壤胶体包括有机胶体、无机胶体和有机-无机复合胶体。有机胶体主要指土壤腐殖质，无机胶体主要指土壤中的黏土矿物，包括蒙脱石、伊利石、高岭石、绿泥石、水铝英石等以及铁、铝、锰水合氧化物。有机-无机复合胶体是由土壤中的矿物胶体和腐殖质胶体通过金属离子的桥键或交换阳离子周围的水分子氢键结合在一起形成的产物，如钙质蒙脱石-腐植酸复合胶体。

土壤胶体的表面性质会影响土壤的物理化学性质，其中最主要的是其比表面积和带电性。土壤胶体具有巨大的比表面积和表面能，无机胶体中以蒙脱石比表面积最大，为$700 \sim 850 m^2/g$，伊利石次之（$90 \sim 150 m^2/g$），高岭石的最小（$5 \sim 40 m^2/g$）。有机胶体的比表面积较大，Bower等（1952）通过测定土壤在去除有机质前后比表面积的差值，得到土壤有机质的比表面积约为$700 m^2/g$，与蒙脱石相当。一般来说，土壤胶体的比表面积越大，表面能也越大，其表面含有更多的吸附位点，对有机化合物和无机离子的吸附能力越强。土壤胶体表面带有电荷，可分为永久负电荷、可变负电荷、正电荷和净电荷，土壤的电荷符号、电荷数量和电荷密度会影响土壤胶体吸附什么离子、对离子的吸附量和吸附的牢固程度。不同类型的土壤胶体，所带电荷的数量差别较大。无机胶体中的高岭石所带负电荷为$3 \sim 15 cmol/kg$，伊利石为$20 \sim 40 cmol/kg$，蒙脱石为$80 \sim 100 cmol/kg$。在矿质土壤中，黏土矿物是土壤胶体的主体，它提供的负电荷约占土壤胶体电荷量的80%，其贡献远大于有机质。土壤胶体具有相互吸引、凝聚的趋势，表现出凝聚性。同时，胶体微粒又因具有相同电荷而相互排斥，呈现出分散性。在土壤溶液中，土壤胶体带负电荷，阳离子可以中和土壤胶体表面的负电荷，从而加强土壤的凝聚。一般来说，常见阳离子凝聚能力的大小顺序为：$Fe^{3+} > Al^{3+} > Ca^{2+} > Mg^{2+} > K^+ > NH_4^+ > Na^+$。此外，土壤的凝聚性还受土壤溶液的pH值和电解质浓度的影响。

（2）土壤的吸附性

① 阳离子交换吸附。土壤胶体表面吸附的阳离子，可以与土壤溶液中的阳离子发生交换反应，称为阳离子交换吸附，反应是可逆过程。例如：

$$\begin{array}{c}NH_4^+\\NH_4^+\end{array}\boxed{\text{土壤胶体}}\begin{array}{c}K^+\\K^+\end{array}+2Ca^{2+}\rightleftharpoons\begin{array}{c}Ca^{2+}\\\end{array}\boxed{\text{土壤胶体}}\begin{array}{c}Ca^{2+}\\\end{array}+2K^++2NH_4^+$$

离子的价态、离子半径及水化程度会影响阳离子的交换能力，一般来说，阳离子交换能力随离子价数和离子半径的增大而增大，而随水化离子半径的增大而减小。土壤中常见阳离子的交换能力顺序为：$Fe^{3+}>Al^{3+}>H^+>Ca^{2+}>Mg^{2+}>K^+>NH_4^+>Na^+$。通常把每千克干土中所含全部交换性阳离子的摩尔数称为阳离子交换量（CEC），用 cmol（t）/kg 表示。阳离子交换量受土壤胶体的类型、土壤质地、pH 值和腐殖质含量的影响。不同类型土壤胶体的阳离子交换量的大小顺序为：有机胶体＞蛭石＞蒙脱石＞伊利石＞高岭石＞含水氧化物。土壤中黏粒含量越高，阳离子交换量越高。此外，阳离子交换量随土壤 pH 值的升高而增大。土壤阳离子交换量是进行土壤分类的重要指标，反映了土壤的缓冲性能与供肥和保肥能力。

土壤胶体上吸附的交换性阳离子中，H^+ 和 Al^{3+} 为致酸离子，K^+，Ca^{2+}，Na^+，Mg^{2+} 和 NH_4^+ 为盐基离子。通常用盐基饱和度来表示土壤的盐基饱和程度，盐基饱和度指交换性盐基离子占阳离子交换量的百分数，即：

盐基饱和度＝［交换性盐基离子(cmol/kg)］/［阳离子交换量(cmol/kg)］×100%

土壤胶体吸附的阳离子全部是盐基离子时，土壤呈盐基饱和状态，称为盐基饱和土壤。当土壤胶体吸附的阳离子仅部分为盐基离子，其余为 H^+ 和 Al^{3+} 时，这种土壤称为盐基不饱和土壤。盐基饱和土壤的 pH 值偏高，一般呈中性或碱性，而盐基不饱和土壤的 pH 值偏低，土壤呈酸性。盐基饱和度可以作为一项重要指标来判断土壤肥力。一般来说，很肥沃的土壤的盐基饱和度≥80%，中等肥力水平的土壤的盐基饱和度为 50%～80%，不肥沃的土壤的盐基饱和度小于 50%。

② 阴离子交换吸附。带正电荷的土壤胶体吸附的阴离子与土壤溶液中的阴离子进行交换，称为阴离子交换吸附，这也是可逆过程。发生阴离子交换的同时，伴有化学固定作用，例如，阴离子 PO_4^{3-} 可与溶液中的阳离子 Fe^{3+} 和 Al^{3+} 形成 $FePO_4$ 和 $AlPO_4$ 难溶性沉淀，而被强烈地吸附。Cl^-、NO_3^-、NO_2^- 由于不能形成难溶盐，不易被土壤吸附。常见的阴离子的吸附能力的大小顺序为：$F^->C_2O_4^{2-}>PO_4^{3-}>HCO_3^->H_2BO_3^->CH_3COO^->SCN^->SO_4^{2-}$。

4.1.3.2 土壤的酸碱性

土壤酸性主要来自二氧化碳溶于水形成碳酸，有机物分解产生有机酸以及某些无机酸和 Al^{3+} 的水解。土壤碱性主要来自土壤 Na_2CO_3、$NaHCO_3$、$CaCO_3$ 以及胶体上交换性 Na^+，它们水解显碱性。一般土壤的酸碱度可分为九个等级：极强酸性（pH 值＜4.5），强酸性（pH 值 4.5～5.5），酸性（pH 值 5.5～6.0），弱酸性（pH 值 6.0～6.5），中性（pH 值 6.5～7.0），弱碱性（pH 值 7.0～7.5），碱性（pH 值 7.5～8.5），强碱性（pH 值 8.5～9.5）和极强碱性（pH 值＞9.5）

我国土壤 pH 值多数为 4.5～8.5，地理分布上呈"东南酸西北碱"的地带性分布特点，即由南向北土壤的 pH 值递增。长江以南的土壤多为酸性和强酸性，如华南和西南地区分布的红壤、砖红壤和黄壤的 pH 值大多为 4.5～5.5，又少数甚至低至 3.6～3.8。华中和华东地区的红壤的 pH 值为 5.5～6.5。长江以北的土壤多数为中性和碱性，如华北和西北地区的土壤大多含有碳酸钙，pH 值一般为 7.5～8.5，部分碱土的 pH 值大于 8.5，少数强碱性土壤的 pH 值可高达 10.5。

4.1.3.3　土壤的氧化-还原性

土壤中的氧化剂（电子给予体）和还原剂（电子接受体）构成了氧化还原体系。土壤中主要的氧化剂有：土壤中的氧气、NO_3^-、Mn^{4+}、Fe^{3+}、SO_4^{2-} 等。土壤中主要的还原剂是有机质，尤其是新鲜易分解的有机质，在适宜的 pH 值、湿度和温度下这些有机质的还原能力很强。土壤中的氧化还原体系分为无机体系和有机体系，其中无机体系有：氧体系、铁体系、锰体系、氮体系、硫体系和氢体系，有机体系主要是有机碳体系，包括不同分解程度的有机化合物、微生物的细胞体及其代谢产物，如有机酸、酚、醛类和糖类等化合物。

土壤的氧化还原能力可以用氧化还原电位（E_h）来表示，即溶液中的氧化态物质和还原态物质的浓度变化所产生的电位。土壤的通气性、微生物活动、易分解有机质的含量、植物根系的代谢作用和土壤的 pH 值都会影响土壤的氧化还原电位。一般旱地土壤的 E_h 为 $+400$～$+700mV$，水田土壤的 E_h 为 -200～$+300$。根据土壤的 E_h 可以确定土壤中有机物和无机物可能发生氧化还原反应和环境行为。

4.2　土壤污染源和污染物

4.2.1　土壤污染

4.2.1.1　土壤背景值

土壤背景值又称土壤本底值，代表一定环境单元中的一个统计量的特征值。在地质学上，土壤背景值指各区域正常地质地理条件和地球化学条件下元素在各类自然体中的正常含量。在环境科学上，土壤背景值指在未受或少受人类活动影响的情况下，土壤本身的化学元素的组成和含量，是判断土壤是否受到污染和污染程度的标准。我国在"六五"和"七五"期间开展了土壤环境背景值的研究，并与 1990 年出版了《中国土壤元素背景值》一书。

土壤背景值在污水灌溉、农田施肥和土壤污染评价方面是不可缺少的基础数据，还可以通过研究土壤背景值来确定土壤环境容量和制定环境标准。通过对土壤背景值的分析，可以找到动植物、人群和土壤之间某些化学元素的相互关系，从而揭示土壤背景值对人类健康的影响。因此，土壤背景值作为一个"基准"数据，在环境科学、土壤学、农业、环境医学、食品卫生、环境质量评价、土壤资源评价与规划等方面都有重要的应用价值。

4.2.1.2　土壤自净能力

进入土壤中的污染物，与土壤原有组分（包括土壤矿物质、有机质、土壤动物和微生物）或污染物之间会发生一系列的物理、化学和生物反应，如吸附、分解、沉淀、氧化还原等，从而使污染物的浓度降低甚至消除污染物毒性，这一过程称为土壤自净作用。土壤自净作用主要包括以下三个方面。

（1）物理净化　土壤中的污染物可以通过植物吸收作用使污染物的浓度降低。某些挥发性有机污染物，如农药、多环芳烃、石油类，可通过挥发和扩散进入大气。污染物可以随水迁移，通过地表径流进入地表水体，还可以通过向下淋溶进入地下水体。通过以上物理过程，土壤中污染物的浓度降低了，但会造成大气污染和水体污染。

（2）化学净化　土壤中污染物经过吸附、解吸、代换、配合、酸碱中和、氧化还原作用使浓度降低的过程，称为化学净化。土壤无机胶体和有机胶体具有巨大的比表面积和表面能，对污染物表现出较强的吸附能力，使污染物的存在形态发生变化，降低它们的生物有效性，对土壤污染起到缓冲作用。

（3）生物净化　在土壤动物和微生物作用下，有机污染物被分解转化成简单无机物的过程。但是由于土壤中污染物的半衰期差别较大，可能出现有的中间降解产物的毒性更大的情况。

土壤自净作用是各种物理、化学和生物过程共同作用和相互影响的结果，但是土壤的自净能力是有限的，这就涉及土壤环境容量的问题。土壤环境容量指土壤环境单元一定时限内遵循环境质量标准，既保证农产品产量和生物学质量，同时也不造成环境污染时，土壤能允许容纳的污染物的最大数量或负荷量。进入土壤中的污染物不能超过土壤环境容量，否则会破坏生态平衡，危害人类生存。

4.2.1.3　土壤污染及特点

土壤污染指当人类活动产生的污染物进入土壤并累积到一定程度，超出土壤的自净能力，引起土壤质量恶化，进而造成农作物中某些指标超过国家食品标准的现象。土壤污染的直接表现是土壤的生产能力下降，农作物的产量和质量降低。土壤质量指综合表征土壤维持生产力、净化环境以及保障动植物健康的能力的量度。

土壤中污染物的累积和自净是同时进行的，两个过程处于一种对立统一的相对平衡状态。当输入土壤的污染物的数量和速度超过土壤净化速度，土壤累积和净化之间的动态平衡被破坏，土壤累积占优势，造成土壤功能受损，土壤质量下降，影响植物正常生长发育，并通过食物链危害人体健康。土壤污染具有以下特点：隐蔽性和潜伏性、不可逆性和长期性以及危害的严重性。

4.2.2　土壤污染源

4.2.2.1　工业污染源

工业生产过程中排出的"三废"，即废水、废气和废渣，含有污染物的种类多、浓度高、毒性大，进入农田后，在短时间内会造成农作物叶片枯萎脱落，甚至死亡，是造成土壤污染的主要来源。一般来说，直接由工业"三废"造成的土壤污染的发生范围仅限于工业区周围几千米到几十千米的范围内。工业"三废"引起的大面积土壤污染往往是间接的，工业废气通过大气沉降（包括干沉降和湿沉降）的方式进入农田，工业废渣作为肥料施入农田，工业废水以污水灌的形式进入土壤，污染物经过长期作用在土壤中累积造成污染。

4.2.2.2　农业污染源

在农业生产中，农药和化肥的频繁和过量使用是主要的农业污染源，经常使用农药是土壤中农药残留的主要来源。另外，牲畜排出的粪便可以作为肥料施入土壤，对农业增产起了重要作用。但是，这些废物中含有的病原菌等会传播疾病引起公共卫生问题，还会引起严重的水体污染问题。

4.2.2.3 生物污染源

人粪尿是农业生产重要的肥料来源。生活污水和被污染的河水等均含有致病的各种病原菌和寄生虫等，用这种未经处理的肥源施入土壤，会使土壤发生严重的生物污染。

此外，在自然条件下，也有时会造成土壤污染。例如，强烈地火山喷发，含有重金属或放射性元素的矿场附近地区的土壤，由于这些矿床的风化分解作用，可使附近土壤遭受污染。

4.2.3 土壤污染物

4.2.3.1 有机污染物

（1）化学农药 土壤中的有机农药主要来源于农业生产及使用。在喷洒农药时，部分农药直接落入土壤表面或附着在农作物上，通过作物落叶和降雨最后进入土壤中，这是造成土壤污染的主要原因。研究表明，施在作物叶部的杀虫剂有 56% 进入土壤造成残留。有些可挥发性的农药以气态形式进入大气，后经大气沉降落入土壤。部分农药可以直接施入土壤或以拌种和浸种等施药方式进入土壤，造成污染物的累积。随死亡动植物或污水灌溉可将农药带入土壤，导致土壤受有机物、重金属、无机盐和病原体的污染。

农药按来源可分为化学农药、植物性农药和生物性农药。化学农药指利用化学产品研制合成的农药，植物性农药指利用植物所含的稳定有效成分研制成的农药，生物性农药是以生物体为原料而制成的一类农药。按化学组分农药可分为有机氯农药、有机磷农药、氨基甲酸酯类农药、除草剂、有机汞和有机砷农药。下面介绍几种主要的农药。

① 有机氯农药。这类农药是含氯的有机化合物，主要有 DDT、六六六、艾氏剂、狄氏剂、异狄氏剂、七氯和氯丹等。有机氯农药剧毒，具有很强的疏水亲油性，化学性质稳定，半衰期长，不易降解，可在环境中长期存留，易溶于动物脂肪，并在脂肪中累积，污染环境并危害人体健康。这类农药 1985 年在我国已经全部被禁止生产和使用，但是现在在土壤、水体和沉积物中仍然可以监测到 DDT 的存在。

② 有机磷农药。这类农药是含磷的有机化合物，有的也含硫或氮元素，多数是磷酸酯类或酰胺类化合物。常见的有对硫磷（1605）、二甲硫吸磷、敌敌畏、乐果、马拉硫磷、敌百虫等。有机磷农药有剧毒性，在环境中易分解，残留时间短，在动植物体内不易蓄积。但是短期内有机磷农药对环境的毒害不可忽视，对动物有致癌、致畸和致突变作用。

③ 氨基甲酸酯类农药。氨基甲酸酯类农药具有选择性强、高效、广谱、对人畜低毒、易分解和残毒少的特点，在农业、林业和牧业等方面得到了广泛的应用。这类农药均具有苯基-N-烷基氨基甲酸酯的结构，使用量较大的有速灭威、西维因、涕灭威、克百威、叶蝉散和抗蚜威等。氨基甲酸酯类农药一般无特殊气味，在酸性条件下较稳定，遇碱易分解，暴露在空气和阳光下易分解，在土壤中的半衰期为数天至数周，在动物体内也能迅速分解，属于低残留的农药。这类农药虽然不是剧毒化合物，但也具有致癌性，国际癌症研究机构在2007 年把氨基甲酸酯类列为 2A 类致癌物。

④ 除草剂。除草剂又称除莠剂，具有选择性，可使杂草彻底地或选择性地枯死，而对农作物不会造成伤害，常用的有 2,4-D（2,4-二氯苯氧基醋酸）和 2,4,5-T（2,4,5-三氯苯氧基醋酸）。除草剂具有高效、低毒、广谱、低用量和对环境污染小的特点，在环境中易于分解，对人畜毒性不大，在人畜体内不累积，属于低残留的农药。

（2）石油类污染物　石油类污染物的主要成分是石油烃，包括脂肪烃、环烷烃和芳烃，还包括典型环烷酸和沥青质等极性化合物。土壤中石油主要来源于井喷、油轮失事等溢油事故，以及加油站成品油的泄漏。由于石油工业的快速发展，土壤的石油污染日益严重。石油工业工艺流程对环境的影响主要有以下几个方面：未开采石油的天然释放，石油勘探和开发过程中排放的钻井废水和含油泥浆对土壤和水体的污染，在运输过程中输油管道的泄漏和交通工具的漏油事故，石油冶炼排放出的废水和废气对环境的污染，以及石油制品在储存过程中的泄漏和销售外泄。

油田主要的废弃物有钻井废弃泥浆（地层变化更换产生，完工后弃置，泥浆循环系统渗漏）、岩屑（泥浆带回的地层岩屑）、落地原油（作业散落）和油泥沙（中转作业）。中国油气田企业钻井废气泥浆产生量为每年 100 万吨，近一半排入环境，而这些物质的生物可降解性较差，可在土壤中累积，破坏土壤的性质和结构。

（3）持久性有机污染物（POPs）　POPs 指通过各种环境介质能够长距离迁移并长期存在于环境，具有长期残留性、生物蓄积性、半挥发性和高毒性，对人类健康和环境具有严重危害的天然或人工合成的有机污染物。POPs 具有以下四大特性。

① 难降解性，在环境中长期滞留、持久地存在。

② 长距离传输性，POPs 在全球地区普遍存在。国际上提出的"蒸馏理论"（global distillation）和"蚂蚱跳效应"（grasshopper effects）科学地解释了工业发达地区 POPs 污染物通过水、土壤、植被和大气相互作用而长距离运移到北极等背景地区的机理。

③ 生物放大性，POPs 易在食物链中富集，对高营养级生物造成危害。

④ 严重的毒性效应，许多 POPs 具有相似的毒性终结点，在相应环境浓度下对接触该物质的生物造成致癌、致畸、致突变效应，以及引起环境激素效应，如性别变异和行为失常。

联合国环境规划署（UNEP）国际公约中首批控制的 12 种 POPs 是艾氏剂、狄氏剂、异狄氏剂、DDT、氯丹、六氯苯、灭蚁灵、毒杀芬、七氯、多氯联苯（PCBs）、二噁英和苯并呋喃（PCDDs/PCDFs）。其中前 9 种属于有机氯农药，多氯联苯是精细化工产品，后 2 种是化学产品的衍生物杂质和含氯废物燃烧所产生的次生污染物。土壤中的 POPs 会在食物链上发生传递和迁移，在世界各国土壤中都发现了 POPs 的存在。在我国一些电子垃圾和变压器回收加工再利用地区的土壤环境和食物已经受到了严重污染，影响了人体健康。

（4）废塑料制品　各类农用塑料薄膜作为大棚、地膜覆盖被广泛应用，使土壤中废塑料制品残留量明显增加，如北京市郊县蔬菜花生地耕层农用塑料薄膜残留量 $15.0 \sim 58.5 kg/hm^2$，残留率高达 $40\% \sim 70\%$。

塑料类高分子有机物性质稳定，耐酸碱，不易为微生物分解。通用塑料薄膜残片进入土壤后，使土壤物理性质变劣，不利于作物生长。主要表现为：有些塑料制品（如聚氯乙烯类塑料）的添加剂中含有毒成分，接触种子或幼苗后，抑制萌发，灼伤幼苗；塑料残片阻断水分运动，降低孔隙率，不利于空气的循环和交换；土壤物理性能不良导致作物扎根困难，吸肥、吸水性能降低而减产。

4.2.3.2　重金属污染物

重金属进入土壤的途径主要有污水灌溉、大气沉降、含重金属废渣作为肥料施入土壤，以及含重金属农药的使用。土壤中常见的重金属有汞、镉、铬、铅、铜、锌和类金属砷等，土壤中的重金属只能迁移，不能被微生物分解，但可以被生物富集，所以土壤被重金属污染很难彻底根除。对植物的需要而言，可分为两类：一类是植物生长发育不需要的元素，而对人体健康危害比较大，如汞、镉、铬、铅等；另一类是植物正常生长发育所需元素，且对人体有一定生理功能，如铜、锌等，但过多会发生污染，妨碍植物生长发育。

（1）汞　汞主要来源于制碱工业、汞化合物生产等工业废水、含汞农药的施用和金属汞蒸气。植物叶子和根系都可以吸收汞，通过茎进入果实，对农作物造成毒害。汞会抑制农作物的光合作用、根系生长和吸收养分，降低农作物的质量和产量。

（2）镉　镉主要来源于冶炼、电镀、燃料等工业废水、污泥、含镉废气和肥料杂质。世界上每年由冶炼厂和镉处理厂释放到大气的镉大约为100万千克，由磷肥带入土壤的镉约66万千克。镉及其化合物的毒性很大，在生物体内可累积。发生在1937年日本富山县的骨痛病事件，主要是由于食用被镉污染的"镉米"和饮用含镉污染的水引起的。

（3）铬　铬主要来源于冶炼、电镀、制革和印染工业废水和污泥。不同的氧化还原条件下，铬的存在形态不同，六价铬的毒性大于三价铬，且有腐蚀性。铬会刺激人的皮肤和黏膜，引起血功能障碍，骨功能衰竭和皮炎等疾病，并且具有致癌、致畸和致突变作用。

（4）铅　铅主要来源于颜料、冶炼等工业废水和污泥、汽油防爆剂燃烧排气和农药的使用。铅对植物的危害表现为叶绿素下降，阻碍植物的呼吸及光合作用。谷类作物吸铅量较大，但多数集中在根部，茎秆次之，籽实中较少。因此铅污染土壤所生产的禾谷类茎秆不宜作饲料。铅对动物的危害则是累积中毒。人体中铅能与多种酶结合从而干扰有机体多方面的生理活动，导致对全身器官产生危害。

（5）铜　铜主要来源于冶炼、铜制品生产等废水和污泥、含铜农药的使用。植物受铜毒害会使光合作用减弱，叶色褪绿，引起缺铁，抑制生长，导致减产。例如水稻和春花作物受铜毒害后，植株黄化，明显矮化，根系变细，侧根多，软弱无力。铜可在人体肝脏中大量累积，产生"肝痘"的铜代谢疾病。

（6）锌　锌主要来源于冶炼、镀锌、炼油、染料工业废水和污泥。一般植物含锌量为 $10\sim100mg/kg$，当植物含锌量大于 $50mg/kg$ 时，就会发生锌中毒。锌对植物的毒害首先表现在抑制光合作用，减少二氧化碳固定。其次影响韧皮部的输送作用，改变细胞膜渗透性，从而导致生长减缓、受阻和失绿症，严重时致死。

（7）砷　砷主要来源于含砷农药、硫酸、化肥、医药、玻璃等工业废水和污泥。土壤中砷大部分为胶体吸收或和有机物络合或与土壤中铁、铝、钙离子相结合，形成难溶化合物。pH值高土壤胶体吸附量减少而水溶性砷增加；土壤氧化条件下，大部是砷酸，砷酸易被胶体吸附，而增加土壤固砷量。随氧化还原电位降低，砷酸转化为亚砷酸，可促进砷可溶性，增加砷害。砷对植物危害的最初症状是叶片卷曲枯萎，进一步是根系发育受阻，最后是植物根、茎、叶全部枯死。砷对人体危害很大，它能使红血球溶解，破坏正常生理功能，甚至致癌等。

4.2.3.3　化学肥料

为了提高农作物产量，农业上大量使用含氮和含磷的化学肥料。但是由于使用不当造成这些物质从土壤中流失从而污染环境，特别是由氮和磷过多引起的水体富营养化现象频繁发生。

4.2.3.4　致病微生物

土壤中的主要有肠细菌、肠寄生虫卵、破伤风菌、结核菌等，这些致病微生物主要来源于人畜的粪便和灌溉污水。被病原微生物污染的土壤会传播各种细菌及病毒，如果食用被土壤污染的瓜果蔬菜会威胁人体健康。土壤中的污染物被雨水冲刷，通过地表径流进入水体，引起水体污染。

4.2.3.5 放射性污染物

土壤中的放射性物质主要来源于大气核爆炸降落的污染物，以及原子能和平利用所排出的液体和固体的放射性废弃物，最终通过自然沉降、雨水冲刷和废弃物的堆放污染土壤。土壤中含有天然存在的放射性核素，如 ^{49}K、^{87}Rb 和 ^{14}C 等。磷、钾矿往往含放射性核素，它们可能随化肥进入土壤，通过食物链被人体摄取。磷矿中主要有铀、钍和镭等天然放射性元素，钾矿中主要是 ^{40}K。

4.3 土壤主要污染物的迁移转化

4.3.1 重金属在土壤中的迁移转化

大多数重金属元素处于元素周期表中的过渡区，多有变价，有较高的化学活性，能参与多种反应和过程。重金属常有不同的价态、化合态和结合态，而且形态不同的重金属稳定性和毒性也不同。尽管重金属能参与各种物理化学学过程，如吸附、凝聚、中和、沉淀、氧化还原等过程，但只能从一种形态转化为另一种形态，从甲地迁移到乙地，从浓度高的变成浓度低的等，无法将重金属从环境中彻底消除。

4.3.1.1 重金属的主要存在形态

由于土壤环境物质组成复杂，且重金属化合物化学性质各异，土壤中重金属也是以多种形态存在。不同形态重金属的迁移转化过程不同，而且其生理活性和毒性均有差异。加拿大学者 Tessier 根据不同浸提剂连续提取土壤的情况，将重金属的形态分成六类：a. 水溶态；b. 可交换态；c. 碳酸盐结合态；d. 铁锰氧化物结合态；e. 有机物结合态；f. 残留态。各种形态的重金属之间随着土壤理化性质的不同可相互转化，并保持着动态平衡。其中以水溶态和交换态重金属的迁移转化能量最高，其活性、毒性和对植物的有效性也最大，而残留态重金属的迁移转化能力、活性和毒性最小，其他形态的重金属介于其间。

（1）水溶态重金属 水溶态重金属指土壤溶液中重金属离子，可用蒸馏水提取，且可被植物根部直接吸收，由于在大多数情况下水溶态含量极微，一般在研究中不单独提取而将其合并于可交换态一组中。

（2）可交换态重金属 主要是通过扩散作用和外层络合作用非专性地吸附在土壤黏土矿物及其他成分上，如氢氧化铁、氢氧化锰、腐殖质上的重金属。该存在形态的重金属是土壤中活动性最强的部分，对土壤环境变化最为敏感，在中性条件下最易被释放，也最容易发生反应转化为其他形态，具有最大的可移动性和生物有效性，毒性最强，是引起土壤重金属污染和危害生物体的主要来源。

（3）碳酸盐结合态重金属 多以沉淀或共沉淀的形式赋存在碳酸盐中，该形态对土壤 pH 值最敏感。随着土壤 pH 值降低，碳酸盐态重金属容易重新释放进入环境中，移动性和生物活性显著增加，而 pH 值升高有利于碳酸盐态的生成，即其在不同 pH 值条件下能够发生迁移转化，具有潜在危害性。

（4）铁锰氧化物结合态重金属 一般以较强的离子键结合吸附在土壤中的铁或锰氧化物

上，即指与铁或锰氧化物反应生成结核体或包裹于沉积物颗粒表面的部分重金属，可进一步分为无定形氧化锰结合态、无定形氧化铁结合态和晶体型氧化铁结合态等 3 种形态。土壤pH值和氧化还原条件对其有重要影响，当环境 E_h 降低（如淹水、缺氧等）时，这部分形态的重金属可被还原而释放，造成对环境的二次污染。

（5）有机物结合态重金属　主要是以配合作用存在于土壤中的重金属，即土壤中各种有机质（如动植物残体、腐殖质及矿物颗粒活性基团）与土壤中重金属络合而形成的螯合物或是硫离子与重金属生成难溶于水的硫化物，也可分为松结合有机物态和紧结合有机物态。该形态重金属较为稳定，释放过程缓慢，一般不易被生物所吸收利用。但当土壤 E_h 发生变化，如在碱性或氧化环境下，有机质发生氧化作用而分解，可导致少量重金属溶出释放。

（6）残渣态重金属　残渣态重金属是非污染土壤中重金属最主要的结合形式，常赋存于硅酸盐、原生和次生矿物等土壤晶格中。一般而言，残渣态重金属的含量可以代表重金属元素在土壤或沉积物中的背景值，主要受矿物成分及岩石风化和土壤侵蚀的影响。在自然界正常条件下其不易释放，能长期稳定结合在沉积物中，用常规的提取方法未能提取出来，只能通过漫长的风化过程来释放，因而迁移性和生物可利用性不大，毒性也最小。

4.3.1.2　土壤中重金属的迁移转化

土壤中重金属的迁移转化的规律多种多样，主要包括物理迁移、生物迁移和物理化学迁移 3 种形式。

（1）物理迁移　土壤中重金属的物理迁移是指土壤中的重金属不改变自身的化学性质和总量而进行的迁移方式。水溶性的重金属离子或络合离子在土壤中可随土壤水分从土壤表层迁移到深层，从地势高处迁移到地势低处，甚至发生淋溶，随水流迁移出土壤而进入地表或地下水体。另外，包在土壤颗粒中的重金属和吸附在土壤胶体表面上的重金属，可以随着土粒被水流冲刷流动而发生迁移，也可以以飞扬尘土的形式随风迁移。

（2）生物迁移　土壤重金属的生物迁移是指土壤中的重金属被植物吸收后积累于植物体内的过程。这种迁移既可以认为是植物对土壤的净化，也可以认为是污染土壤对植物的侵害。特别是当植物富集的重金属有可能通过食物链进入人体时，其危害更为严重。在植物体中富集的规律一般是根＞叶＞枝（茎）＞果实，须根＞块根，老叶＞新叶。植物对土壤中重金属的吸收是有选择性的，某些形态的重金属离子不能被植物吸收，通常水溶性重金属离子或者离子化合物比较容易被植物吸收，其次是可交换态和结合态，而残渣态的一般不易被植物吸收转化。

微生物对重金属的吸收及土壤中动物啃食、搬运是土壤中重金属生物迁移的另一个比较重要的途径。

（3）物理化学迁移

① 重金属与无机胶体的吸附作用。重金属离子与土壤无机胶体的吸附作用通常可分为非专性吸附和专性吸附。

所谓非专性吸附是指由于土壤胶体微粒所带电荷与重金属离子不同，故会对重金属离子产生吸附作用，也叫离子交换吸附。非专性吸附发生在胶体的扩散层与氧化物的配位壳之间，被水分子层隔离，故其键合很弱，易于解吸或被水洗出，这种交换服从离子交换的一般法则。因为土壤胶体微粒所带电荷性质以及电荷数量各不相同，所以，吸附重金属离子的类型以及吸附紧密程度也不相同。对于带负电荷的土壤胶体微粒，对土壤重金属阳离子的吸附顺序具有以下规律：a. 阳离子的价态愈高，电荷愈多，土壤胶体与阳离子之间的静电作用力也就愈强，吸引力也愈大，因此结合强度也大；b. 具有相同价态的阳离子则主要决定于离子的水合半径，即离子半径较大者，其水合半径相对较小，在胶体表面引力作用下，较易被土壤胶体的表面所吸附；c. 土壤重金属阳离子的运动速率越大，交换能力越强。而土壤胶体上会吸附哪种金属离子，主要由土壤胶体的性质以及金属离子之间的吸附能力决定。

所谓专性吸附，即土壤胶体与金属阳离子间以共价键和配位键的形式结合。因此，专性吸附又称配位吸附。专性吸附虽然也会受静电引力的影响，但实际上金属离子可以在带净的正、负电荷及带零电荷的表面吸附。专性吸附是非交换态的，不易解吸，只能被吸附亲和力更强的离子解吸。

② 重金属与有机胶体的络合-螯合作用。重金属除与土壤无机胶体发生吸附作用外，还可以与土壤有机胶体发生络合或螯合作用。一般认为，当金属离子浓度高时，以吸附作用为主，而土壤溶液中重金属离子浓度低时，则以络合-螯合作用为主。土壤中腐殖质具有很强的螯合能力，具有与金属离子牢固螯合的配位体，比如氨基、亚氨基、酮基、羟基及硫醚等。土壤中螯合物的稳定性主要受金属离子性质的影响，金属离子与螯合基以离子键结合时，中心离子的离子势越大，越有利于配位化合物的形成。

③ 沉淀溶解作用。重金属的沉淀溶解作用是重金属在土壤中迁移的重要形式，实际为各种重金属难溶电解质在土壤固相和液相之间的离子多相平衡。沉淀溶解作用主要受土壤环境 E_h、pH 值的影响。例如，高氧化环境中，E_h 值较高，钒、铬呈高氧化态，形成可溶性铬酸盐、钒酸等化合物，具有较强的迁移能力，而铁、锰则相反，形成高价难溶性化合物沉淀，迁移能力很低。另外，pH 值也是影响土壤中重金属迁移转化的重要因素。例如，土壤中铜、铅、锌、镉等重金属的氢氧化物沉淀的形成直接受 pH 值所控制。一般来讲，当 pH 值下降时，土壤中的重金属就可以溶解出来。

4.3.1.3　几种重要重金属的迁移转化

（1）汞在土壤中的迁移转化　土壤中的汞按其化学形态可以分为金属汞、无机化合态汞和有机化合态汞。土壤中的金属汞的含量很小，但是很活泼。由于能以零价状态存在，汞在土壤中可以挥发，而且随着土壤温度的增加，其挥发速度加快。无机化合态汞有 $Hg(OH)_2$、$Hg(OH)_3^-$、$HgCl_2$、$HgCl_3^-$、$HgCl_4^-$、$HgSO_4$、$HgHPO_4$、HgO 和 HgS 等，其中 $Hg(OH)_3^-$、$HgCl_2$、$HgCl_3^-$、$HgCl_4^-$ 具有较高的溶解度，易随水迁移。而对于那些溶解度较低的无机态汞植物难以吸收。有机化合态汞分为有机汞和有机络合汞，植物能吸收有机汞，而被腐殖质络合的汞较难被植物吸收利用。

进入土壤中的汞大部分能迅速被土壤吸附或固定，主要是被土壤中的黏土矿物和有机质强烈吸附。土壤中吸附的汞一般累积在表层，并随土壤的深度增加而递减。这与表层土中有机质多，汞与有机质结合成螯合物后不易向下层移动有关。

影响土壤中汞迁移的主要因素是土壤有机质含量、E_h、pH 值等。一价汞和二价汞离子之间可发生化学转化，通过反应 $2Hg^+ = Hg^{2+} + Hg^0$，无机汞和有机汞都可以转化为金属汞。当土壤处于还原条件时，二价汞可以被还原成零价的金属汞。而有机汞在有还原性的有机物的参与下，也能变成金属汞。

在土壤缺氧条件下，无机汞化合物可转化为甲基汞（CH_3Hg^+）和二甲基汞 $[(CH_3)_2Hg]$。当无机汞转化为甲基汞后，随水迁移的能力就会增大。由于二甲基汞的挥发性较强，而被土壤胶体吸附的能力相对较弱，因此二甲基汞较易迁移到水和大气中去。

（2）镉在土壤中的迁移转化　镉在土壤中以 +2 价形式存在，主要有水溶态、可交换态、有机络合态和残余态。水溶性镉常以简单离子（Cd^{2+}）或络合物如 $CdCl_4^{2-}$、$Cd(NH_3)_4^{2-}$、$Cd(HS)_4^{2-}$ 的形式存在，这部分镉极易进入植物体中。可交换态的镉通过静电引力吸附于黏粒、有机颗粒和水氧化物可交换负电荷点上，这部分镉也易被生物吸收利用。有机络合态镉是指镉与有机成分发生络合作用，形成螯合物，主要以腐植酸-Cd 络合物形态存在。残余态镉主要指固定于矿物质颗粒晶格内的那部分镉。

土壤镉形态受 pH 值、E_h、有机质、阳离子交换量等因子所制约。其中 pH 值是影响土壤中镉迁移和转化的主要因子。在酸性条件下，土壤中镉的溶解度增大，从而加速了镉在土壤中的迁移和转化；相反，在偏碱性条件下，由于镉的溶解度减小，土壤中的镉不易发生迁移而在原地沉淀。

由于土壤的强吸附作用，镉很少发生向下的再迁移而累积于土壤表层。在降水的影响下，土壤表层的镉的可溶态部分随水流动就可能发生水平迁移，进入界面土壤和附近的河流或湖泊而造成次生污染。

土壤中的镉还容易被植物所吸收，土壤中镉的含量稍有增加，就会使植物体内镉的含量相应增高。在被镉污染的水田中种植的水稻其各器官对镉的浓缩系数按根＞杆＞枝＞叶鞘＞叶身＞稻壳＞糙米的顺序递减。镉在植物体内可取代锌，破坏参与呼吸和其他生理过程的含锌酶的功能，从而抑制植物生长并导致其死亡。与铅、铜、锌、砷及铬等相比较，土壤中镉的环境容量要小得多，这是土壤镉污染的一个重要特点。

（3）铬在土壤中的迁移转化　　在通常土壤的 E_h、pH 值范围内，铬最重要的化合态为三价和六价，而三价铬最为稳定。三价铬多以 Cr^{3+}、$Cr(OH)^{2+}$、$Cr(OH)_3$ 和 $Cr(OH)_4^-$ 形式存在，当 pH＜3.6 时，以 Cr^{3+} 为主，而在 pH＞11.5 时，则以 $Cr(OH)_4^-$ 为主。在微酸性至碱性范围内，以无定形的 $Cr(OH)_3$ 沉淀态存在。六价铬的形态主要是 $HCrO_4^-$、CrO_4^{2-} 和 $Cr_2O_7^{2-}$，当 pH＞6.5 时以 CrO_4^{2-} 为主，而在 pH＜6.5 时，则以 $HCrO_4^-$ 为主，在酸性条件下，六价铬浓度较高时，可形成 $Cr_2O_7^{2-}$。六价铬有很强的活性，其化合物可以随水自由移动，并有更大的毒性。

三价铬进入土壤中主要有三个转化过程：与羟基形成氢氧化物沉淀；土壤胶体、有机质的吸附与络合；被土壤中的氧化锰等氧化为六价铬。在土壤 pH＞4 时，三价铬的溶解度明显下降；pH＝5.5 时，铬开始沉淀；pH＞5.5 时，$Cr(OH)_3$ 的溶解度最低。在土壤中，大部分的有机质参与铬复合物的形成，氢氧化铁和氢氧化铝也是铬的良好吸附体。在好氧条件下，三价铬容易被氧化为六价铬，三价和四价锰是常见的氧化剂和电子受体。

六价铬进入土壤中主要发生以下几个转化过程：土壤胶体吸附；与土壤组分反应，形成难溶物；被土壤有机质还原为三价铬。土壤对六价铬吸附量的大小顺序是：红壤＞黄棕壤＞黑土。黏土矿物对六价铬吸附能力顺序为：三水铝石＞红铁矿＞二氧化锰＞高岭石＞蒙脱石，土壤吸附量随 pH 值、有机质的增高而减少。在土壤有机质等还原物质的作用下，六价铬很容易被还原为三价铬，且随着 pH 值的升高，有机质对对六价铬的还原作用增强。

由于土壤中的铬多为难溶性化合物，其迁移能力一般较弱，而含铬废水中的铬进入土壤后，也多转变为难溶性铬，故通过污染进入土壤中的铬主要残留积累于土壤表层。铬在土壤中多以难溶性且不能被植物所吸收利用的形式存在，因而铬的生物迁移作用较小，故 Cr 对植物的危害不像 Cd、Hg 等重金属那么严重。有研究结果表明，植物从土壤溶液中吸收的铬，绝大多数保留在根部，而转移到种子或果实中的铬则很少，但是铬在生物质转化过程中随着生物质的转变而跟随迁移，给人类带来了不可测的铬污染。

（4）砷在土壤中的迁移转化　砷是类金属元素，不是重金属。但从它的环境污染效应来看，常把它作为重金属来研究。土壤中砷的形态一可分为水溶态、离子吸附或结合态、有机结合态和气态。一般土壤中水溶性砷极少。不同土壤吸附态砷的含量差别很大，主要由于土壤吸附态砷深受 pH 值与 E_h 变化的影响。当土壤 E_h 降低，pH 值升高，砷的可溶性显著增大。离子吸附或结合态是被土壤吸附并与铁、铝、钙等离子结合成复杂的难溶性的砷化物，这部分砷为非水溶性，其中以固定态砷为主，而交换态砷较少。用磷酸盐、柠檬酸盐及各种浸出剂浸提吸附于土壤中的砷，发现被吸附的砷中，约有 1/3 处于交换态，其余的则为固定态，即为铁铝氧化物或钙化物的复合物。在我国土壤类型中，一般在钙质土壤中与钙结合的砷占优势，在酸性土中与铁铝结合的砷占优势。

在一般的 pH 值和 E_h 值范围内，砷主要以 As^{3+} 和 As^{5+} 存在。水溶性砷多为 AsO_4^{3-}、$HAsO_4^{2-}$、AsO_3^{3-} 和 $H_2AsO_4^-$ 等阴离子形式，其含量常低于 1mg/kg，只占总砷含量的 $5\% \sim 10\%$。在土壤水分较低时，以砷酸为主，而在水淹没状态下，随着 E_h 值的降低，亚砷酸盐增加。据研究，在氧化体系中，砷酸在水中的溶解速度和溶解度均比亚砷酸大，更易被土壤吸附。当砷酸与亚砷酸共存时，亚砷酸多存在于土壤溶液中，而土壤中的砷由于在氧化状态下多变为砷酸，被土壤固定，使其在土壤固相中增加。水田中加入氧化铁能显著减少溶液中的砷，其原因一方面是由于砷和氧化铁结合为难溶态，另一方面则由于使亚砷酸氧化为砷酸而被土壤吸附。在水稻栽培试验中，E_h 值在 50mV 下时，砷的毒害表现显著。除土壤 E_h 变化以外，土壤中砷酸和亚砷酸的相互转化还与微生物的活动有关。有人将 Bacillus ursenoxydans 在含有 1‰ 亚砷酸的培养基中生长，其能把亚砷酸氧化成砷酸。

（5）铅在土壤中的迁移转化　土壤中无机铅多以二价态难溶性化合物存在，如 $Pb(OH)_2$、$PbCO_3$ 和 $Pb_3(PO_4)_2$，而水溶性铅含量极低。这是由于土壤阴离子 PO_4^{3-}、CO_3^{2-}、OH^- 等可与 Pb^{2+} 形成溶解度很小的正盐、复盐及碱式盐；黏土矿物对铅进行阳离子交换性吸附和直接通过共价键或配位键结合于固体表面；土壤有机质的—SH、—NH_2 基团可与 Pb^{2+} 形成稳定的络合物。被化学吸附的铅很难解吸，植物不易吸收。除无机铅外，土壤中含有少量可多至 4 个 Pb—C 链的有机铅，主要来源于沉降在土壤中的未充分燃烧的汽油添加剂（铅的烷基化合物）。

成土母质在风化过程中，因富集铅的矿物（如钾长石）大多抗风化能力较强，铅不易释放出来，风化残留铅多存在于土壤细小颗粒部分。土壤中铅的形态、可提取性、溶解度、矿物平衡、吸附和解吸行为等受多种因素的影响。

由于铅在土壤迁移能力弱，沉积在土壤中的外源铅大都停留在土壤表层，随深度增加而急剧降低，在 20cm 以下就趋于自然水平。铅在污染土壤表层的水平分布随污染方式而异。污灌区入水口处土壤铅含量最高。随水流方向含量逐渐降低。在公路两侧受汽车尾气影响的铅污染土地，沿公路两侧呈带形分布，土壤中铅含量由高而低，在离公路 $200 \sim 300$m 即接近自然本底水平。

4.3.2　农药在土壤中的迁移转化

农药进入土壤的方式主要有：a. 将农药直接施入土壤或以拌种、浸种等形式施入土壤；b. 向作物喷洒农药时，农药直接落到地面上或附着在作物上，经风吹雨淋落入土壤中；c.

大气中悬浮的农药颗粒或以气态形式存在的农药落到地面上；d. 死亡动植物残体或灌溉水将农药带入土壤。

进入土壤中的农药可以被土壤胶体吸附、随水分向四周移动（地表径流）或者向深层土壤移动（淋溶）、向大气挥发扩散、被作物吸收、被土壤和土壤微生物降解等一系列物理、化学过程。

4.3.2.1 土壤对农药的吸附作用

土壤中含有大量的黏土矿物微粒和腐殖质，二者都可以吸附农药。其吸附机制包括离子交换吸附、配位体交换吸附、分子间作用力吸附、疏水作用吸附以及氢键作用吸附。

农药被土壤吸附后，移动性和生理毒性随之发生变化。在某种意义上，土壤对农药的吸附作用，就是土壤对农药的净化。吸附能力越强，农药在土壤中的有效性越低，则净化效果越好。影响土壤对农药吸附能力的因素有土壤胶体的种类和数量、胶体的阳离子组成、化学农药的物质成分和性质等。

（1）土壤胶体 进入土壤的农药，在土壤中一般解离为有机阳离子，故可以被带有负电荷的土壤胶体所吸附，其吸附容量的大小往往与土壤有机胶体和无机胶体的阳离子吸附容量有关。农药对土壤的吸附具有选择性，如高岭土对除草剂2,4-D的吸附能力要高于蒙脱石，杀草快和百草枯可被黏土矿物强烈吸附，而有机胶体对它们的吸附较弱。

（2）胶体阳离子的组成 土壤胶体的阳离子组成，对农药的吸附交换有影响。如钠饱和的蛭石对农药的吸附能力比钙饱和的要大。

（3）农药性质 农药本身的性质可以直接影响土壤对它的吸附作用。带R_3H^+、—OH、$CONH_2$、—NH_2COR、—NHR、—OCOR功能团的农药，都能增强被土壤吸附的能力，同一类型的农药，分子越大，吸附能力越强。在溶液中溶解度越小的农药，土壤对其吸附力越大。

（4）土壤pH值 在不同pH值下，农药离解成有机阳离子或有机阴离子，而被带负电荷或带正电荷的土壤胶体所吸附。例如，除草剂2,4-D在pH值为3~4的条件下离解成有机阳离子，被带负电荷的土壤胶体所吸附；而在pH值为6~7的条件下离解成有机阴离子，从而被带正电荷的土壤胶体所吸附。

土壤吸附净化作用也是可逆反应，在一定条件下起缓冲解毒作用，没有使农药彻底降解。

4.3.2.2 农药在土壤中的扩散

扩散是由于热能引起的分子不规则运动而使物质分子发生转移的过程。不规则的分子运动使分子不均匀地分布在系统中，因而引起分子由浓度高的地方向浓度低的地方迁移运动。扩散包括两种形式，即气态扩散和非气态扩散。

气态扩散也即气体挥发，不仅非常易挥发的农药，而且不易挥发的农药也可以从土壤大量挥发。对于低水溶性和持久性的农药来说，挥发是农药进入大气中的重要途径。

非气态扩散主要有两种方式：

① 直接溶于水中，如敌草隆、灭草隆；

② 被吸附于土壤胶体上随水分移动而进行机械迁移，如难溶性农药DDT。

影响农药在土壤中扩散的因素主要是土壤水分含量、吸附、紧实度、温度及农药本身的性质等。

（1）土壤水分含量 有人对林丹在基拉粉砂壤土中的扩散做了研究，发现农药在土壤中的扩散确实存在气态和非气态两种方式。当水分含量为 4%~20% 时，气态扩散占 50% 以上；当水分含量超过 30%，主要为非气态扩散。扩散随水分含量增加也不断发生变化。在水分含量为 4% 时，总扩散或非气态扩散都是最大的；在 4% 以下，随水分含量增大，气态和非气态扩散都增大；大于 4%，总扩散则随水分含量增加而减少；4%~16%，非气态扩散随水分增加而减少，大于 16% 时，其随水分含量增加而增大。

(2) 吸附　土壤对农药的吸附作用会有效抑制农药的扩散。农药吸附系数与扩散系数呈负相关关系，吸附作用越强，扩散能力越弱。

(3) 紧实度　增加土壤的紧实度会降低土壤孔隙率，农药在土壤中的扩散系数也就随之降低。研究表明，当基拉粉砂壤土的紧实度由 1.00 增加为 $1.55g/cm^3$ 时，水分含量保持在 10%，土壤的充气孔隙率由 0.515 减少为 0.263，林丹在该土壤中的扩散系数则由 $16.5mm^2/$周降低为 $7.5mm^2/$周。

(4) 温度　温度越高，分子运动加快，且农药分子会更易以气态形式存在，因此，扩散系数显著提高。当温度由 20℃ 升高到 40℃ 时，林丹的表观扩散系数增加 10 倍。

(5) 农药种类　不同农药的扩散行为不同。农药在土壤中扩散行为的大小主要取决于农药本身的溶解度和蒸汽压。

4.3.2.3　农药在土壤中的降解

农药进入土壤中的降解是其从土壤中消除的最根本途径，包括光化学降解、化学降解和微生物降解等。

(1) 光化学降解　光化学降解指土壤表面接受太阳辐射能和紫外线光谱等能引起农药的分解作用。由于农药分子吸收光能，使分子具有过剩的能量，而呈"激发状态"。这种过剩的能量可以通过荧光或热等形式释放出来，使化合物回到原来状态。这些能量也可产生光化学反应，使农药分子发生光分解、光氧化、光水解或光异构化。其中光分解反应是其中最重要的一种。由紫外线产少的能量足以使农药分子结构中 C—C 和 C—H 键发生断裂，引起农药分子结构的转化，这可能是农药转化或消失的一个主要途径。如对杀草快光解生成盐酸甲铵，对硫磷经光解形成对氧磷，对硝基酚和硫己基对硫磷等。但紫外光难于穿透土壤，因此光化学降解对土壤表面的农药是相当重要的，而对土表以下的农药的作用较小。

对硫磷可被光氧化为毒性更大的对氧磷，同时产生光分解产物对硝基酚：

(2) 化学降解　化学降解以水解和氧化最为重要，水解是最重要的反应过程之一，能够改变农药的结构和性质。有人研究了有机磷水解反应，认为土壤 pH 值和吸附是影响水解反应的重要因素，二嗪农在土壤中具有较强的水解作用，而且水解作用受到吸附催化。二嗪农的降解反应如下：

化学氧化是指农药在氧化剂的作用下，大分子氧化分解成小分子的过程，如林丹、艾氏剂和狄氏剂在臭氧的氧化作用下都能够被去除。

（3）微生物降解 土壤中的农药可以在微生物的催化作用下，通过一系列的步骤发生降解。降解反应类型如下。

① 氧化。对于含芳环的农药来说，氧化过程常常是将羟基引到芳环上；而对于链烃来说，则往往是 β-裂解而被氧化。

② 还原。农药的还原主要是将硝基（—NO_2）还原形成氨基（—NH_2）或者将醌类还原成酚类。

③ 水解。水解主要是酯类和酰胺类农药经常发生的反应。如对硫磷在微生物作用下，只要几天时间毒性就基本消失。其水解过程如下：

④ 脱卤反应。脱卤反应是有机氯农药降解的主要途径，通常是在细菌作用下，由羟基取代卤素原子。如有机氯农药 DDT 在微生物作用脱氯，使 DDT 变为 DDD，或者脱氢脱氯变为 DDE。

⑤ 脱烷基化反应。在实际的环境中，农药的微生物降解常常是由多种机理共同作用的结果。如除草剂敌草隆的降解：

上述降解过程经过了两步脱烷基化反应和一步水解反应。

4.4 土壤污染防治

4.4.1 土壤污染的预防

土壤污染的治理应立足于防重于治的基本方针，需要"先预防后修复，预防重于修复"。首先是控制污染途径和消除污染源，同时对已污染的土壤要采取措施提高土壤的环境容量，促进土壤的自净能力，清除污染物，控制污染物迁移转化，以免对大气、水体、生物造成污染，特别是污染物不能进入食物链影响人体健康。

4.4.1.1 控制"三废"的排放，推广清洁生产

严格控制工业"三废"的排放量和排放浓度，使之符合排放标准；做好重点污染源治理，实行污染物排放总量控制。

积极推广清洁生产。清洁生产是指将综合预防的环境策略持续地应用于生产过程和产品中，以便减少对人类和环境的风险性。对生产过程而言，清洁生产包括节约原材料和能源，淘汰有毒原材料并在全部排放物和废物离开生产过程以前减少它的数量和毒性。对产品而言，清洁生产旨在减少产品在整个生产周期过程（包括从原料提炼到产品的最终处置）中对人类和环境的影响。

4.4.1.2 合理施用化肥和农药

针对土壤状况科学施肥，经济用肥，避免施肥过多造成土壤污染；对本身有一定毒性的肥料，要严格控制其使用范围和用量。大力推广使用高效、低毒、低残留的生物农药，科学使用化学农药，控制使用范围、时间、用量及次数，禁止使用国家已明文规定停止使用的农药，尽可能减少有毒农药的使用。

4.4.1.3 科学地管理和控制土地使用

土地一旦使用就存在污染风险，不科学、不合理的使用会导致土地浪费、土壤污染以及土壤生态功能退化等后果，所以对土地的使用进行科学的管理和控制势在必行。可采取的措施较多，比如，尽量不使用或少使用原生态的土地，退耕还林、还草、还湖，土地轮作等。

4.4.1.4 建立土壤污染监测、预测和评价系统

以土壤环境标准、基准或土壤环境容量为依据，定期对辖区土壤环境质量进行监测，建立系统的档案材料，参照国家组织建议和我国土壤环境污染物目录，确定优先检测的土壤污染物和测定标准方法，按照优先污染次序进行调查、研究。加强土壤污染物总浓度的控制与管理。在开发建设项目实施前，对项目建设、投产后土壤可能受污染的状况与程序进行预测和评价。必须分析影响土壤中污染物的累积因子和污染趋势，建立土壤污染物累积模型和土壤容量模型，预测控制土壤污染或减缓土壤污染的对策和措施。

4.4.2 土壤污染的治理

不同类型的土壤污染，其修复技术不完全相同。对污染土壤要根据污染实际情况进行修复。目前，土壤修复技术主要有：生物修复（包括植物修复、微生物修复）、化学修复、物理修复等。有些修复技术已经进入现场应用阶段并取得了较好的效果。污染土壤的修复对于阻断污染物进入食物链，防止对人体健康的损害，促进土地资源的保护与社会可持续和谐发展具有重要的现实意义。下面简明扼要地介绍污染土壤修复的技术。

4.4.2.1 生物修复

生物修复是利用生物削减、净化环境中的污染物，减少污染物的含量或使其完全无害化，从而使受污染的环境能够部分或完全地恢复到原始状态的过程。土壤污染的生物修复技术包括植物修复技术和微生物修复技术。

（1）植物修复技术　植物修复是以植物吸收、积累、代谢和转化某种或某些化学元素的

理论为基础，通过优选种植物，利用植物及其共存土壤环境体系转移、固定、去除或降解土壤中的污染物，使之不再威胁人类的健康与生存环境，恢复土壤系统正常功能的环境污染治理技术。其是利用土壤-植物-微生物组成的复合体系来共同降解有机污染物的一个强大的"活净化器"。该系统中活性有机体的密度高，生命代谢旺盛；由于植物、土壤胶体、土壤酶和微生物的多样性，该系统可通过一系列的物理、化学及生物过程消解污染物，最终达到净化土壤的目的。

污染土壤的植物修复机理包括植物提取修复技术（phytoextraction）、植物稳定修复技术（phystabilization）、植物挥发修复技术（phytovolatilization）、植物降解技术（phytodegradation）和根际降解技术（rhizodegradation），见图4-1，下面分别叙述。

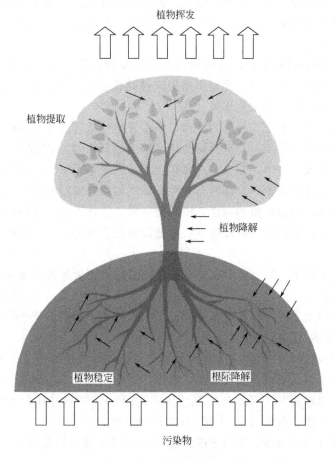

图 4-1　污染土壤的植物修复机理

① 植物提取。植物提取是指利用植物吸收积累污染物，通过植物收获后再进行热处理、微生物处理和化学处理将土壤重金属去除的方法。适合于植物提取技术的污染物包括重金属（Ag、Cd、Co、Cr、Cu、Hg、Ni、Pb、Zn、As、Se）、放射性核素（^{90}Sr、^{137}Cs、^{239}Pu、^{238}U、^{234}U）、非金属（B）。植物提取修复技术在有机污染物方面的应用尚未得到很好的检验。广义的植物提取分为持续植物提取和诱导植物提取。持续植物提取指利用超积累植物来吸收土壤重金属并降低土壤中重金属含量的方法。诱导植物提取是指利用螯合剂来促进普通植物吸收土壤重金属来降低土壤中重金属含量的方法。

超积累植物比普通植物的积累能力要大 10～500 倍。一般来说，超积累植物具备以下 3 个特征：a. 植物地上部分积累 Zn 和 Mn 的量要高于 10000mg/kg，积累重金属 Al、As、Co、Cr、Cu、Ni、Se 的量要高于 1000mg/kg，积累 Cd 的量要高于 100mg/kg；b. 植物的位移系数要大于 1，即植物地上部分的含量高于根部；c. 植物富集系数要大于 1，即植物体内重金属含量大于土壤中的重金属含量。土壤的 pH 值、土壤肥力和土壤有机质可以影响植物的超积累作用。石灰与化肥的施加，可以改变土壤重金属的移动性及其存在形态。Li (2012) 等发现当施加碳磷钾肥或氮磷肥时，超积累植物 *Amaranthus hypocondriacus* 提取 Cd 的量会增加。另外，Huang (2013) 等研究发现施加 P 肥会降低土壤 pH 值，Cd 的移动性会加强，导致 *Sedum alfredii* 提取 Cd 的量增加。

超积累植物筛选需要考虑植物对金属元素的吸收富集能力、生长速度、地上部生物量、气候适应性、根系发育程度、抗病虫害能力、种植管理技术、收割物后处理和管理技术，以及生物入侵的风险性等。

② 植物稳定。植物稳定是指通过植物根系的吸收和富集、根系表面的吸附或植物根圈的沉淀作用而产生的稳定化作用；或利用植物或植物根系保护污染物，使其不因风、侵蚀、淋溶以及土壤分散而迁移的稳定化作用。

植物稳定技术常用于重金属污染的治理，根系分泌物通过改变土壤中重金属的物理、化学性质，发生沉淀或还原作用，使重金属钝化，转变为低毒性形态或降低重金属的有效性，将重金属固定于根际或土壤中，减少重金属在土壤中的迁移和扩散，因此也称为植物固化。土壤中的重金属含量并不减少，只是形态发生变化。如植物通过分泌磷酸盐与铅结合成难溶的磷酸铅，使铅固化，而降低铅的毒性。植物能使六价铬转变为三价铬而固化。植物固化技术对废弃场地重金属污染物和放射性核素污染物固定尤为重要，可显著降低风险性，减少异地污染。

植物根系通过减少 H^+ 的分泌、改变有机酸分泌的质和量等改变根际环境的酸碱度，改变土壤重金属的活度，达到对土壤重金属的固定。特别是维持植物根际中性 pH 值，能有效降低重金属离子的活度，改变植物对重金属的吸收和耐性。将营养液中的 pH 值从 4.4 调到 4.5 后，可以显著提高铝敏感的野生拟南芥对铝的耐性。

植物根系通过向土壤中释放氧气增加土壤的氧化还原电位或产生非专一性的电子传递酶，使还原态的重金属元素进行氧化形成植物难以吸收的氧化态，而减少植物的吸收。如水稻根分泌的氧化剂能够使 Fe^{2+} 和 Mn^{2+} 氧化为 Fe^{3+} 和 Mn^{4+}，并在根外形成铁锰氧化物胶膜，把根包裹起来以防止根系对 Fe^{2+} 和 Mn^{2+} 的过度吸收。

土壤中重金属可以与根际分泌物中的螯合剂形成稳定的金属螯合物，降低活度，同时，根际分泌物可以吸附、包埋重金属元素，使其在根外沉淀。根际分泌的黏胶状物质主要成分是多糖，富含糖醛酸，重金属离子可以取代 Ca^{2+}、Mg^{2+} 等离子与多糖结合，或与支链上糖醛酸基团结合，使重金属离子滞留于根外。黏胶包裹在根尖表面，重金属离子在黏胶中的结合作用而导致其迁移受阻。

重金属污染土壤的植物稳定化技术主要目的是对采矿、冶炼厂废气干沉降、清淤污泥和污水厂污泥等重金属污染土壤的复垦。但是，植物固定并没有将环境中的重金属离子去除，只是暂时将其固定，使其对环境中生物不产生毒害作用，没有彻底解决环境中的重金属污染问题。如果环境条件发生变化，重金属的生物有效性可能发生改变产生潜在的威胁。

③ 植物挥发。植物挥发技术指污染物被植物吸收后，在植物体内代谢和运转，然后以污染物或改变了的污染物形态向大气释放的过程。在植物体内，植物挥发作用对某些重金属污染的土壤有潜在修复效果，目前研究最多的是汞、硒和砷的植物挥发作用，某些有机污染物，如一些含氯溶剂也可能产生植物挥发作用。

在土壤中，Hg^{2+} 在厌氧细菌的作用下，可以转化为毒性很强的甲基汞。一些细菌可以将甲基汞和离子态汞转化成毒性小的可挥发的元素汞 Hg^0，这是降低汞毒性的生物途径之一。研究证明，将细菌体内对汞的抗性基因导入拟南芥属植物中，植物就可以将吸收的汞还原为元素汞 Hg^0，从而挥发。许多植物可从土壤中吸收硒并将其转化成可挥发状态的二甲基硒和二甲基二硒。根际细菌不仅能促使植物对硒的吸收，还能提高硒的挥发率。

目前已经发现的具有植物挥发作用的植物有：杨树（含氯溶剂）、紫云英（三氯乙烯）、黑刺槐（三氯乙烯）、印度芥（硒）、芥属杂草（汞）。

植物挥发的优点在于污染物可以被转化成毒性较低的形态，向大气释放的污染物或代谢物可能会遇到更有效的降解过程而进一步降解，比如光降解作用。其缺点是：污染物或有害代谢物可能积累在植物体内，随后可能被转移到其他器官（如果实）中。这一方面的适用范围很小，并且有一定的二次污染风险。

④ 植物降解。植物降解指被吸收的污染物通过植物体内代谢过程而降解的过程，或污染物在植物产生的酶的作用下进行体外降解的过程。植物降解的主要对象是有机污染物。一般来说，$\lg K_{ow}$ 在 $0.5\sim3.0$ 之间的有机污染物都可以在植物体内被降解，植物体内有机污染物降解的主要机理包括羟基化作用、酶氧化降解过程等。Khodjaniyazov（2011）等发现无叶假木贼的植物碱可以与 DDT 发生反应，使其降解为毒性较低的 DDE。从无叶假木贼中提取的植物碱与 DDT 量比为 $1:1$、$2:1$、$3:1$ 时，DDT 的降解率分别为 $35\%\sim45\%$、$75\%\sim80\%$、$80\%\sim85\%$。当有腐植酸存在的情况下，降解率可达到 $95\%\sim97\%$。

植物降解的优点是植物降解有可能出现在生物降解无法进行的土壤条件中。其缺点是：可能形成有毒的中间产物或降解产物；很难测定植物体内产生的代谢产物，因此污染物的植物降解也难以被确认。

⑤ 根际降解。根际降解就是指土壤中的有机污染物通过根际微生物的活动而被降解的过程。根际降解作用是一个植物辅助并促进的降解过程，是一种就地的生物降解作用。植物根际是由植物根系和土壤微生物之间相互作用而形成的独特的、距离根仅几毫米到几厘米的圈带。根际中聚集了大量的细菌、真菌等微生物和土壤动物，在数量上远远高于非根际土壤。根际土壤中微生物的生命活动也明显强于非根际土壤。根际中既有好氧环境，也有厌氧环境。植物在其生长过程中会产生根系分泌物，这些分泌物可以增加根际微生物群落并促进微生物的活性，从而促进有机污染物的降解。根系分泌物的降解会导致根际有机污染物的共同代谢。植物根系会通过增加土壤通气性和调节土壤水分条件而影响土壤条件，从而创造更有利于本地微生物的生物降解作用的环境。

根际降解作用的优点是：污染物在原地被分解；与其他植物修复技术相比，植物降解过程中污染物进入大气的可能性较小，二次污染的可能性较小；有可能将污染物完全分解、彻底矿化；建立和维护费用比其他措施低。根际降解作用的缺点是：分布广泛的根系的发育需要较长的时间；土壤物理的或水分的障碍可能限制根系的深度；在污染物降解的初期，根际的降解速度高于非根际土壤，但根际和非根际土壤中的最后降解速度或程度可能是相似的；植物可能吸收许多尚未被研究的污染物；为了避免微生物与植物争夺养分，植物需要额外的施肥；根际分泌物可能会刺激那些不降解污染物的微生物的活性，从而影响降解微生物的活性。

(2) 微生物修复技术 微生物修复技术是指利用微生物的作用去除土壤中污染物的过程。该技术主要是针对降解有机污染物而提出的修复技术。20 世纪 80 年代以来，土壤的石油类污染成为世界各国普遍关注的环境问题。目前，通过微生物修复技术改良石油污染土壤，被认为是最有生命力、最具代表性的技术。

微生物对石油污染物代谢的生理过程一般通过接触并吸附石油、分泌胞外酶、石油污染物的吸收及胞内代谢完成。它降解石油的关键是氧化酶对石油的氧化。真菌和细菌主要是通过胞外酶和胞内酶的作用完成对石油污染物的氧化代谢。在没有人类干预的情况下，自然及人工产生的污染物都能自然降解，这一过程是由微生物、酶、某些化学物质及大气的联合作用实现的。最近，新兴发展的微生物技术，能大大加快自然净化过程。通过筛选、分离、浓缩、驯化微生物来去除一些以烃类化合物为骨架的污染物（如石油类废物等），降解这些物质的时间由原来的几十年缩短至几个星期。

微生物修复技术在重金属污染的修复方面也进行了大量的研究工作。微生物可以降低土壤中重金属的毒性，如 White（1998）等发现脱硫弧菌可以将硫酸盐转化为硫酸氢盐，硫酸氢盐，继而与重金属 Cd 和 Zn 可生成难溶的金属硫化物；另外，改变根际微环境，提高植物对重金属的吸收、挥发或固定效率。如动胶菌、蓝细菌、硫酸还原菌及某些藻类，能产生多糖、糖蛋白等物质对某些重金属有吸收、沉积、氧化和还原等作用。

微生物修复技术投资费用低，对环境影响较小，适用于其他修复技术难以开展的场所；处理形式多样，可以就地处理；可使有机污染物分解为水和二氧化碳，永久清除污染物，二次污染风险小。但是，微生物处理具有一定的专一性，不能同时处理所有的污染物，微生物的活性受到温度、pH 值、土壤质地和其他环境条件的影响，导致修复效率的变异性。

4.4.2.2 物理修复

污染土壤的物理修复技术是借助物理手段将污染物从土壤胶体上分离的技术，包括物理分离修复、电动力学修复、玻璃化修复、蒸汽浸提修复、热处理法修复、低温冰冻修复等。

(1) 电动力学修复 电动力学修复是指利用插入土壤的电极产生的低强度直流电作用，在电解、电迁移、电渗析、电泳、自由扩散和酸性迁移等共同作用下，使土壤溶液中的离子向电极附近富集从而被去除的技术（见图 4-2）。

电动力学技术可以处理的污染物包括：重金属、放射性核素、有毒阴离子（SO_4^{2-}、NO_3^-）、有机/离子混合污染物、卤代烃、非卤化污染物、多核芳香烃。但最适合电动力学技术处理的污染物是重金属。富集在电极区的重金属污染物用一定的收集系统收集后进行处理（电镀、沉淀/共沉淀、抽出、吸附、离子交换树脂等）而得以去除。对于低渗透性土壤中 As、Cd、Cr 和 Pb 的去除率可以达到 85%～95%、而对多孔、高渗透性的土壤中重金属的去除率低于 65%。电动力学修复技术对土壤重金属污染的修复已经在美国、日本、德国和中国等国家和地区开展了大量的研究和应用。

土壤重金属污染的电动力学修复技术已经在 Pd、Cd、Cu、Cr、As 和 Zn 等污染土壤的修复上得到了广泛的应用。铅浓度为 15900mg/kg 的土壤中，施加 23.78V 的直流电 282h，阳极区土壤 pH 值降低，导致 $Pd(OH)_2$ 和 $PdCO_3$ 等沉淀溶解，铅的去除率大于 90%，而阴极区土壤中铅的浓度急剧上升，为了防止铅在阴极的沉淀，可以在阴极室中投加柠檬酸或

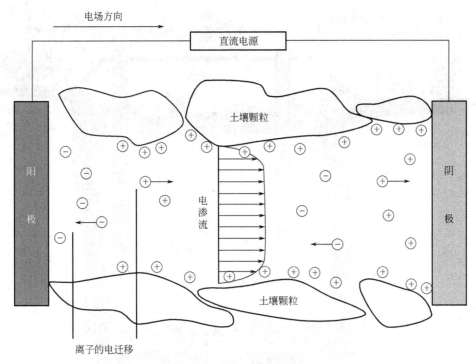

图 4-2　电动力学修复原理图

乙酸，使迁移到阴极的 Pb^{2+} 被移动到阴极室内而不被再次沉淀。

土壤重金属污染的电动力学修复技术的优势在于费用低，处理效率高，一般可以达到 90% 以上，可以进行原位或异位修复，对周围环境的影响小，所需要的化学试剂少，工程操作方便。但是电动力学修复技术也受到许多影响因素的制约，特别是土壤极化现象、pH 值、温度、含水量和土壤中杂质（碳酸盐、赤铁矿、岩石和砂砾等）等。土壤的极化现象一方面指水的电解过程中产生的氢气和氧气覆盖在电极的表面，形成绝缘，导致电导性下降和电流降低，另一方面阴极产生的 H^+ 和阳极产生的 OH^- 分别向电性相反的电极移动，如果酸碱不能及时中和，也会导致电流的降低。电动力学修复后，在阴极表面形成一层白色内不溶性盐或杂质形成的膜，降低电流。土壤 pH 值对于修复效率的提高具有重要的意义，尽量控制 pH 值在一定范围是电动力学修复的基础和保证。

另外，电动力学技术可用于吸附性较强的有机物的治理。目前已有大量试验结果证明这项技术具有高效性，涉及的有机物有苯酚、乙酸、六氯苯、三氯乙烯以及一些石油类污染物，最高去除率可达 90% 以上。

（2）**玻璃化修复**　玻璃化修复技术是指使用高温熔融污染土壤使其形成玻璃体或固结成团的技术。玻璃化技术既适合原位处理，也适合于异位处理。原位玻璃化技术是将电流经电极直接通入污染土壤，使土壤产生 1600～2000℃ 的高温而熔融。异位玻璃化技术则指将污染土壤挖出，采用传统的玻璃制造技术以热解和氧化污染物从而形成不能淋溶的熔融态物质（见图 4-3）。

有机污染物在加热过程中被热解或蒸发，无机污染物被固定，其中对砷、铅、硒和氯化物的固定效率比其他无机污染物低。污染物被固结在稳定的玻璃体中，不再对其他环境产生污染，但土壤也完全丧失生产力。由于处理费用较高，一般用于污染特别严重

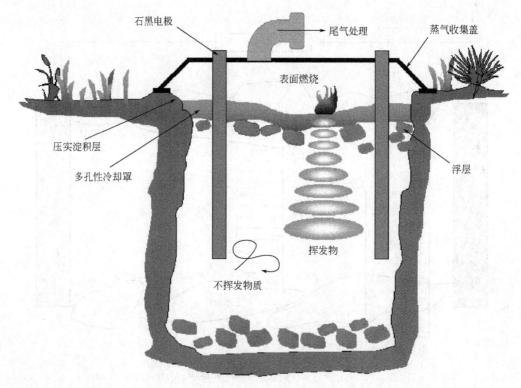

图 4-3　玻璃化修复原理图

的土壤。

（3）农业工程改土修复技术　农业工程改土修复技术通过农业工程改土方法降低土壤中污染物的含量，减少污染物对土壤-植物系统产生的毒害，从而使农产品达到食品卫生标准，包括覆土法、换土法、稀释法和深耕翻土等。

覆土法是指在污染土壤上覆盖上一层清洁土壤，以避免污染土层中的污染物进入食物链。清洁土层的厚度要足够，以使植物根系不会延伸至污染土层。而换土法是直接去除污染表土，换上清洁土壤。

稀释法是将污染物含量低的清洁土壤混合于污染土壤以降低污染土壤污染物的含量。在田间，可以通过将深层土壤犁翻上来与表层土壤混合，也即深耕翻土。

换土法适用于土壤重金属重污染区域的修复，覆土法、深耕翻土和稀释法适用于重金属轻度污染的土壤修复。

农业工程改土技术具有彻底、稳定的优点，但实施工程量大、操作费用高，破坏土体结构，引起土壤肥力下降，并且还要对换出的污染土壤进行堆放或处理。覆土法和深耕翻土仍然存在较大的生态风险，污染物向地下水的迁移和长期的环境威胁已经严重制约着该修复技术的推广应用。

（4）物理分离修复技术　物理分离修复技术主要用来处理重金属土壤污染，是根据土壤和污染物的粒径、密度、磁性和表面特征等将重金属颗粒从土壤胶体上分离开来，包括粒径分离、水动力学分离、密度分离、泡沫浮选和磁分离等。

物理分离修复技术的优点在于工艺和设备简单、费用低。但是技术的有效性取决于许多影响因素，要求污染物具有较高的浓度，并且存在于具有不同物理特征的介质中，并且，在筛分干污染物时，易于产生粉尘，筛子易于被塞住和损坏。固体基质中的细粒径部分和废液中污染物需要进行再处理、不能彻底修复污染土壤。

（5）蒸汽浸提修复 土壤蒸汽浸提修复是一种通过布置在不饱和土壤层中的提取井，利用真空向土壤导入空气，空气流经土壤时，挥发性和半挥发性有机物随空气进入真空井而排出土壤，土壤中的污染物浓度因而降低的技术。该技术适合于挥发性有机物和一些半挥发性有机物污染土壤的修复，属于原位处理技术。

蒸汽浸提技术的特点是：可操作性强，设备简单，容易安装；对处理地点的破坏很小；处理时间较短，在理想条件下，通常 6～24 个月即可；可以处理固定建筑物下的污染土壤。该技术的缺点是：去除率低，很难达到 90% 以上的去除率；在低渗透土壤和有层理的土壤上有效性不确定；只能处理不饱和带的土壤。

（6）热处理法修复 热处理法是把已经隔离或未隔离的污染土壤进行加热，使污染物热分解的方法。一般多用于能够热分解的有机污染物，也适用于部分重金属。挥发性金属如汞，尽管不能被破坏，也可能通过热处理技术而去除。从经济实用方面考虑，主要加热方法有红外线辐射、微波和射频方式加热、管道输入水蒸气等。热处理法工艺简单、成熟，但能耗过大、操作费用高，同时可能破坏土壤有机质和结构水，容易造成二次污染。

微波增强的热净化作用是最近兴起的一种热解吸法，因为微波辐射能穿透土壤、加热水和有机污染物使其变成蒸汽从土壤中排出，所以非常有效。此法适用于清除挥发和半挥发性成分，并且对极性化合物特别有效，土壤水导率减少是限制表面活性剂在土壤有机污染修复方向的不利因素，利用共溶剂将大大改善提取剂在土壤中的移动，提高修复效率。

（7）冰冻法修复 冰冻法是通过降到 0℃ 以下冻结土壤，形成地下冻土层以防止土壤中的污染物质扩散的方法，是一门新兴的污染土壤修复技术。冰冻修复技术适用于中短期的修复项目，因为长期对土壤进行冰冻隔离时，需要有其他辅助措施加以联合应用。另外，土壤修复完后需要将冻土层及时去除。

由于现场水文学、水力学等条件的复杂性，冰冻土壤修复技术还需要发展原位地下探测技术，如雷达探测、地震波探测、声波探测和电势分析及示踪等以探测地下冻土层的结构状况，以防止污染物泄漏的发生。此外，关于不同的土壤扩散特性、不同污染物种类、不同污染物浓度以及污染物溶液对冻土层退化的影响问题，需要进一步从理论和实践 2 个方面进行探讨。

（8）原位土壤冲洗修复 原位土壤冲洗是在现场利用冲洗液（水或表向活性物质）将污染物从土壤中置换出来的技术。一般做法是将冲洗液由注射井注入或渗透至土壤的污染区域，使之携带污染物质达到地下水，然后用泵抽取含有污染物质的地下水，在地上将污染物去除。经分离提纯的冲洗液可循环使用。总体而言，原位冲洗技术是一种有待发展的新技术。因为它涉及处理大量的地下水，且一般都需要建设泥浆墙将污染区域隔离，以防污染向四周扩散，所以成本较高。

在使用表面活性剂的土壤冲洗修复中，表面活性剂浓度的选择非常关键。过小的浓度不能达到去除效果，使用过大浓度的表面活性剂溶液不仅是经济上的浪费，而且也会给土壤生态造成新的污染。

对于石油烃类污染，通过注入水或蒸汽的办法，既冲洗孔隙介质中残留的石油烃，又可加速石油烃所在地区的地下水流动，提高下游抽水井中污染物的回收效率。石油烃残留在土壤中的主要原因是吸附和毛细截留，所以近年来冲洗法的研究主要围绕用表面活性剂溶液进行冲洗展开。表面活性剂既能增加石油烃在水中的溶解度，又可显著减小石油烃与水的界面张力，用表面活性剂溶液冲洗可以大大提高去除效率。

此项技术广泛地用于从原位移走卤化的 SVOC、非卤化的 SVOC、PCB 和炸药，水溶解的无机污染物也可以使用。存在以下技术难点：低渗透性的土壤处理困难；冲洗液与土壤的反应可以降低污染物的移动性；污染物冲洗的潜力超出容纳区域，则需要在地下引入表面活性剂，这有相关法规的限制；冲洗液需要回收和处理，只有当被冲洗的污染物和土壤冲洗液包含可回收的特点才可以使用此技术；原位土壤冲洗法适用于地下水和土壤同时被石油烃类等有机物污染的处理，对渗透性能强和黏粒含量低的土壤尤为适用；但是当土壤渗透系数很低时，该技术受到限制，并且工程设计复杂，一般需要建设泥浆墙将污染区隔离以防止污染向四周扩散。

4.4.2.3　化学修复

污染土壤的化学修复技术是利用加入土壤中的化学修复剂与污染物发生化学反应，使污染物毒性降低或去除的修复技术，主要包括化学淋洗修复技术、固定/稳定化修复技术、土壤性能改良修复技术、溶剂浸提修复技术、化学氧化修复技术和化学还原与还原脱氯修复技术等。

（1）土壤化学淋洗修复技术　土壤化学淋洗修复技术是在淋洗剂的作用下，将土壤污染物从土壤颗粒中去除的一种修复技术。土壤淋洗技术适用于各种污染物，如重金属、放射性核素、有机污染物等。淋洗剂包括清水、酸或碱的溶液、螯合剂、还原剂、络合剂和表面活性剂。酸溶液通过降低土壤 pH 值而促使重金属从土壤中抽提出来进行分离。络合剂则通过形成稳定的金属络合物而促使重金属的溶解。碱性溶液和表面活性剂溶液可以去除土壤中的有机污染物。

该法的缺点在于去除土壤污染物的同时，也会将部分土壤养分离子去除，还可能破坏土壤的结构，影响土壤微生物的活性，而影响土壤整体的质量。

（2）固化/稳定化修复技术　固化/稳定化修复技术是指通过化学作用以固定土壤污染物的一种技术。固化技术是向土壤中添加黏结剂而引起石块状固体形成的过程。固化过程中污染物和黏结剂之间不一定发生化学作用，但有可能伴生土壤与黏结剂之间的化学作用。稳定化技术指通过化学物质与污染物之间的化学反应而使污染物转化成为不溶态的过程。一般来看，固化技术包括了某种程度的稳定化作用，稳定化技术也包括了某种程度的固化作用，两者有时候是不易区分的。原位固化/稳定化修复原理见图 4-4，异位固化/稳定化修复原理见图 4-5。

固化/稳定化技术常用于重金属和放射性污染物污染的土壤的处理，也可适用于部分有机污染物。重金属的固定/稳定化修复技术多利用磷酸盐、硫化物、碳酸盐、石灰、有机质、沸石和磷酸盐等作为稳定剂加入土壤中，调节和改变重金属在土壤中的物理化学性质，使其产生沉淀、吸附、离子交换、腐殖化和氧化-还原等一系列反应，降低其在土壤环境中的生物有效性和可迁移性，从而减少重金属元素对动植物的毒性。

固化/稳定化技术的优点是可以同时处理多种污染物，设备简单，费用较低。主要的问题是土壤中的污染物没有减少，随着时间的推移，被固定的污染物还有可能重新释放。

（3）土壤性能改良修复技术　土壤性能改良技术是采用一般农业生产上可操作的技术措施，以达到降低土壤重金属有效性、抑制土壤重金属向农作物迁移的技术。这是比较经济有效的原位修复技术，常用的农业改良措施包括使用改良物料和调节土壤氧化还原状况两个

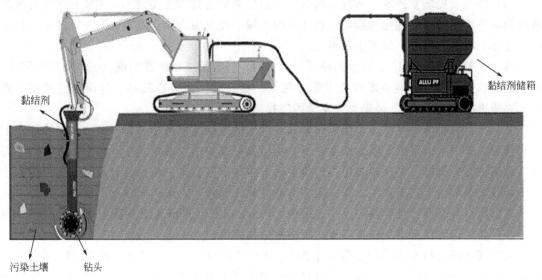

图 4-4 原位固化/稳定化修复原理图

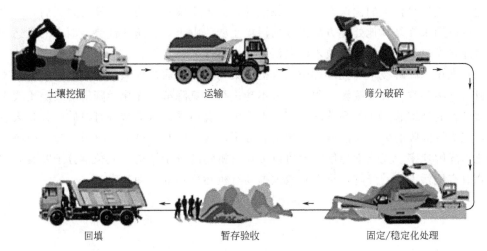

图 4-5 异位固化/稳定化修复原理图

方面。

土壤性能改良技术的关键之一在于选择经济有效的改良剂，不同改良剂对重金属的作用机理不同，如，施均石灰或碳酸钙主要是提高土壤 pH 值，促使土壤中重金属元素形成氢氧化物或碳酸盐结合态盐类沉淀。土壤改良剂包括石灰性物质、有机物质、黏土矿物和化学沉淀剂等，如石灰、钙镁磷肥、植物秸秆、各种有机肥、腐植酸、活性炭、粉煤灰、褐藻土、膨润土、沸石、铁盐和硅酸盐等，通过改变土壤酸碱度、重金属离子的形态、土壤阳离子交换量和土壤肥力条件等，使土壤中重金属以沉淀、络合、螯合或吸附的状态存在，减少重金属的毒性和移动性。

土壤性能改良修复技术优点在于操作简单、易于推广和使用，而且取材方便、经济有效，不需要复杂的工程设备，可以进行原位修复。但是可能导致土壤中某些营养元素的有效性降低利微量元素的缺乏，诱导复合污染的产生，并且没有彻底去除土壤重金属，当环境条件发生变化时，可能带来潜在的威胁。

（4）溶剂浸提修复技术　溶剂提取技术一般也被称为化学浸提技术，主要是利用有机溶剂或超临界液体将有害的化学物质从被污染的土壤中提取出来或去除出去的一种技术。其使用的是非水溶剂，因此不同于土壤淋洗。

该法一般处理像PCBs、油脂类等不溶于水的，易吸附或粘贴在土壤、沉积物或污泥上，难于处理的化学物质。溶液提取技术能够克服土壤处理、污染物迁移、过程调节等技术瓶颈，完成土壤中的PCBs、油脂类等化学污染物的处理。

（5）化学氧化修复技术　化学氧化修复技术即通过接进土壤中的化学剂与污染物所产生的氧化还原反应，而降低土壤污染毒性的一项土壤修复技术。在修复中，化学氧化技术不需要将污染土壤全部挖掘出来，只是在污染区的不同深度处钻井，然后通过泵将氧化剂注入土壤中，氧化剂与污染物混合、反应，通常一个井注入氧化剂，另一个井抽提废液。化学氧化技术主要用来修复受有机溶剂、油类、农药、POPs以及非水溶态氯化物污染的土壤，一般来说，这些污染物在土壤中长期存在，很难被生物降解。

化学氧化修复技术常采用的氧化剂为 K_2MnO_4 和 H_2O_2，K_2MnO_4 和 H_2O_2 利用泵以液体形式泵入地下的污染区。与此同时可以向氧化剂中加入催化剂，增强氧化能力，加快反应的速率。

化学氧化修复技术的优点在于可以原位处理污染土壤；污染土壤修复完成后，二次污染较少；可以用来修复其他处理方法无效的污染土壤。由于具有这些优势，西方的发达国家已有许多地点尝试采用化学氧化技术修复污染的土壤。

（6）光化学降解技术　在环境中，有机污染物大多是通过厌氧降解得以去除，但土壤表层有机污染物和空气直接接触，很难或者不能进行厌氧降解。光化学降解对表层土壤中一些有机污染物的降解起到非常显著的作用。土壤中的腐植酸、富里酸等有机质成分是天然光敏化剂，能够将吸收的紫外光的能量传递给氧分子形成·O和·OH自由基，进而加快有机物的光化学降解速率。光化学降解技术可以破坏有机物的分子结构，使长链分子断裂，加快了微生物对有机污染物的降解，可以有效地提高有机污染物的处理效率。

第5章

固体废物污染与处置

5.1 固体废物概述

5.1.1 概念及特点

5.1.1.1 概念

固体废物按来源大致可分为生活垃圾、一般工业固体废物和危险废物 3 种。此外，还有农业固体废物、建筑废料及弃土。固体废物如不加妥善收集、利用和处理处置将会污染大气、水体和土壤，危害人体健康。

生活垃圾是指在人们日常生活中产生的废物，包括食物残渣、纸屑、灰土、包装物、废品等。一般工业固体废物包括粉煤灰、冶炼废渣、炉渣、尾矿、工业水处理污泥、煤矸石及工业粉尘。危险废物是指易燃、易爆、腐蚀性、传染性、放射性等有毒有害废物，除固态废物外，半固态、液态危险废物在环境管理中通常也划入危险废物一类进行管理。

5.1.1.2 特点

（1）资源与废物的相对性 固体废物具有鲜明的时间和空间特征，是在错误时间放在错误地点的资源。从时间角度讲，它仅仅是在目前的科学技术和经济条件下无法加以利用，但随着时间的推移，科学技术的发展，以及人们需求的变化，今天的废物可能就是明天的资源。从空间角度讲，废物仅仅相对于某一过程或者某一方面没有使用价值，而并非在一切过程或一切方面都没有价值。一个过程的废弃物，往往可以成为另一个过程的原料。固体废物一般具有某些工业原材料所具有的化学、物理特性，且较废水、废气容易收集、运输、加工处理，因为可以回收利用。

（2）富集终态和污染源回头的双重作用 固体废物往往是许多污染成分的终极状态。例如有些有害气体或者飘尘，通过治理最终富集成为固体废物；有些有害溶质和悬浮物，通过治理最终被分离出来成为污泥或者残渣；一些含重金属的可燃固体废物，通过焚烧处理，有害金属浓集于灰烬中。但是，这些"终态"物质中的有害成分，在长期的自然因素作用下，又会转入大气、水汽和土壤，故又成为大气、水汽和土壤环境的污染"源头"。

（3）危害具有潜在性、长期性和灾难性 固体废物对环境的污染不同于废水、废气和噪声。固体废物呆滞性大、扩散性小，它对环境的影响主要是通过水、气和土壤进行的，其中污染成分的迁移转化，如浸出液在土壤中的迁移是一个比较缓慢的过程，其危害可能在数年以致数十年后才能发现。从某种意义上讲，固体废物，特别是有害废物对环境造成的危害可能要比水、气造成的危害严重得多。

固体废物还有来源广、种类多、数量大、成分复杂的特点。因此防治工作的重点是按废物的不同特性分类收集运输和贮存，然后进行合理利用和处理处置，减少环境污染，尽量变废为宝。

5.1.2 分类和来源

5.1.2.1 分类

固体废物是指在生产建设、日常生活和其他活动中产生的污染环境的固态、半固态废弃物质。在 1995 年颁布的《中华人民共和国固体废物污染环境防治法》（2004 年 12 月修订）（以下简称《固废法》）中，把固体废物分为三大类：工业固体废物、城市生活垃圾和危险废物。由于液态废物（排入水体的废水除外）和置于容器中的气态废物（排入大气的废物除外）的污染防治同样适用于《固废法》，所以有时也把这些废物称为固体废物。

① 工业废物：是指在工业交通等生产活动中产生的固体废物，其对人体健康或环境危害性较小，如钢渣、锅炉渣、粉煤灰、煤矸石、工业粉尘等。

② 生活垃圾：是指在城市日常生活中或者为城市日常生活提供服务的活动中产生的固体废物以及法律法规规定视为城市生活垃圾的固体废物。通过调查研究、城建统计等方式可以得到城市生活垃圾的各种信息。

③ 危险废物：是指列入国家危险废物名录或者根据国家规定的危险废物鉴别标准和鉴别方法认定的具有危险特性的废物，即指具有毒性、腐蚀性、反应性、易燃性、浸出毒性等特性之一。由于其数量、浓度、物理化学性质或易传播性引起死亡率增加。无法治愈的疾病发病率增高或者对人体健康或环境造成危害的固体、半固体、液体废物等。

5.1.2.2 来源

(1) 工业固体废物　工业固体废物是在工业生产和加工过程中产生的，排入环境的各种废渣、污泥、粉尘等。工业固体废物如果没有严格按环保标准要求安全处理处置，对土地资源、水资源会造成严重的污染。

(2) 危险固体废物　危险固体废物特指有害废物，具有易燃性、腐蚀性、反应性、传染性、毒性、放射性等特性，产生于各种有危险废物产物的生产企业。从危险废物的特性看，它对人体健康和环境保护潜伏着巨大危害。如引起或助长死亡率增高，或使严重疾病的发病率增高，或在管理不当时会给人类健康或环境造成重大潜在危害等。

(3) 医疗废物　医疗废物是指医疗卫生机构在医疗、预防、保健以及其他相关活动中产生的具有直接或者间接感染性、毒性以及其他危害性的废物。主要有 5 类：一是感染性废物；二是病理性废物；三是损伤性废物；四是药物性废物；五是化学性废物。

(4) 城市生活垃圾　城市生活垃圾指在城市日常生活中或者为城市日常生活提供服务的活动中产生的固体废物。包括有机类：瓜果皮、剩菜剩饭，无机类：废纸、饮料罐、废金属等，有害类：如废电池、荧光灯管、过期药品等。

5.1.3 污染和危害

（1）污染土壤 固体废物长期露天堆放，其有害成分在地表径流和雨水的淋溶、渗透作用下通过土壤孔隙向四周和纵深的土壤迁移。在迁移过程中，有害成分要经受土壤的吸附和其他作用。通常，由于土壤的吸附能力和吸附容量很大，随着渗滤水的迁移，使有害成分在土壤固相中呈现不同程度的积累，导致土壤成分和结构的改变，植物又是生长在土壤中，间接又对植物产生了污染，有些土地甚至无法耕种。

例如，德国某冶金厂附近的土壤被有色冶炼废渣污染，土壤上生长的植物体内含锌量为一般植物的 26～80 倍，铅为 80～260 倍，铜为 30～50 倍，如果人吃了这样的植物，则会引起许多疾病。

（2）污染大气 废物中的细粒、粉末随风扬散；在废物运输及处理过程中缺少相应的防护和净化设施，释放有害气体和粉尘；堆放和填埋的废物以及渗入土壤的废物，经挥发和反应放出有害气体，都会污染大气并使大气质量下降。例如：焚烧炉运行时会排出颗粒物、酸性气体、未燃尽的废物、重金属与微量有机化合物等。石油化工厂油渣露天堆置，则会有一定数量的多环芳烃生成且挥发进入大气中。填埋在地下的有机废物分解会产生二氧化碳、甲烷（填埋场气体）等气体进入大气中．如果任其聚集会发生危险，如引发火灾，甚至发生爆炸。例如，美国旧金山南 40mile（1mile＝1609.344m）处的山景市将海岸圆形剧场建在该城旧垃圾掩埋场上。在 1986 年 10 月的一次演唱会中，一名观众用打火机点烟，结果一道 5 英尺长的火焰冲向天空，烧着了附近一位女士的头发，险些酿成火灾。这正是从掩埋场冒出的甲烷气把打火机的星星火苗转变为熊熊大火。

（3）污染水体 如果将有害废物直接排入江、河、湖、海等地，或是露天堆放的废物被地表径流携带进入水体，或是飘入空中的细小颗粒，通过降雨的冲洗沉积和凝雨沉积以及重力沉降和干沉积而落入地表水系，水体都可溶解出有害成分，毒害生物，造成水体严重缺氧，富营养化，导致鱼类死亡等。

有些未经处理的垃圾填埋场，或是垃圾箱，经雨水的淋滤作用，或废物的生化降解产生的沥滤液，含有高浓度悬浮固态物和各种有机与无机成分。如果这种沥滤液进入地下水或浅蓄水层，问题就变得难以控制。其稀释与清除地下水中的沥滤液比地表水要慢许多，它可以使地下水在不久的将来变得不能饮用，而使一个地区变得不能居住。最著名的例子是美国的洛维运河，起初在该地有大量居民居住，后来居住在这一废物处理场附近的居民健康受到了影响，纷纷逃离此地，而使此地变得毫无生气。

某些先进国家将工业废物、污泥与挖掘泥沙在海洋进行处置，这对海洋环境引起各种不良影响。有些在海洋倾倒废物的地区已出现了生态体系的破坏，如固定栖息的动物群体数量减少。来自污泥中过的碳与营养物可能会导致海洋浮游生物大量繁殖、富营养化和缺氧。微生物群落的变化，会影响以微生物群落为食的鱼类的数量减少。从污泥中释放出来的病原体、工业废物释放出的有毒物对海洋中的生物有致毒作用，这些有毒物再经生物积累可以转移到人体中，并最终影响人类健康。

倾入海洋里的塑料对海洋环境危害很大，因为它对海洋生物是最为有害的。海洋哺乳动物、鱼、海鸟以及海龟都会受到撒入海里的废弃渔网缠绕的危险。有时像幽灵似的捕杀鱼类，如果潜水员被缠住，就会有生命危险。抛弃的渔网也会危害船只，例如：缠绕推进器，造成事故。塑料袋与包装袋也能缠住海洋哺乳动物和鱼类，当动物长大后会缠得更紧，限制它们的活动、呼吸与捕食。饮料桶上的塑料圈对鸟类、小鱼会造成同样的危害。海龟、哺乳动物和鸟类也会因吞食塑料盒、塑料膜、包装袋等而窒息死亡。最新研究发现，经检验海鸟食道中，有25％含有塑料微粒。此外，塑料也是一种激素类物质，它破坏了生物的繁殖能力等。

（4）危害人体健康 生活在环境中的人，以大气、水、土壤为媒介，可以将环境中的有害废物直接由呼吸道、消化道或皮肤摄入人体，使人致病。一个典型例子就是美国的腊芙运河（Love Canal）污染事件。20世纪40年代，美国一家化学公司利用腊芙运河停挖废弃的河谷，来填埋生产有机氯农药、塑料等残余有害废物 2×10^4 t。掩埋10余年后在该地区陆续发生了一些如井水变臭、婴儿畸形、人患怪病等现象。经化验分析研究当地空气、用作水源的地下水和土壤中都含有六六六、三氯苯、三氯乙烯、二氯苯酚等82种有毒化学物质，其中列在美国环保局优先污染清单上的就有27种，被怀疑是人类致癌物质的多达11种。许多住宅的地下室和周围庭院里渗进了有毒化学浸出液，于是迫使总统在1978年8月宣布该地区处于"卫生紧急状态"，先后两次近千户被迫搬迁，造成了极大的社会问题和经济损失。

5.2 固体废物的处理和处置原则与方法

5.2.1 固体废物的处置原则

根据国情，我国制定出近期以减量化、资源化和无害化控制固体废物污染的技术政策和总原则。

5.2.1.1 减量化

减量化是指减少固体废物的产生量和排放量。固体废物减量化的基本任务是通过适宜的手段减少固体废物的数量和减少其体积，这一任务的实现有两条途径：一是对固体废物进行处理利用；二是减少固体废物的产生。

对固体废物进行处理利用属于物质生产过程的末端，即通常人们所理解的"废弃物的综合利用"，我们称之为"固体废物资源化"，其中固体废物采用压实、破碎等方法处理也可以达到减量并方便运输和处理的目的；减少固体废物的产生属于生产过程的前端，需要从资源的综合开发和生产过程物质资料的综合利用入手。当今，人们对综合利用范围的认识，已从物质生产过程的末端（废物利用）向前延伸了，即从物质生产过程的前端（自然资源开发）起，就考虑和规划如何全面合理地利用资源，把综合利用贯穿于自然资源的综合开发和生产过程中物质资料与废物综合利用的全过程，即"废物最小量化"与"资源生产"。其工作重点包括采用经济合理的综合利用工艺和技术，制定科学的资源消耗定额等。

5.2.1.2 资源化

资源化是指采取管理和工艺措施从固体废物中回收物质和能源，加速物质和能源的循环，创造经济价值的广泛的处理方法。固体废物资源化是固体废物的主要归宿。

广义的资源化包括物质回收、物质转换和能量转换三个部分。物质回收是从废弃物中回收指定的二次物质；物质转换是指利用废弃物制取新形态的物质；能量转换则是从废物处理过程中回收能量。资源化应遵循的原则是：资源化技术是可行的；资源化的经济效益比较好，有较好的生命力；废物应尽可能排放源就近利用，以节省废物在贮存、运输等过程的投资；资源化产品应符合国家相应产品的质量标准。

5.2.1.3 无害化

无害化是指对已产生又无法或暂时不能利用的固体废物，经过物理、化学或生物方法，进行对环境无害或低害的安全处理、处置，达到废物的消毒、解毒或稳定化以防止并减少固体废物的污染危害。固体废物无害化的基本任务是将固体废物通过工程处理达到不损人体健康、不污染周围自然环境的目的。

对固体废物无害化处理时，必须看到，各种无害化处理工程技术的通用性是有限的，它们的优劣程度，往往不是由技术、设备条件本身决定的。例如对于生活垃圾处理而言，焚烧处理确实不失为一种先进的无害化处理方法，但它必须以垃圾含有高热值和可能的经济投入为条件，否则，便没有实用的意义。根据我国大多数城市垃圾平均可燃成分偏低的特点，近期内着重发展卫生填埋和高温堆肥处理技术是适宜的。卫生填埋具有处理量大、投资少、见效快等特点，可以迅速提高生活垃圾处理率，以解决当前具有"爆炸性"的生活垃圾出路问题。至于焚烧处理方法，只能有条件的采用。

减量化、资源化和无害化间的辩证关系：资源化以无害化为前提，无害化和减量化应以资源化为条件，资源化技术是固体废物处理时必须考虑的技术，在人们对地球资源有限有了更深刻的认识之后，要保持可持续的发展，资源化技术就显得尤为重要。

5.2.2 固体废物的处理处置技术

通常是指通过物理、化学、生物、物化和生化方法把固体废物转化为适于运输、贮存、利用或处置的过程。固体废物处理的目标是无害化、减量化和资源化。目前主要采用的处理技术包括压实、破碎、分选、固化、焚烧、生物处理等。

（1）压实技术 压实是一种通过对废物实行减容化、降低运输成本、延长填埋场寿命的预处理技术。压实以一种普遍采用的固体废物预处理方法，如汽车、易拉罐、塑料瓶等通常首先采用压实处理。适于压实减少体积处理的固体废弃物还有垃圾、松散废物、纸带、纸箱及某些纤维制品等。对于那些可能使压实设备损坏的废弃物不宜采用压实处理，某些可能引起操作问题的废弃物，如焦油、污泥或液体物料，一般也不宜做压实处理。

（2）破碎技术 为了使进入焚烧炉、填埋场、堆肥系统等废弃物的外形尺寸减小，必须预先对固体废弃物进行破碎处理。经过破碎处理的废物，由于消除了大的空隙，不仅使尺寸大小均匀，而且质地也均匀，在填埋过程中更容易压实。固体废弃物的破碎方法很多，主要有冲击破碎、挤压破碎、摩擦破碎等，此外还有专用的低温破碎和湿式破碎等。

（3）分选技术 固体废物分选是实现固体废物资源化、减量化的重要手段，通过分选将有用的成分分选出来加以利用，将有害成分分离出来；另一种是将不同粒度级别的废弃物加以分离。分选的基本原理就是利用物料某些性质方面的差异，将其分选开。例如利用废弃物中的磁性和非磁性差别进行分离；利用粒径尺寸差别进行分离；利用比重差别进行分离等。根据不同性质，可以设计制造各种机械对固体废弃物进行分选。分选包括手工拣选、筛选、重力分选、磁力分选、涡电流分选、光学分选等。

（4）固化技术　固化处理技术是通过向废弃物中添加固化基材，使有害固体废弃物固定化或者包容放在惰性固化基材中的一种无害化处理过程。理想的固化产物应具有良好的抗渗透性、良好的机械特性，以及抗浸出性、抗干湿、抗冻融特性。这样的固化产物可直接应用在安全土地填埋场，也可用作建筑的基础材料或道路的路基材料。固化处理根据固化基材的不同可以分为水泥固化、沥青固化、玻璃固化、自胶质固化等。

（5）焚烧和热解技术　焚烧法是固体废物高温分解和深度氧化的综合处理过程，把大量有害的废料分解而变成无害的物质。以焚烧法处理固体废弃物，占地少、处理量大，在保护环境、提供能源等方面可取的良好的效果。欧洲国家较早采用焚烧方法处理固体废弃物，焚烧厂多设在 10 万人口以上的大城市，并设有能量回收系统。日本由于土地紧张，焚烧法也逐渐得到推广。目前日本和瑞士每年把超过 65％的都市废料进行焚烧使能源再生。但焚烧法也有投资较大、焚烧过程排烟造成二次污染及设备锈蚀现象严重等缺点。

固体废物热解是将有机物在无氧或缺氧条件下高温（500～1000℃）加热，使之分解为气、液、固三类产物。与焚烧法相比，热解法则是更有前途的处理方法，其显著优点是基建投资少。

（6）生物处理技术　生物处理技术是利用微生物对有机固体废物的分级作用使其无害化。这种技术可以使有机固体废物转化为能源、食品、饲料和肥料，还可以用来从废品和废渣中提取金属，是固体废物资源化的有效技术方法。目前应用比较广泛的固体废物生物处理技术有：堆肥化、沼气化、废纤维素糖化、废纤维素饲料化、生物浸出等。

（7）固体废物的最终利用　没有利用价值的有害固体物质需要进行最终处理，是固体废物污染控制的末端环节。目前主要的处置方法有安全填埋、工程库或贮留池贮存、固体废物的资源化利用等。从海洋环境保护角度，海上焚烧和深海投弃的方法已经禁止使用。

5.3　危险废物的处理和利用

5.3.1　危险废物的定义和分布

5.3.1.1　一般定义

危险废物是指对人类、动植物和环境的现在和将来会构成一定危害的，没有特殊的预防措施，不能进行处理或处置的废弃物。

另外，经济合作组织定义危险废物是指除放射性废物之外，一种会引起对人和环境的重大危害，这种危害可能来自一次事故或不适当的运输或处置，而被认为是危险的或在某以国家或通过该国法律认定为危险的废物。

5.3.1.2　法律定义

《中华人民共和国固体废物污染防治法》第八十八条第四款规定：

危险废物，是指列入国家危险废物名录或者根据国家规定的危险废物鉴别标准和鉴别方法认定的具有危险特性的固体废物。

5.3.1.3　危险废物的分布

主要分布在化学原料及化学品制造业、采掘业、黑色金属冶炼及压延加工业、有色金属冶炼及压延加工业、石油加工及炼焦业、造纸及纸制品业等工业部门。

5.3.2 危险废物的特征

危险废物的特征是指它所表现出来的对人、动植物可能造成致病性或致命性的，或对环境造成危害的性质。通常表现为：易燃性、腐蚀性、反应性、毒害性、传染性、生物毒性、生物蓄积性、三致性等。

（1）易燃性 指易于着火和维持燃烧的性质，应该具备以下特性之一：

① 酒精含量低于24%（体积分数）的液体，或者闪点低于60℃；

② 在常温、常压下，通过摩擦、吸收水分或自发性化学变化引起着火的非液体，或着火后会剧烈、持久燃烧；

③ 易燃的压缩气体；

④ 氧化性。

（2）腐蚀性 指易于腐蚀或溶解组织、金属，且具有酸性或碱性的性质，应具有以下特性之一：

① 水溶液的pH值小于2，或者大于12.5；

② 在55.7℃下，其溶液每年腐蚀钢的速度大于0.64cm。

（3）反应性 是指易于发生爆炸或剧烈反应，或反应时会挥发有毒的气体或烟雾的性质，通常具有以下特征之一：

① 通常不稳定，随时可能发生激烈变化；

② 与水发生激烈反应；

③ 与水混合后有爆炸的可能；

④ 与水混合后会产生大量的有毒气体、蒸汽或烟，对人体健康或环境构成危害；

⑤ 含氰化物或硫化物的废物，当其pH值在2～12.5之间时，会产生危害人体健康或对环境有危害性的毒性气体、蒸汽或烟；

⑥ 常温常压下，可能引发或发生爆炸或分解反应；

⑦ 运输部门法规中禁止的爆炸物。

（4）毒害性 是指废物产生可以污染水体、大气、土壤的有害物质并最终对生态系统造成损害的性质。

① 生物毒性：是指废物产生的有害物质可以对生物的生长和繁衍产生急性或慢性的有害作用；

② 生物蓄积性：是指外源性物质在生物体内或某一器官中浓集或蓄积，并对生物或生物的器官产生损害。

中国工业毒物急性毒性分级见表5-1。

表5-1 中国工业毒物急性毒性分级

毒性分级	小鼠一次经口 LD50/(mg/kg)	小鼠吸入染毒 2h LD50/(mg/kg)	兔经皮 LD50/(mg/kg)
剧毒	≤10	≤50	≤10
高毒	11～100	51～500	11～50
中等毒	101～1000	501～5000	51～500

毒性分级	小鼠一次经口 LD50/(mg/kg)	小鼠吸入染毒 2h LD50/(mg/kg)	兔经皮 LD50/(mg/kg)
低毒	1001~10000	5001~50000	501~5000
微毒	>10000	>50000	>5000

注：LD50 为半致死剂量。

（5）"三致"性 "三致"性是指致突变性、致癌性和致畸性。

① 致突变性：指外源性物质引起脱氧核糖核酸（DNA）或核糖核酸（RNA）的碱基排序发生变化，或者引起染色体数目异常或结构异常；

② 致癌性：指外源性物质作用于机体后引起失控的细胞快速复制效应；

③ 致畸性：指外源性物质作用于生命体的胚胎期，影响器官的分化和发育，导致永久性的结构异常。

危险废物中常见的有毒重金属元素见表 5-2。

表 5-2　危险废物中常见的有毒重金属元素

元素	特点和实例
砷	包含在危险废物中的剧毒类金属，含该元素的危险废物主要来自于各种含砷化合物的加工和处理
汞	剧毒重金属，氯碱、电气、染料等工业排出的废物中均有较高含量的汞
镉	重金属毒物，主要来源于钢铁生产、电镀、汽车及颜料等工业排放的废物
铬	其中六价铬毒性较大，主要来源于染料生产、钢铁生产、皮革鞣制、电镀等过程排出的废物
铅	重金属废物，主要来源于源染料生产、铅冶炼及其他金属加工过程中排出的废物
硒	有毒的类金属，主要来源于铁、铜、铅及其合金生产中排出的废物
锰	重金属毒物，主要来源于钢铁冶炼、合金制造、化学工业所排放的废物
镍	重金属毒物，主要来源于一些制金属板的废物
铊	有毒重金属，来源于含铊合金生产过程的排放的废物

5.3.3　危险废物的分类

危险废物的分类方式大致有 3 种：目录式分类、危险特性分类、理化性质分类。

5.3.3.1　目录式分类

依据经验和实验分析鉴定的结果，将危险废物的品名列成一览表，用以表明某种废物是否属于危险废物，再由国家管理部门以立法形式予以公布。

《国家危险废物名录》分为 47 类（详见附录：国家危险废物名录）。

5.3.3.2　危险特性分类

是指按照废物的危险特性将废物分类的方法。《巴塞尔公约》就是根据危险废物的特性将危险废物按照等级分为：H1 爆炸物，H3 易燃液体，H4.1 易燃固体，H4.2 易于自燃的物质或废物，H4.3 同水接触后产生易燃气体的物质或废物，H5.1 本身不一定可燃，但通常可因产生氧气而引起或助长其他物质的燃烧，H5.2 有机过氧化物，H6.1 毒性（急性），H6.2 传染性物质，H8 腐蚀性物质，H10 同空气或水接触后释放有毒气体，H11 毒性（延迟或慢性），H12 生态毒性，H13 经处置后能以任何方式产生具有上列任何特性的另一种物质，如浸漏液。

5.3.3.3 理化性质分类

按照废物的物理和化学性质分类，可以把危险废物分为无机危险废物、有机危险废物、油类危险废物、污泥危险废物等（见表 5-3）。

表 5-3 按理化性质分类的危险废物类别

分类名	废物名
无机危险废物	酸、碱、重金属、氰化物、电镀废水等
有机危险废物	杀虫剂、石油类的烷烃和芳香烃，卤代物的卤代烃、卤代脂肪酸、卤代芳香烃化合物和多环芳香烃化合物等
油类危险废物	润滑油、液压传动装置的液体、受污染的燃料油等
污泥危险废物	来源于金属等表面处理、油漆、废水处理等

5.3.4 危险废物的毒性及表现形式

5.3.4.1 危险废物的毒性

（1）短期急性毒性 是指通过摄食，吸入皮肤吸收引起急性毒性，腐蚀性，皮肤或眼睛接触危害性，易燃易爆的危险性等，通常是事故性危险废物。

（2）长期环境毒性 它起因于反复暴露的慢性毒性，致癌性，解毒过程受阻，对地下或地表水的潜在污染或美学上难以接受的特性。

（3）难以处理性 对危险废物的治理要花费巨额费用，在长期内消除"过去的过失"费用相当昂贵，据统计要花费危险废物价值 10～1000 倍的费用消除过去遗留的危险废物，但仍有后患。

5.3.4.2 危险废物的表现形式

危险废物可能作为副产品过程残渣，用过的反应介质，生产过程中被污染的设施或装置，以及废弃的制成品出现。

5.3.5 危险废物管理法规及管理制度

5.3.5.1 危险废物的管理法律、法规

《中华人民共和国固体废物污染环境防治法》，《刑法》，《中华人民共和国环境保护法》，《危险化学品安全管理条例》，《危险废物经营许可证管理办法》，《医疗废物管理条例》等。

5.3.5.2 危险废物管理制度

危险废物管理的主要制度和措施包括：

① 危险废物申报登记制度；

② 危险废物名录制度；

③ 危险废物统一鉴别标准、鉴别方法和识别标志制度；

④ 危险废物产生者处置、强制处置、代行处置和集中处置制度；

⑤ 危险废物排污收费制度；

⑥ 收集、贮存、处置危险废物经营许可证制度；

⑦ 危险废物转移联单制度；

⑧ 其他关于收集、贮存、处置危险废物的特别要求和措施。

5.3.6 危险废物处理处置的基本原则

危险废物污染防治技术政策的基本原则是危险废物的减量化、资源化和无害化。尽可能防止和减少危险废物的产生；对产生的危险废物尽可能通过回收利用，减少危险废物处理处置量；不能回收利用和资源化的危险废物应进行安全处置；安全填埋为危险废物的最终处置手段。

5.3.6.1 危险废物的减量化

各级政府通过经济和其他政策措施促进企业清洁生产，防止和减少危险废物的产生。企业应积极采用低废、少废、无废工艺，禁止采用《淘汰落后生产能力、工艺和产品的目录》中明令淘汰的技术工艺和设备。

对已经产生的危险废物，必须按照国家有关规定申报登记，建设符合标准的专门设施和场所妥善保存并设立危险废物标示牌，按有关规定自行处理处置或交由持有危险废物经营许可证的单位收集、运输、贮存和处理处置。在处理处置过程中，应采取措施减少危险废物的体积、重量和危险程度。

5.3.6.2 危险废物的资源化

① 已产生的危险废物应首先考虑回收利用，减少后续处理处置的负荷。回收利用过程应达到国家和地方有关规定的要求，避免二次污染。

② 生产过程中产生的危险废物，应积极推行生产系统内的回收利用。生产系统内无法回收利用的危险废物，通过系统外的危险废物交换、物质转化、再加工、能量转化等措施实现回收利用。

5.3.6.3 危险废物的无害化

（1）危险废物贮存　对已产生的危险废物，暂时不能回收利用或进行处理处置的，其产生单位须建设专门的危险废物贮存设施进行贮存，并设立危险废物标志，或委托具有专门危险废物贮存设施的单位进行贮存，贮存期限不得超过国家规定。贮存危险废物的单位需拥有相应的许可证。

（2）危险废物的焚烧处置　危险废物焚烧可实现危险废物的减量化和无害化，并可回收利用其余热。焚烧处置适用于不宜回收利用其有用组分、具有一定热值的危险废物。易爆废物不宜进行焚烧处置。焚烧设施的建设、运营和污染控制管理应遵循《危险废物焚烧污染控制标准》及其他有关规定。

（3）危险废物的安全填埋处置　危险废物的安全填埋处置适用于不能回收利用其组分和能量的危险废物，未经处理的危险废物不得混入生活垃圾填埋场。安全填埋为危险废物最终处置手段。危险废物填埋须满足《危险废物填埋污染控制标准》的规定。

5.3.6.4 就近处理和处置

某些危险废物不宜长期贮存或长途运输。因此要求在其产生地区就地处理和处置。如临床医疗废物、易爆性废物、废矿物油、废酸和废碱等

5.3.6.5 集中处置的原则

危险废物　集中处置场的处置方法以焚烧和填埋为主，还可根据服务区域内废物产生特

点建设必要的废物预处理和废物再生、综合利用设施。

5.3.7　危险固体废物的处理方法

5.3.7.1　土地填埋法

固体废物土地填埋是一种最主要的固体废物最终处置方法。土地填埋是由传统的倾倒、堆放和填地处置发展起来的。

（1）土地填埋的分类　按照处置对象和技术要求上的差异分为卫生土地填埋和安全土地填埋，前者适于处置城市垃圾，后者适于处置工业废物。

① 卫生填埋是处置一般固体废物而不会对公众健康及环境安全造成危害的一种方法。卫生填埋操作方法大体可分为场地选址、设计建造、日常填埋和监测利用等步骤。

② 安全填埋是一种改进的卫生填埋方法，也称为安全化学土地填埋。

安全填埋处置场地不易处置易燃性废物、反应性废物、挥发性废物、液体废物、半固体和污泥，以免混合后发生爆炸、产生或释放出有毒有害的气体和烟雾。

（2）土地填埋法的优点和缺点

优点：工艺简单，成本低，适于处置多种类型的固体废物。

缺点：场地处理和防渗施工比较难以达到要求，以及浸出液的收集控制问题。

5.3.7.2　焚烧法

焚烧法是城市垃圾资源化、减量化、无害化的一项有效措施，是除土地填埋之外的一个重要手段。焚烧法是高温分解和深度氧化的综合过程，通过焚烧可以使可燃性固体废物氧化分解，达到减少容积，去除毒性，回收能量及副产品的目的。

5.3.7.3　化学法

化学法是一种利用危险废物的化学性质，通过酸碱中和，氧化还原以及沉淀等方式，将有害物质转化为无害的最终产物的方法。

5.3.7.4　生物法

生物法主要用于危险废物的处理，许多危险废物是通过生物降解来解除毒性的，解除毒性后的废物可以被土壤和水体所接受。常用的生物法有：活性污泥法、气化池法、氧化塘法。

5.3.7.5　固化法

固化法是用物理、化学方法，将有害固体废物固定或包容在惰性基质内，使之呈现稳定行或密封性的一种无害化处理方法。固化方法包括如下。

① 包胶固化：水泥固化、碳固化、热塑料固化、有机聚合物固化。

② 自胶固化。

③ 玻璃固化。

固化处理的基本要求：

① 固化产品应基本无害化，具有一定物理化学稳定性和机械性能。

② 固化基料来源广泛，价格低廉。

③ 固化处理费用低。

④ 固化过程材料和能耗低，增容比低，工艺简单，便于操作。

第**6**章

全球环境问题

6.1 全球气候变暖

6.1.1 全球变暖学说的起源及发展

"全球变暖"说来自于欧洲科学家在对冰期成因进行研究时的一个副产物。早在 19 世纪，科学家们发现稀薄的二氧化碳浓度与冰川世纪的形成存在某种联系，他们认为二氧化碳一类的气体好像一层玻璃一样罩在地球上方，这层"玻璃"一方面使太阳辐射得以穿过，另一方面则阻挡地面反射的热量向外逸散。这就有了"温室效应"这个形象的描述。虽然温室气体在大气中的体积不足 1%，但是它在调节地球温度方面发挥着至关重要的作用，也是地球表面平均温度得以保持在 15℃ 左右的最大功臣。温室气体有自然和人类排放两大来源，自然界中的温室气体包括二氧化碳、水蒸气、臭氧、甲烷、氧化亚氮等。

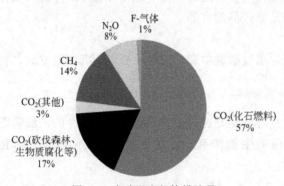

图 6-1　全球温室气体排放量

氧、甲烷、氧化亚氮等，自 19 世纪中叶的工业革命以后，甲烷、氯氟烃、二氧化碳、氧化亚氮等气体浓度在不断增长。全球温室气体排放量见图 6-1。在 1896 年，瑞典科学家斯凡特·阿列纽斯首次提出人类工业所造成的排放总有一天会引起全球变暖。他还计算出了大气中的二氧化碳含量翻倍、全球将会变暖 $4 \sim 6℃$。但是，直到 20 世纪中期，"全球变暖"说依旧作为一种假设，充满着争执，诸多科学家对全球变暖问题的研究也仅停留在理论阶段。自 20 世纪 50 年代开始，美国科学家查尔斯·戴维·基林成为第一个用实证方法证明全球变暖的著名科学家，他运用精密仪器连续分析大气中二氧化碳浓度的变化，绘制出一条呈 45° 角上升的二氧化碳水平变化曲线，数据清晰反映了，从 1957 年到 2005 年，大气中二氧化碳浓度从 315×10^{-6}（百万分之一体积）上升到 378×10^{-6}（百万分之一体积）。正是由于这条著名的"基林曲线"，他第一个向世界发出警告，人类活动是"温室效应"和全球变暖的罪魁祸首。

1988 年，联合国成立了政府间气候变化专门委员会（IPCC），开始对气候变化问题展开全面的、深入的研究。直到 2007 年，IPCC 已经发布了四次评估报告，第四次报告指出全球变暖已是不争的事实、人类活动是气候变化的主因、气候变化对自然和生物系统造成了明显的影响。2009 年 12 月，来自 192 个国家和地区的代表参加了在北欧丹麦首都哥本哈根召开的联合国气候大会，让更多普通民众开始认真地关注气候问题。2014 年 5 月，第五届全球应对气候变化国际会议在北京大学举行，这是第一次在全球最大的发展中国家举办该会议，来自 15 个国家和地区的 150 多名学者参会，共同就全球变暖、气候变化、能源应用的理论和技术等方面共 13 个主题展开讨论和交流，再次体现了全球气候系统已经成为整个人类社会义不容辞的责任。

6.1.2 全球气候变化概况

1880～2012 年期间太阳总辐照与地表温度（全球、陆地、海洋）11 年滑动平均变化的比较见图 6-2。在 IPCC 的第五次评估报告中继续明确指出，1880～2012 年观测的全球年平均表面温度（包括陆地和海洋）变暖线性趋势为 133 年平均增暖了 0.85℃（0.65～1.06℃）；期间，海洋增温比陆地明显较慢，中低纬度地区相比高纬度地区而言增温较慢，冬季比夏季增温较为显著，1983～2012 年成为过去近 1000 多年来最热的 30 年。除了温度明显上升，近些年来，极端天气气候事件的发生频率及强度也日益明显，尤其极端变暖事件层出不穷，陆地强降雨也时有发生，在非洲西部和欧洲以南地区干旱强度更为显著、时间也更加长久。

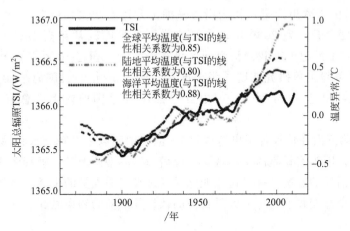

图 6-2 1880～2012 年期间太阳总辐照与地表温度（全球、陆地、海洋）
11 年滑动平均变化的比较

根据报告，自 20 世纪 50 年代以来观测到的变暖，极有可能是由人类影响造成的。其中，温室气体在 1951～2010 年期间可能贡献了 0.5～1.3℃。IPCC 的五次评估报告利用不同气候模式与不同的人类排放情景，均一致预估未来全球年平均气温继续变暖，综合预估结果表明，至 21 世纪后期全球增温的最佳预估值为 1.0～4.0℃，平均气温变化范围为 0.3～6.4℃，21 世纪中期（2046～2065 年）全球将变暖 1.0～2.0℃，全球平均气温可能变化范围为 0.4～2.6℃；但到 21 世纪后期（2081～2100 年）全球将变暖 1.0～3.7℃，全球平均气温可能变化范围为 0.3～4.8℃。

在海洋增暖方面，1971～2010 年间海洋变暖所吸收热量占气候系统热量储量的 90%以上，几乎确定的是，海洋上层 0～700m 已经变暖，3000m 以下深层海水水温趋于上升。1979～2012 年，北极海冰面积以每 10 年 3.5%～4.1% 的速度减少，南极海冰范围却以每 10 年 1.2%～1.8% 速度增加。1967～2012 年以来，北半球春季积雪范围也明显减少，每十年缩小约 1.6%，到本世纪末，全球冰川体积将减少 15%～85%。自 20 世纪 80 年代初以来，大多数地区多年冻土层的温度已经升高，升温速度因地区的不同而不同，正是由于冰川融化消解及温度升高造成的海水受热体积膨胀等原因，致使全球海平面上升。1901～2010 年全球海平面上升了 0.19m，平均每年上升 1.7mm，在 1993～2010 年每年上升约 3.2mm，在未来一百至二百年，全球海平面至少以平均每年 10mm 的速度上升，美国宇航局科学家认为面临这几乎无可避免的现状，全球一些地势较低的地区如东京都有可能被淹没。加拿大不列颠哥伦比亚大学等机构研究人员在新一期《自然·地球科学》杂志发表报告，在长达 10 年的研究中，他们持续观测加拿大西部地区的冰川变化，并结合大量相关参数，如地球重力场分布、降水量变化等，最终模拟并预测出未来这一地区的冰川消融过程。该报告预测，到 2100 年，加拿大西部不列颠哥伦比亚省 70% 的冰川将消失，位于内陆落基山脉的冰川将消融 90%，邻近的艾伯塔省境内也将有大量冰川消融。

中国气候变化情况如何呢？自 20 世纪初期以来，我国地表平均温度上升了 1.1℃，高于全球平均气温上升的程度；从 20 世纪中期以后，气温上升更加明显，平均每十年约升高 0.23℃。此外，我国区域性的极端气候事件也日益增多，例如高温、干旱、强降水、台风等问题层出不穷，而且随着温度升高，我国冰川消失极快，预计到 21 世纪中期我国冰川将损失 50%。同时由于冰川消融，我国沿海平面上升速度增快，最近 30 年，我国海平面以 2.6mm/年的速度上升，到 2030 年，我国海平面有可能较常年高 100～200mm。若按这一趋势预算，到 21 世纪中期我国沿海地区可能淹没的面积近 10 万平方公里。中国城市规划设计研究院水务与工程研究院院长张全推算，到 2050 年，我国海平面上升 100cm 的情景下，淹没损失将高达 30.8 万亿元，相当于 2010 年全国国内生产总值（40.15 万亿元）的 3/4。

根据 IPCC 第五次评估报告指出造成自 20 世纪中叶以来全球变暖的最可能、最重要因素就是人类活动。因为不管是冰川消融、气温增高、海平面上升、极端天气事件频发等一系列变化都有人类活动的踪迹，并且这些变化又反过来影响人类的生活、自然的环境及生态的平衡，所以控制全球变暖首先应从人类自身的认识及活动的约束做起。

6.1.3 全球气候变暖的影响

6.1.3.1 冰川融化、海平面上升造成的影响

冰川融化，海平面上升将导致一些地区气候发生改变，并严重危害沿海城市或低地势岛屿上人民的生活及财产安全。例如，格陵兰冰盖融化后，会向北大西洋注入冰冷的水，它们会阻碍墨西哥洋流的流动，导致欧洲的气候变冷。生活在恒河三角洲、雅鲁藏布江的孟加拉国流域内数以百万计的人，在海平面上升的威胁下，不得不搬离家园。受到海平面上升的威胁，佛罗里达州会遭受更多飓风侵袭。随着冰川的融化，海平面上升导致波浪和潮汐能量增

加、风暴潮作用增强、海岸坡降加大、海岸沉积物组成改变，以及沿海地区海岸侵蚀进一步加剧，同时海平面上升也使侵蚀海岸的修复难度加大，除此之外，其引发的沿海周围土壤盐渍化、海水入侵、地下水水质破坏等问题也形成了一种缓发性灾害。例如，2009～2014年，在我国海南海口东海岸地区因海平面上升造成了土壤侵蚀，其侵蚀总面积高达10万多平方米。海水入侵、高海平面期间发生的风暴潮也会造成沿岸防潮排涝基础设施、水产设施功能降低及破坏，从而影响人们生活。以广东为例，2014年2月，珠江口发生严重咸潮入侵，给广东中山地区人们的用水带来了极大困难。同年9月，经台风"威马逊"后，"海鸥"继续肆虐，造成海南省近23000万元的直接经济损失，其中水产养殖设备、农业产品、交通设备损失尤为严重，给当地居民造成了极大灾难。我国海洋局发布的《2014年中国海洋灾害公报》显示，风暴潮、海岸侵蚀等各类海洋灾害造成直接经济损失136.14亿元。其中，造成直接经济损失最严重的是风暴潮灾害，占全部直接经济损失的99.7%。除此之外，我国有6700余个岛礁，海平面上升亦可能淹没沿海低地、岛礁，不仅在经济价值上，而且对海洋权益维护都将产生影响。

6.1.3.2 对生物的影响

全球气候变化，对生物圈所造成的冲击也是显而易见，许多生物因为生活环境的变化濒临灭绝。例如，西伯利亚和加拿大北部地区永久冻土的融化，导致冰原和生活在那里的动物物种消失。气温变暖也为海洋生物带来了严重的影响。据报道，在过去40年，北海升温速度是全球平均的4倍，埃克塞特大学及布里斯托尔大学根据英国气象局的数据，研制出一个结合长期渔业数据库及气候模型以预测英国最常食用鱼类在50年内的数量及分布。通过该预测模型分析，一些鱼类只能在特定水温、环境及深度生存，部分种类亦无法迁移到北方较冷水域，科学家预计它们将适应不了升温环境而灭绝，取而代之是暖水鱼大量繁殖。例如英国经典美食炸鱼薯条，由于其主要材料黑线鳕、鲽鱼及柠檬鲽三种冷水鱼，若在未来50年水温上升1.8℃，这三种鱼类届时将无法生存，意味着英国特色美食炸鱼薯条在半世纪后即将绝迹。

6.1.3.3 对全球人类的影响

全球气候变暖对人类的影响还难以全面估计，下面将出现的一些问题列举如下。

① 对农业的影响。地球增温将带来更多极端气候，如干旱、洪水、冰雪灾难和飓风等情况，这些都将导致农作物的减产、病虫害流行。例如芬兰自然资源研究所的研究人员发现，随着全球气候温度的升高，世界大部分地区的粮食产量预计将减少。2012年，全球小麦的产量是7.01亿吨，而温度每升高1℃，意味着全球范围内将减少4200t小麦，也就是产量减少6%，同时根据政府间气候变化专门委员会最新发布的第五次评估报告预计，到本世纪末，全球平均气温将升高5℃，这就意味着全球变暖对小麦这种主食作物的产量影响巨大。英国埃克塞特大学等机构研究人员对600余种病虫害在过去50年的全球分布情况进行了调查，结果发现，赤道地区常见的病虫害正以平均每年约2.7km的速度向南北更高纬度方向扩散，这一扩散趋势与全球变暖有密切关系。同时，病虫害可致全球粮食减产10%～16%，仅有害病菌造成的减产量就可养活约6亿人，这将严重影响全球粮食安全。

② 全球变暖将威胁人类的健康。自2013年起，法国公共卫生最高理事会（法国卫生部咨询部门）便进行了一项有关全球变暖与人类健康之间影响联系的研究工作。经过近2年的研究工作，其研究结果显示，全球变暖最易对社会中的"弱势群体"产生直接影响，如老

人、孩子及生活无保障的人群等。研究证实，当平均气温超过 25℃时，人类的死亡数量便有所上升。同时，全球变暖还会导致包括闷热伏天等在内的极端天气的发生，而这种极端天气则最易损害老年人的身体健康。不仅如此，与紫外光线密不可分的太阳光如果太过猛烈，也会导致人类患上皮肤癌或黑色素瘤等病症。曾有一份调查研究显示，1990～2010 年这二十年间，男性患皮肤癌或黑色素瘤的比例上升了 45％，而女性患该类疾病的比例则上升了 19％。除此之外，全球变暖还有可能增强传染性病菌的活力，并加大这类疾病的传播区域，使其扩散至新的国家或地区中。

③ 环境安全的问题。气候变暖可能引发一些地区水资源的缺乏或者另一些地区的洪水泛滥。例如，美国加州的喷气推进实验室的一名研究员发现 2004 年 12 月到 2013 年 11 月间，科罗拉多河流域流失近 5300 万英亩英尺的淡水，差不多是美国最大的水库蓄水量的 2 倍。其中超过四分之三的流失量来自地下水，该研究员认为，这是由于气候变化引发全球水资源的重新分配，湿润的地区变得更多雨，干旱的地方变得更干旱，这可能进一步加深水资源供给的问题。之后，日本环境省研究小组于 2014 年发布预测报告，受全球气候变暖影响，本世纪末日本国内每年由于洪水造成的损失将高达 6800 亿日元（约合人民币 412 亿元），为 20 世纪末的 3 倍以上。

6.1.4 全球气候变暖控制措施

6.1.4.1 加强环保意识

挪威商学院教授乔根·兰德斯在一次演讲中表示，他用了 40 年来劝说各国政府、企业和人们，使他们的行为能够成功转换成一种可持续发展的行为，但效果是非常不理想的。在 2005 年，兰德斯受挪威首相的任命组建了个石油委员会，设计出一个到 2050 年挪威温室气体排放减少 60％的计划，但需要每人每年提供 300 美元，这相当于挪威人均年收入的 1％，需要将所得税率从 33％调到 34％，但该决议一直未得到通过，他认为人们在应对全球气候变化的反应太慢了，根本原因在于人的本性都是短视而自利的。为此，通过各种宣传途径，对人们进行危机感、责任感的教育，让更多的人意识到地球变暖的问题及其带来的灾害，知道解决全球气候日益变暖，不单单是各国政府、科学家、企业的责任，它需要每位地球居民都为改善生态环境贡献一份力量，只有越来越多的人为之不懈努力，全球的可持续发展才能获得突破。

6.1.4.2 绿化地球

植物通过光合作用吸收二氧化碳，放出氧气，把大气中的二氧化碳转化为碳水化合物，并以生物量的形式予以固定，这个过程被称为碳汇。由此可见，全球的植被在减缓气候变化这一问题上发挥了重要作用。据调查，人类活动排放的碳有 1/4 被陆生植被吸收，森林被誉为最经济的"吸碳器"。为了充分发挥森林功能、降低大气中二氧化碳浓度，近年在我国大力推进碳汇林业，湖北省江夏龙泉山碳汇林项目，正是由中国绿色碳基金支持的首批以碳汇为目的的造林项目，这六千亩碳汇林平均每年可吸收约 8 万吨二氧化碳，释放 7 万吨氧气，以湖北省每吨 23 元的碳排放交易行情来计算，该碳汇林每年可创收近 200 万元。

6.1.4.3 发展低碳经济

当前科学界的主流观点是全球气候变暖是由于温室效应引起的，温室效应来自于温室气体（如二氧化碳）的排放，在人类活动排放的碳中，除了被陆生植物吸收的 1/4，还有 1/4 被海洋吸收。这意味着，仍有一半的二氧化碳留在大气中。因此，要使大气中的二氧化碳浓度及其对气候系统的后续影响保持在一定水平，控制二氧化碳的含量是预防全球变暖的最根本途径。因此在可持续发展观点的指导下，通过新技术、新方法来减少煤炭石油等高碳能源消耗，较少温室气体排放的"低碳经济"理念应运而生。为了发展"低碳经济"，中国首先需要推进低碳制度创新，加强法律体系建设；其次优化能源结构，降低煤在国家能源结构中的比例，实施煤炭净化技术，高新能源技术，提高能源利用效率；最后发展低碳农业，低碳交通，培育全民低碳意识，创新低碳消费文化，在日常生活中推广低碳文明。

6.1.4.4　地球工程

为了减缓全球变暖的趋势，科学家们提出了许多匪夷所思的设想，其中有人提出的方法就是挡住太阳。哈佛大学物理学家戴维·基斯断言，只要 10 亿美元，就可以用改装的飞机喷射出硫酸让北极上空的天空保持灰霾的状态，从而模仿火山爆发带来的冷却效应，但是它会不会破坏臭氧层，会不会加剧大气污染，会不会引发人们更多哮喘等疾病，其风险仍未可知。这就是"地球工程"，一种大尺度改变地球环境的行为。还有另一种阻挡阳光的想法是利用气溶胶使海洋上空的云更白，从而将更多阳光反射回宇宙。也有位地球工程学者尝试增加海洋中铁元素的含量来促进光合作用，通过浮游生物的生长来降低二氧化碳浓度。

综上所述，地球工程分为 2 类，一类通过阻挡阳光来减缓地球变化，配合太阳辐射管理或者改变反照率等措施；另一类则消除以二氧化碳为代表的温室气体。当然这些方法有可能在全球二氧化碳浓度达到 400mg/L 的时候才有可能进一步探讨，毕竟这些方法的风险仍难以预测。所以，美国国家研究委员会的专家组不建议任何一种地球工程的措施，因为这需要对地球气候系统更深入的理解，这类技术更应当被称作有着未知影响的"气候干预"。然而，随着二氧化碳排放量的增多，研究其他形式的地球工程也是一种必然趋势，也许可以采用一些简单修复的方法，利用自然手段来消除二氧化碳等等。

【拓展】　科学界的争论。近百年来全球气候持续变暖的原因在科学界一直争论不休，大部分科学家认为全球气候变暖的最大可能是因为人类活动，但是也有部分科学家全球气候变化是一种自然的周期性变化，当前正是百年气候由冷相位进入暖相位峰值的时期，所以温度持续升高，不久之后，就可能转入冷周期。这一结论是中科院地质研究所的科学家根据东北龙岗火山区的小龙湾玛珥湖年纹层沉积，分析了近五千多年以来其中植物花粉含量的变化得出的。不同的气候会影响其环境下植物花粉种类发生变化，正如松树花粉适合寒冷气候而栎属花粉适合温暖气候，在沉积层中这两种花粉平均五百年交替出现一次，最近一次暖相位的出现期在公元 1830 年，也就是说目前正是暖周期的末端，随时都有可能结束气候变暖的趋势。

6.2　臭氧层破坏

6.2.1　臭氧层

大气层由对流层、平流层、中间层组成，在平流层中距地面 20～30km 左右富含臭氧的部分称为臭氧层。臭氧层是在平流层中自然形成的,当来自太阳的紫外线撞击氧分子时,会把它分解成两个氧原子,每一个氧原子可以与另一个氧分子合成一个臭氧分子,与此同时,当臭氧吸收紫外光时,它利用能量又将自己分裂成一个氧分子和自由原子,这个原子可以与另一个臭氧分子结合,形成两个氧分子,臭氧的生成与分解过程处于平衡状态。

臭氧在整个大气圈中含量极少,但是它在形成和分解的过程中不断吸收太阳紫外线,从而臭氧层起到了过滤阳光的作用,使地球生物免受紫外线的危害。然而在 1985 年,科学家通过卫星观测到南极上空存在面积与美国国土相当,高如珠穆朗玛峰的臭氧层空洞,从而引起了世界的轰动。从此臭氧层破坏成为全球化的环境问题之一。从 1995 年起,每年的 9 月 16 日被定为"国际保护臭氧层日"。臭氧层空洞变化图见图 6-3。

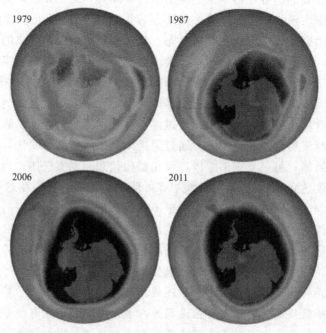

图 6-3　臭氧层空洞变化图

6.2.2　臭氧层破坏的现状

1985 年,英国科学家首次发现,南极上空在 9～10 月平均臭氧含量减少 50％左右,并周期性出现。北极臭氧层耗损也很明显。据世界气象组织报告,1992 年地球上空的臭氧层减少到百年来的最低点。年初,北欧、俄罗斯和加拿大上空的臭氧层比正常情况减薄 12％～20％;9～10 月,南极上空的臭氧层减薄 65％。1998 年臭氧层变薄至极,层厚与 1970 年相比较,在冬季和春季减薄 12％～13％,在夏季和秋季减薄 6％～7％。2000 年前后,南极臭氧洞的面积达到 2500 万平方公里,大约接近三个中国面积。

直到 2013 年,联合国环境规划署和世界气象组织宣布,臭氧层在 2000～2013 年间变厚了 4％,是 35 年来首次。此外,南极洲上空每年一次的臭氧空洞也在停止扩大。科学家把这种积极变化归功于 1989 年生效的《蒙特利尔议定书》(全球对某些制冷剂、发泡剂的限制使用的全球性协定，制定于 1987 年，具体规定了消耗臭氧层物质的种类、控制限额基准、控制时间、评估机制，共有 196 个国家加入公约）的成功执行，如果能够保持这种臭氧层自我修复的良性发展，到本世纪 50～70 年代，估计有望恢复到 1980 年的水平。不过，科学家同时发现，人们用以替代臭氧层破坏物如氯氟烃的一些替代品虽然不会损耗或较低损耗臭氧，但却会造成温室效应，加快全球气候变化。例如氟利昂（CFCs）的替代品氢氟碳化物（HFCs），2001～2010 年，HFCs 的浓度以年均超过 10% 的速度增长，有机构预测，到 2050 年全球 HFCs 的消费将达到 50 亿～90 亿吨二氧化碳当量，相当于中国一年温室气体的排放总量，因此研发对气候和环境没有任何影响的替代品仍然任重而道远。另外，臭氧层虽然在恢复，距离痊愈还很遥远。南极臭氧层空洞依旧存在，最新计算显示，臭氧浓度水平仍比 1980 年低 6%。

臭氧层为什么会被破坏呢？研究人员发现，大量含有氟氯烃的喷雾剂、制冷剂、发泡剂、用作灭火器的哈龙、用于化工生产的清洗剂四氯化碳、甲基氯仿和用于农业种植、粮食仓储或商品检疫中的杀虫剂溴甲烷，都是造成臭氧层破裂的罪魁祸首。以氟氯烃和哈龙为例，当该物质到达上层大气时，会暴露在紫外线中释放出一个氯原子，氯原子会与臭氧分子发生反应生成氧气和一氧化氯，如果一氧化氯分子遇到一个游离的氧原子，它们会反应生成一个氧分子和一个氯原子，而这个氯原子可以继续去破坏其他臭氧分子。正是这种连锁反应导致一个氯原子可以毁灭超过 10 万个臭氧分子。从 20 世纪 80 年代中期开始，南极臭氧层遭遇污染物的严重破坏。该地区的低温加速了氯氟烃转化为氯的速度。在南部地区，春季和夏季太阳照射时间非常长，氯气会与紫外线产生反应，摧毁高达 65% 的臭氧。

6.2.3　臭氧层破坏带来的危害

6.2.3.1　农业的影响

臭氧层破坏，紫外线辐射增强，将导致大豆、小麦、水稻等农作物减产，相关研究证明，当臭氧减少 25% 时，大豆产量会减少 20%～25%。美国麻省理工学院研究指出，全球 2050 年将增多至 40 亿人，食物需求将增加 50%，但由于气候暖化和臭氧层污染的影响交织，农作物将减产 10%，这将致使全球食物生产和供应短缺，2050 年即将发生严重饥荒。

6.2.3.2　对人类健康的影响

众所周知，当前紫外线产品用途繁多，有用紫外线消毒、也有用紫外线治疗疾病，可见，适量的紫外线照射对人体的健康是有益的，例如适量紫外线照射可帮助骨骼发育，提高人体免疫力，因此人们常说小孩子多晒太阳，有利于预防佝偻病，促进身体成长。同时可用紫外线治疗红斑狼疮、风湿性关节炎等疾病。但是长期受到过量紫外线的照射，又会让人体机能发生一些逆向变化，尤其是对人体的皮肤、眼睛以及免疫系统等造成危害更为明显。所以当前我国各个城市天气预报中都有关于紫外线指数的预报，这也是对公众关于紫外线长期照射预防意识及保护措施的提醒。据有关科学家分析，平流层中有着 90% 的臭氧分布，其厚度仅有 3mm 左右，而正是由于这部分臭氧能够吸收 99% 以上对人类有害的紫外光，让人类接受适量的、对人体有益的光线照射，因此臭氧层成为地球上所有生物得以生存的"保护衣"。如果臭氧层长期损耗将会导致大量紫外线直接辐射地面，从而对人类的身体健康造成极大危害。例如每当平流层的臭氧减少 10%，其照射到地面上的紫外线就增加 20%，皮肤癌的患病率就增加 30%，白内障的发病率将增加 7%，因白内障而致盲的人将增加近 15 万人。在我国白内障发病率最高的海南和西藏，这两个地方的紫外线都很强，如果这些地区的臭氧层进一步损耗，紫外辐射的负面影响将更为明显。此外，紫外线的增加还会诱发巴塞尔皮肤瘤、鳞状皮肤瘤和恶性黑瘤。臭氧浓度下降 10%，恶性皮肤瘤的发病率将增加 26%。此外，人类存在于皮肤中的免疫功能也会因紫外线的强烈辐射而受损伤，人体抵抗疾病的能力大大降低，大量疾病会乘虚而入。

6.2.3.3 对水生生物的影响

过量紫外线 B 辐射进入地球会影响到浮游植物的繁殖周期，浮游植物是一种单细胞生物（例如海藻），处于食物链的最底层。生物学家担心浮游植物数量的减少会造成其他动物数量的减少。除此之外，紫外线还能穿透 10～20m 的海水，从而杀死水中的单细胞浮游生物和微生物。另外，据研究人员发现，由于遭受过量的紫外线 B 照射，幼年鱼、虾、螃蟹、青蛙和火蜥蜴的繁殖率均受到影响。实验表明，如果臭氧减少 10%，则紫外线辐射增加 20%，将会在 15 天内杀死生活在海中 10m 深处的鳗鱼幼鱼；臭氧层厚度减少 25%，将导致水面附近的初级生物产量降低 35%，生产力最高的海洋带生物产量减少 10%，可见臭氧层破坏已影响海洋生物食物链的根基。

6.2.3.4 对陆生生物的影响

紫外线辐射致使植物气孔关闭，从而使植物光合作用下降，黄瓜、向日葵等叶片蒸腾作用下降，研究表明，接受额外紫外辐射的植物，其生长速率下降 20%～50%，叶绿素含量减少 10%～30%，有害突变频率增加 20 倍，幼苗受到的伤害将更为严重。

6.2.3.5 对材料的影响

阳光紫外辐射的增加会加速建筑、喷涂、包装及电线电缆等所用材料，尤其是高分子材料的降解和老化变质。特别是在高温和阳光充足的热带地区，这种破坏作用更为严重。由于这一破坏作用造成的损失估计全球每年达到数十亿美元。无论是人工聚合物，还是天然聚合物以及其他材料都会受到不良影响，尤其塑料不得不用于一些日光照射的场所时，阳光中的紫外线会增加其光降解的速率，降低其使用寿命。一位美国的环境科学家曾预测：人类如果不采取措施，到 2075 年，全世界将有 1.5 亿人患皮肤癌，其中有 300 多万人死亡；将有 1800 多万人患白内障；农作物将减产 7.5%；水产品将减产 25%；材料损失将达 47 亿美元。

6.2.4 控制措施

① 建立臭氧层保护法律约束机制，从政策方面上控制臭氧层物质的排放。国际先后通过了《关于臭氧层保护计划》、《保护臭氧层维也纳公约》、《关于消耗臭氧层物质的蒙特利尔议定书》。我国于 1989 年加入了《维也纳公约》，并于 1991 年签署了《议定书》的伦敦修正案。1993 年，我国批准实施《中国消耗臭氧层物质逐步淘汰国家方案》，这也是发展中国家第一个逐步淘汰 ODS 的国家行动计划。到 1999 年，国务院正式批准了《中国逐步淘汰消耗臭氧层物质国家方案》（修订稿），进一步明确了总体淘汰战略和行业淘汰计划。2007 年 7 月，我国比公约规定时间早 2 年半的时间淘汰了 CFCs 和哈龙。2010 年，国务院又发布了《消耗臭氧层物质管理条例》，从政策法规层面确保 ODS 的淘汰。在"十三五"期间，中国

把淘汰 35% 含氢氯氟烃（HCFC）的物质当做目标，依旧坚持不懈的努力为保护臭氧层、应对气候变化而奋斗。

② 减少或禁止 ODS（消耗臭氧层物质）的使用，加强其替代品的研发力度。甲基溴是一种破坏臭氧层的杀虫剂，也是一种用于防治危害农作物虫害农药。中国主要在温室蔬菜、西红柿、草莓、烟草和中草药等播种之前，用甲基溴消灭土壤中的病虫害。为了履行《关于消耗臭氧层物质的蒙特利尔议定书》，由蒙特利尔议定书多边基金和意大利政府共同资助，联合国工业发展组织作为国际执行机构，我国环保部和农业部共同组织实施了农业行业甲基溴淘汰项目，并于 2015 年 1 月 1 日起在中国全面禁止甲基溴在农业行业内的应用。截至 2012 年，我国已淘汰 500 多个 ODS 项目，避免了每年约 50 万吨 ODS 的消费和排放；约占发展中国家淘汰总量的 1/2，也避免了相当于 14 亿吨二氧化碳的排放，为全球保护臭氧层事业做出了突出贡献。直到 2015 年，全球已经淘汰了 98%ODS 物质的生产及应用，为人类健康和生态环境的保护做出了重大贡献。

目前 ODS 的替代品受到广泛重视，在发达国家，ODS 替代品和替代技术准备比较充分，然而，我国在合适的替代技术研发上还有所欠缺。这里所谓合适是指经济又环保的替代产品，比如欧盟现在使用一种替代物质来做汽车空调制冷剂，目前市场价为 2 万人民币一吨，而欧盟自 2015 年 1 月 1 日开始使用的另一种新的替代物质，目前价格约 50 万人民币一吨，相当于一辆车增加了 6100 元的成本，对我国老百姓来说造价过于高昂。尤其采用国外的技术需要支付专利费，例如制冷剂要从现在 3 美元的水平增加几十甚至上百美元。因此，我们需要在淘汰 ODS 物质的前提下，大力提倡研发 ODS 的替代品和替代技术。

③ 提高个人保护臭氧层的意识。作为公民个人，每个人都应该为保护臭氧层尽到自己的一份力量。例如，通过宣传臭氧层的作用，加强环保意识，不购买含有消耗臭氧层物质的产品，最好购买带有"无氟"标志的产品，对于含有氟利昂的冰箱、冰柜、空调设备维修或者报废过程，督促维修人员废品回收单位避免排放 ODS。按照消防部门的推荐，尽量购买不含哈龙的灭火器，如干粉灭火器。此外，减少摩丝、修正液使用，少用一次性饭盒。因为该物质里都含有消耗臭氧层的物质。

【拓展】 高空臭氧和低空臭氧。臭氧是地球大气中重要的气体，90% 集中在平流层，仅有 10% 左右的臭氧分布在对流层中。平流层臭氧对太阳紫外辐射有强烈的吸收，从而起到保护地球生物圈的作用；在对流层，臭氧是一种重要的温室气体，也是污染气体，来源于平流层的下层或者对流层自然和人为的前体物质的光化学反应。对流层臭氧含量的增加可以引起光化学烟雾，危害建筑物；对流层臭氧还能引起植物气孔关闭，破坏光合组织结构和功能，从而影响自然界对二氧化碳的吸收，臭氧还会直接引起人的机体失调和中毒，刺激呼吸系统，损害肺功能，增加上呼吸道感染患病几率，引发肺泡膜发炎受损等。有人很形象地形容臭氧为"在天是佛，在地成魔"。在 2012 年，中国珠三角地区监测到的主要空气污染物都是臭氧，臭氧浓度全国最高，甚至超过了美国臭氧污染排名第一的洛杉矶。可怕的是，与 $PM_{2.5}$ 不同，臭氧虽然有刺激性气味，但在浓度很低的情况下，是不容易被人所察觉的，越是炎热和阳光灿烂的时候，臭氧产生得越多，而阳光明媚的日子，容易让人产生错觉，以为室外空气比灰蒙蒙的时候要质量好些，其实并不尽然，有可能臭氧污染反而格外严重，所以有了"冬防 $PM_{2.5}$，夏防臭氧"之说。

6.3 酸雨蔓延

6.3.1 "酸雨"的由来及现状

雨水本身因为空气中二氧化碳的作用偏酸性，如在未受人类活动影响的地区，自然降水的 pH 值约为 5.6，然而人类的各种活动逐渐增加了酸的程度，因此人们通常把 pH 值小于 5.6 的降雨或其他形式的降水如雪、雾、露、雹统称为酸雨，或称为酸性湿沉降。酸雨的主要前体物为 SO_2 和 NO_x，两者在大气中经过光化学氧化作用、金属离子催化作用、臭氧等强氧化剂的氧化作用，转变为 H_2SO_4 和 HNO_3。而前体物 SO_2 主要来自于工业中硫分含量高的化石燃料的燃烧，如煤的燃烧产生的 SO_2 占全球人为排放的 60%，而石油炼制燃烧的排放量可达 30%，土壤中有机物的腐败分解和火山爆发的喷发物是 SO_2 的天然来源。同时，化石燃料燃烧、汽车尾气排放带来了 NO_x，自然界中生物有机体腐烂形成的硝酸盐、氧化亚氮及分解产生的氨氧化后也可以形成 NO_x，闪电也会排放少量 NO_x。SO_2 和 NO_x 在高空中被雨雪冲刷、溶解，沉降之后形成了酸雨，除此之外，其他酸性气体如氟化氢、氯气、硫化氢等溶于水也可以导致酸雨。目前，我国酸雨大都属于硫酸型，硝酸含量不足总酸量的 10%，但随着城市汽车的增加，酸雨中硝酸的成分有增加的趋势。

酸雨形成过程如下。

硫酸型酸雨：
$$S + O_2 \longrightarrow SO_2 \text{（高温或燃烧）}$$
$$SO_2 + O_2 \longrightarrow SO_3 \text{（氧化）}$$
$$SO_2 + H_2O \longrightarrow H_2SO_3$$
$$H_2SO_3 + O_2 \longrightarrow H_2SO_4$$
$$SO_3 + H_2O \longrightarrow H_2SO_4$$

硝酸型酸雨：
$$NO + O_2 \longrightarrow NO_2$$
$$NO_2 + H_2O \longrightarrow HNO_3 + NO$$

人类对酸沉降森林效应的关注最早源于古希腊鼎盛时期和罗马帝国时期，很久以前人类就懂得采用石灰来促进植物的生长与繁殖。到了 19 世纪四五十年代，英国化学家罗伯特·史密斯发现在距离城市较远的地方，大气中的碳酸与动物的代谢物释放的氨通过化学反应形成碳酸氢铵，但在距离城市较近的地方，由煤燃烧产生的硫酸与排泄物释放的氨化合生成了硫酸铵盐，由于城市中硫酸的产生量过大，低量的氨不能将其全部中和，因此在城市附近的降水中主要化学成分是硫酸。在 1872 年，史密斯在其著作《空气和降雨：化学气候学的开端》一书中，首次提出了"酸雨"一词，并指出酸雨可损害植物、腐蚀材料。但是此说法一直没有得到学术界的高度重视。到了 20 世纪 40 年代，由于斯堪的纳威亚半岛出现了严重的岛屿酸化，给鱼类造成了严重的危害，此时大气酸沉降的现象才引起了人们的关注。到 1972 年，在斯德哥尔摩召开的人类环境会议上，瑞典第一次把酸雨作为国际性问题提出，此时酸雨已成为严重威胁世界环境的十大问题之一。我国的酸雨研究工作起步较晚，在 20 世纪二三十年代，一些土壤研究学者，研究土壤性质时曾针对大气酸沉降开展研究，但是没有太过关注，直到 20 世纪 70 年代，我国长江以南地区发现了酸雨，为了查明酸雨在我国各地区污染情况，于 1974 年，在北京开始了酸雨的监测，随后上海、南京、重庆等大城市相继开展酸雨监测工作，到了 1982 年全国酸雨监测网形成。在此之后国家开始高度重视酸雨的研究和治理。

目前，世界上许多国家都存在不同程度的酸雨危害。在国外已形成了两大严重的酸雨区，一是以美国和加拿大为主的北美酸雨区，其中加拿大受酸雨污染尤为严重，已有 4500 多个湖泊鱼类绝迹，数十万加拿大人健康受损；二是以英国、法国、德国为中心遍及大半欧洲的酸雨区。由于欧洲地区土壤缓冲酸性物质的能力较弱，酸雨已导致欧洲约 30% 的林区退化，在瑞典的 9 万多个湖泊中，有 2 万多个遭受酸雨危害，4 千多个变成了无鱼湖。总起来说，这两个酸雨区的总面积已经超过了 1000 多万平方公里，降水的 pH 值一般小于 5.0，甚至有时能小于 4.0。与此同时，我国酸雨覆盖面积较广，成为继欧洲和北美之后的第三大酸雨区，我国的强酸雨地区即 pH<4.5 面积最大，南方和西南地区已成为世界上降水酸性最强的地区。在 2013 年《中国环境状况公报》数据显示，我国 473 个监测降水的城市中，酸雨城市出现比例为 44.4%，酸雨频率在 25% 以上的城市比例为 27.5%，酸雨频率在 75% 以上的城市比例为 9.1%。降水年均 pH 值低于 4.5（重酸雨区）的城市占 2.5%，相比 2008 年的 8.8%，已下降 6.3 个百分点。全国酸雨分布区集中在长江沿线及中下游以南，主要包括江西、福建、湖南、重庆的大部分地区，以及长三角、珠三角和四川东南部地区，酸雨区面积约占国土面积的 10.6%。由图 6-4 可以看出，我国自 2008 年以来，酸雨城市比例呈明显下降趋势，可见，近几年来我国对酸性大气污染物的治理卓有成效。但是，有些城市酸雨状况依旧严重，例如，2015 年福建省环境质量公报中提及，该省在当年第一季度中，18 个城市出现酸雨，其中福清和泉州的酸雨频率为 100%。与此同时，江西省全省酸雨频率为 63.1%，九江、新余、赣州、吉安、宜春和上饶 6 市酸雨频率范围为 22.7%～55.6%，其余 5 个设区市酸雨频率均在 80% 及以上，其中南昌、萍乡和抚州市酸雨频率为 100%。

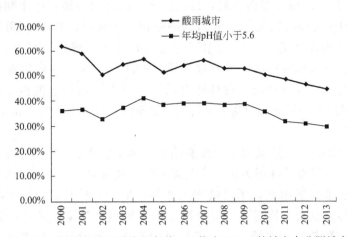

图 6-4　2000～2013 年我国酸雨城市及年均 pH 值小于 5.6 的城市占监测城市的百分比

6.3.2　酸雨的危害

（1）对水生系统的危害　酸雨会使淡水湖泊的水酸化，然而酸化的湖水往往非常清澈，不易引起人类的警觉，可是它却悄悄地改变微生物的组成和代谢活性以及水体动植物的生存条件。当水体的pH值降低时，会造成鱼类骨骼中的钙流失，骨密度下降，影响鱼类的繁殖和生长。当水体pH<6时，随pH值的降低仔鱼畸形率明显升高，水体pH值降低到5.0以下时，浮游生物、甲壳类动物、软体动物等小生物的生长和繁衍会受到严重抑制。当水体的pH值降到4.0时，大多数鱼类和水生动物会死亡。水体pH值减小也可使水体可溶性金属水平提高，改变营养物和有毒物的循环，使毒金属更易溶解到水中，从酸化的湖泊或溪流摄取食物和水的鸟类和哺乳动物可能会遭受食物短缺和有毒金属的危害，使物种减少和生产力下降。

（2）对陆地生态系统的危害，重点表现在土壤和植物　对土壤而言，酸雨不仅会影响土壤中微生物的正常活动和繁殖，还会导致土壤pH值下降，使土壤的物理化学性质发生变化，某些矿物质发生风化，释放出盐基离子，抑制有机物的分解和氮的固定，淋洗钙、镁、钾等营养元素，造成土壤养分贫瘠，土壤板结，但由于土壤对酸性沉降物的侵蚀也具有一定的缓冲能力，所以酸雨对土壤的破坏往往在若干年后才呈现出土壤酸化的现象，这种变化不仅具有积累性，而且在自然力下是不可逆的；此外，在酸性条件下，土壤中的重金属化合物能提高溶解度，迁移强，易被植物吸收，间接影响植物的生长，同时酸雨直接损害新生的叶芽，破坏植物形态结构，损伤植物细胞膜，抑制植物代谢功能。当大气降水的pH<3时，植物叶面会被酸腐蚀而产生斑点甚至坏死；当大气降水的pH<4时，植物叶片的光合作用效率降低，叶绿素含量下降，影响植物正常生长，抑制植物抗病虫害的能力，使病虫害迅速蔓延。酸雨还使森林土壤细菌数量降低，氨化作用下降，影响树木对营养的吸收和转化，从而对成熟林的生长和生产力也产生不利影响。原西德共有森林740万公顷，到1983年为止有34%染上枯死病，每年枯死的蓄积量占同年森林生长量的21%多，先后有80多万公顷森林被毁。这种枯死病来自酸雨之害。在巴伐利亚国家公园，由于酸雨的影响，几乎每棵树都得了病，景色全非。巴登—符腾堡州的"黑森林"，是因枞、松树绿的发黑而得名，是欧洲著名的度假胜地，由于酸雨作用，黑森州海拔500m以上的枞树相继枯死，全州57%的松树病入膏肓，其中46万亩完全死亡。汉堡也有3/4的树木面临死亡。当时鲁尔工业区的森林里，到处可见秃树、死鸟、死蜂，该区儿童每年有数万人感染特殊的喉炎症。我国的西南地区、四川盆地受酸雨危害的森林面积最大，约为27.56万公顷，占林地面积的31.9%。四川盆地由于酸雨造成了森林生长量下降，木材的经济损失每年达1.4亿元，贵州的木材经济损失为0.5亿元。酸雨对森林的破坏见图6-5。

（3）对人体的影响　一是农田土壤被酸化后，使本来固定在土壤矿化物中的有害重金属，如汞、镉、铅等溶出，继而为粮食、蔬菜吸收，并富集在其中，而人吃了这样的粮食和蔬菜，可能发生重金属中毒，诱发癌症和老年痴呆；同时受酸雨影响的鱼类也可以通过食物链进入人体，也会间接对人类健康产生不利影响；二是人的呼吸道黏膜对酸类却十分敏感，酸雨或酸雾对这些器官有明显的刺激作用，导致红眼病和支气管炎，咳嗽不止，还可诱发肺病，酸雾侵入肺部，诱发肺水肿或导致死亡；三是酸雨形成是空气中SO_2、NO_x等酸性物质经过一系列氧化反应形成的硫酸盐和硝酸盐细颗粒物，同时由于有毒有害物质溶于降雨中，使酸雨中含有多种致病和致癌因素，长期生活在这种酸性条件下，能破坏人体皮肤，并容易诱使产生过多氧化脂，导致动脉硬化、心梗等疾病概率增加。

图 6-5 酸雨对森林的破坏

（4）对建筑物、机械和市政设施的腐蚀 除了对生态环境的影响，酸雨对建筑、金属、材料等的腐蚀破坏作用也不容小视。酸雨使光洁的大理石建筑风化速度加快，近些年的破坏程度甚至超过过去几百年的效应。碳钢、油漆、涂料镀锌钢等表面的涂料受酸雨作用，先是失去光泽，继而很快变质脱落，材料一旦失去涂料的保护，受到酸雨腐蚀的速度和程度都会大大增加，其使用寿命大为降低，由此造成的经济损失巨大。酸雨对乐山大佛的腐蚀见图6-6。此外，酸雨还会影响混凝土的强度，降低混凝土的预期寿命，可能会诱发一些意外的事故，造成生命财产的损失。

1995 年修缮后的乐山大佛（左）；2 年后的大佛（右）

图 6-6 酸雨与风化让乐山大佛"满面沧桑"

2013 年南京江北化工园附近居民发现空中经常有"毛毛雨"飘下，落到人身上的东西是黄色的，落到车上就变成斑点，很难洗掉，而且越靠近化工园热电厂附近，这种情况就越严重，经南京化工园环保局现场调查，认为"毛毛雨"来自化工园一家热电厂，该企业采用火力发电，因为脱硫技术不过关，排放过程中会产生硫酸钙，随风飘落就成了淡黄色的"石膏雨"。石膏本身是中性的，但是在电厂排放的过程中，出来的连水带雾，它里面的水就有可能产生呈酸性的石膏雨带酸排出，在下雨扩散条件不好的时候，就可能形成局部酸雨。结果 2014 年 7 月一场小雨之后，化工园新华四村小区露天停放七十余辆汽车，一夜之间无一幸免所有车的车身不仅生有铁锈，而且还布满了泥点。

6.3.3 酸雨控制措施

随着对酸雨的日益关注，人们对于酸雨的控制措施逐渐分为两大方向，一是着眼于酸雨控制的政策，如酸雨污染防治的国际合作机制的建立，酸雨控制法律法规的完善及其经济效益的分析等内容，这是保障酸雨控制措施顺利实施的重要依据；二是集中在酸雨污染的监控、大气污染物去除方法的革新以及生态影响的恢复，这是预防酸雨方式的技术手段。只有两个研究领域互补互助，才能有效地开展酸雨的防治措施。

6.3.3.1 政策支持

中国的酸雨属于典型的硫酸型酸雨，控制二氧化硫排放总量是抑制中国酸雨污染的关键，工业二氧化硫是排放主体，其中，燃煤火电厂二氧化硫的排放量占 50% 左右，因此，酸雨控制对象主要是大型火电厂。为了解决酸雨问题，早在 1990 年 12 月，国务院环委会第 19 次会议上通过了《关于控制酸雨发展》的意见的决议；1992 年经过国务院批准在部分省市进行征收工业燃放二氧化硫排污费试点工作；同时，我国的工业污染物排放标准中，也逐步制定了二氧化硫排放限值；1995 年在全国范围内制定酸雨控制区和二氧化硫污染控制区（简称"两控区"），并于第二年明确提出了"两控区"对酸雨和二氧化硫污染重点治理；1998 年，国务院批准了国家环境保护总局《酸雨控制区和二氧化硫污染控制区划分方案》，方案规定，在"两控区"内，禁止新建煤层含硫份大于 3% 的矿井，对建成的生产煤层含硫份大于 3% 的矿井，逐步实行限产或关停。除以热定电的热电厂外，禁止在大中城市城区及近郊区新建燃煤火电厂。新建、改造燃煤含硫量大于 1% 的电厂，必须建设脱硫设施；2002 年，国务院通过了《两控区"十五"酸雨和二氧化硫污染防治计划》，国家环保总局组织进行了二氧化硫总量控制和排污交易试点，截至 2002 年底，"两控区"内共完成重点二氧化硫治理项目 3800 个，其中火电机组脱硫设施为 403 万千瓦；2007 年，编制完成《国家酸雨和二氧化硫污染防治"十一五"规划》，总体目标是显著削减二氧化硫排放总量，控制氮氧化物排放增长趋势；2013 年推进实施《重点区域大气污染防治"十二五"规划》，提出深化二氧化硫污染治理，全面开展氮氧化物控制。通过这些国家政策提出的各种管制手段，如规定排放标准、实行排放许可证、实施总量控制、新建电厂环境影响评价等方法及经济刺激措施如收取排污费、排污权交易等方式加强酸雨控制，做到了有法可依，有法必依，更好地防范了酸雨的危害。

6.3.3.2 技术改进

（1）酸雨后生态系统修复 酸沉降的环境影响首先是在湖泊中发现的，自 20 世纪 70 年代开始，渔业科学家和经营者为了恢复和保护重要的鱼类资源，提出短期应急措施，以降低或消除地表水酸化的不良生态后果，最直接和便利的方法就是向湖泊投放碱性物质来中和酸性成分。由于最普遍使用的碱性物质为 $CaCO_3$ 或 $Ca(OH)_2$ 类化学物。早在 1977 年，由联邦政府资助的瑞典国家石灰投放项目开始启动，5 年期间对 1500 多个水系进行了处理，水质明显改善，鱼类种群又开始了成功的繁殖和重建。基于同等道理，到了 80 年代，德国提出向土壤中施用石灰降低土壤酸性的方法，通过试验发现，施用石灰，有利于土壤硝化作用的进行，从而提高了硝态氮的有效性，增加了表层土壤微生物的生物量，改善了矿质养分供应和生物活性，从而促进了表层根系的生长，促进了林下植被的生长，但是给森林施用石灰也会降低了植物对霜害和干旱的抵抗力，因此在需要慎重考虑以减少由此所带来的生态危险。然而不管是在水生生态系统还是在森林中，施用石灰都只不过是对酸化的一种补救措施，而且会给系统带来某些不良影响。因此，减少或杜绝污染源是解决酸化问题的根本途径。

(2) 二氧化硫和氮氧化物的减排　减少酸雨主要是要减少烧煤排放的二氧化硫和汽车排放的氮氧化物。对付酸雨，工厂可以采取的措施包括采用推行清洁燃料，逐步改善能源结构，可根据各地资源条件积极采用太阳能、氢能、风能、水能、生物能、天然气、液化气等；原煤洗选加工，从而减少煤炭中的含硫量；提高煤炭燃烧的利用率；改进燃烧技术，采用低氮燃烧，减少燃烧过程中二氧化硫和氮氧化物的产生量；采用末端治理，如安装烟气脱硫脱硝装置，进一步减少二氧化硫和氮氧化物的排放量；改进汽车发动技术，安装尾气净化装置，及推广使用液化气等车用替代燃料减少汽油消耗量，同时要加强对现有车辆的监测和尾气净化监管工作，加强对超期车辆的淘汰工作，减缓城市机动车增加带来的尾气污染影响。

6.3.3.3 提高全民意识

防治酸雨不仅是政府及企业的责任，每一位公民都应该尽到应有的责任，家庭可以用煤气或天然气代替煤；为了减少电厂燃煤发电，每个人应该注意节约用电；减少车辆就可以减少汽车尾气排放，应支持公共交通；废物再生可以大量节省电能和少烧煤炭，应支持废物回收再生。

【拓展】　恐龙灭绝或因酸雨。恐龙灭绝的原因一直是当前科学界争论不休的问题，有人说是因为气候的突变、也有人认为是火山爆发造成地球臭氧层被破坏、还有人说是造山运动引起的，各种假设可谓五花八门、无奇不有。然而，其中普遍被大家认可的是"距今大约6550万年前一颗直径约10公里的巨大陨星撞击了墨西哥尤卡坦半岛，导致环境发生变化，地球生物有半数以上灭绝"的陨石撞击说。对于此次撞击，有各种说法，例如认为撞击释放的尘埃遮蔽阳光，导致地球变冷等，不过，这些都无法合理解释海洋生物的灭绝。

在2014年，日本千叶工业大学提出了一项新的研究假设，他们认为，在当时陨石坠落后引发的强酸雨才是造成恐龙灭绝的直接原因。该大学组成的研究小组，用高性能激光枪将金属加速，猛烈撞击含有硫酸盐的岩石，模拟了当时陨石撞击地球的情形。发现经撞击后，释放的气体中含有大量的 SO_2，紧接着形成了硫酸雨，这次强酸降雨持续数日，导致陆地、海洋酸化，从而对当时的生物生存环境、气候、生态系统都产生了极大影响，由此引发了恐龙的灭绝。

6.4 生物多样性减少

6.4.1 生物多样性的内涵

可持续发展是近年来国内外最为流行的一个词汇。自然资源的合理利用和生态系统的稳定是人类实现可持续发展的基础。美国明尼苏达大学和牛津大学的一项最新研究发现，人类活动会影响草原地块的生产力，其中降低的生物多样性会削弱生态系统的稳定性，换言之，生物多样性是保持生态系统强劲的关键，因此生物多样性的研究和保护已经成为世界各国普遍重视的一个问题。正如奥地利国际应用系统分析研究所风险、政策和脆弱性学部研究员刘伟所说，"生物多样性是一个国家社会经济可持续发展的战略资源，是生态安全和粮食安全的重要保障，也是文学艺术创造和科学技术发明的重要源泉之一。然而，值得关注的是，由于人类活动造成的全球范围内的第六次物种大灭绝已经是事实，最准确的估计是当前物种灭绝速率是背景速率的数百至一千倍；这是一个严重威胁可持续发展前景的问题。"

究竟什么是生物多样性呢？生物多样性（biodiversity）这一概念是 Biology 和 Diversity 的组合，它是在 1968 年美国读物《A Different Kind of Country》一书中首次出现的。后来为了方便应用，在 17 年后出现了其缩写形式 Biodiversity，从此在各种刊物中该词汇被频繁引用。生物多样性是指在一定时间和一定地区所有生物（动物、植物、微生物）物种及其遗传变异和生态系统的复杂性总称。它包括遗传（基因）多样性、物种多样性、生态系统多样性和景观多样性四个层次。遗传（基因）多样性是指生物体内决定性状的遗传因子及其组合的多样性。物种多样性是生物多样性在物种上的表现形式，也是生物多样性的关键，它既体现了生物之间及环境之间的复杂关系，又体现了生物资源的丰富性。生态系统多样性是指生物圈内生境、生物群落和生态过程的多样性。景观多样性是指景观在结构、功能以及随时间变化等方面的多样性，它揭示了景观的复杂性，是对景观水平上生物多样性显著程度的表征。

我们的地球之所以多姿多彩，正是由于丰富的物种，因此生物多样性可以称之为地球生命的基础，是维持地球生态平衡的关键，具有难以估算的经济价值。它潜移默化地影响地球的气候、水源、土壤以及整个生态系统的功能，保证生物圈的稳定，直接或间接影响人类的生存环境。例如人类活动，常常使生物界食物链受破坏，病虫害不时大发生，带来巨大经济损失和生态灾难。然而生物多样性丰富的地区，一般不易发生灾难性病虫现象。原因是：生态系统中食物链各营养级上的生物都是相互制约的，任何一物种都不可能无限增长，故处于平衡状态。生物多样性的意义主要体现在它的价值。对于人类来说，生物多样性具有直接使用价值、间接使用价值和潜在使用价值。据估算，中国生物多样性的经济价值与生态价值为每年 4.6 万亿美元，已接近 2009 年中国 4.92 万亿美元的 GDP 总额，自然植被生态系统服务总价值为每年 6.6 万亿美元。

（1）直接使用价值　生物为人类提供了食物、纤维、建筑和家具材料及其他生活、生产原料，从而产生了消耗性利用价值和生产性利用价值。消耗性利用价值：指直接消耗性的（即不经市场交易的）自然产品上的价值。例如，山民的柴薪、猎取的野味、种植蔬菜、饲养家禽等。生产性利用价值：通过商业性收获供市场交换产品的价值。像木材、水果、药用植物这类生物资源产品的生产性利用，可以对国民经济有重大作用。例如据世界卫生组织统计表明：发展中国家有 80％的人靠传统药物治疗疾病，发达国家有 40％以上的药物源于自然资源，中国有记载的药用植物达 5000 多种。目前已知具抗癌潜力化学物质的海洋生物有500 多种，葫芦科植物——栝楼根（天花粉）的蛋白质不仅能治疗绒毛膜皮癌，而且是治疗AIDS 的良药。部分蜗牛和美洲野牛是罕见的几种不患癌症的动物，研究它们抗癌的物质基础和机理，对于发现新的药源具有难以估量的潜在价值。

（2）间接使用价值　生物多样性的间接价值是指不能直接转化为经济效益的价值，它涉及到生态系统的功能。在生态系统中，野生生物之间具有相互依存和相互制约的关系，它们共同维系着生态系统的结构和功能。提供了人类生存的基本条件（如：食物、水和呼吸的空气），保护人类免受自然灾害和疾病之苦（如，调节气候、洪水和病虫害）。野生生物一旦减少了，生态系统的稳定性就要遭到破坏，人类的生存环境也就要受到影响。因此这类价值一般不会出现在国家或地区的财政收入中，但当进行计算时，其价值可能远高于直接价值。例如欧盟-中国生物多样性项目组曾测算了黄土高原地区陕西省安塞县的农业生态系统服务价值，其生态系统服务包括土壤保持、水源涵养、CO_2 固定和 O_2 释放、维持营养物质循环和环境净化。研究结果显示，该生态系统服务的总价值达 31.7 亿元，是产品价值的170 倍。其实想准确评价生物多样性的简介价值非常困难，但可以从以下几方面进行分析和理解。

① 生物多样性起着涵养水源和防治水土流失的作用，对调节气候和物质循环方面的有着贡献。中国环境科学研究院生物多样性研究中心的测算显示，2012 年温州市泰顺县生态系统服务功能总价值为 335.98 亿元。以水源涵养、气候调节、生物多样性保护为主要服务功能类型，分别占总价值的 62％、21.67％和 6.73％。

② 生物多样性对生态系统中种间基因流动和协同进化的贡献。

③ 生物多样性在美学、社会文化、科学、教育、精神及历史的价值也是相当大的，世界上，自然观光性质的旅游业每年创造 120 亿美元的税收。

（3）潜在使用价值　野生生物种类繁多，人类对它们已经做过比较充分研究的只是极少数，大量野生生物的使用价值目前还不清楚。但是可以肯定，随着人们在将来会遇到各种各样的挑战，有些物种现在看来毫无用途，也许将来某一天却能帮助人类免于饥荒，祛除疾病，因此这些野生生物具有巨大的潜在使用价值。一种野生生物一旦从地球上消失就无法再生，它的各种潜在使用价值也就不复存在了。为了保留将来人们有更多的选择和选择机会，对于目前尚不清楚其潜在使用价值的野生生物，同样应当珍惜和保护。

6.4.2　物种消失的现状及其危害

6.4.2.1　物种消失的现状

动植物相继灭绝，农作物中只剩下玉米可以存活，整个地球被风沙席卷，人类迎来末日……这是科幻电影《星际穿越》中描述的场景，这一天真的会到来吗？科学家的研究表明，情况不容乐观。曾经，乳齿象、猛犸象、麋鹿、剑齿虎、美洲豹等各种各样的大型哺乳动物在这个星球上繁衍生息。之后，现代人类遍布全球，这些动物大部分永久地消失了。可悲的是，最新研究发现，大型哺乳动物的灭绝趋势仍在继续，而小型物种的生存也受到威胁。一篇发表在《科学进展》杂志上的论文分析了 74 种最大型陆生食草动物（体重超过 100kg）的生存境况、面临的威胁和它们对生态环境的贡献。结果发现，它们当中 60％的物种都面临灭绝的危险。其中既包括一些广为人知的标志性物种，如大象、河马、犀牛、欧洲野牛和印度水牛；也包括一些知名度较低的物种，如羚牛、林牛、高山和低地地带的小野牛和明多罗水牛等。科学家在分析了 70 多个国家的近 2.7 万个物种、100 多万条生态多样性改变记录后发现过去 500 年来，人类已经使陆地上野生动植物总量减少了 10％，使物种总量减少了 14％，绝大多数损失都发生在 100 年以内。其中14％的物种灭绝只是全球平均水平。在一些地区，生物多样性的确保存较好，而在其他地区，例如西欧，已经失去了 20％～30％的物种。根据欧盟发布的对于 2012 年启动的评估欧洲生物多样性的报告得出的结论：欧洲最具生物多样性的栖息地中，有 77% 被评定为在 2007~2013 年处于"不利的保护现状"，60% 的被评估物种未处于优势地位。蝴蝶、蜜蜂和鸟类都在衰减，比如，草地蝴蝶的种群在 1990~2011 年减少了一半，同时 24% 的欧洲大黄蜂物种目前正面临灭绝的威胁。报告还警告说，鉴于 84% 的欧洲农作物或多或少地依靠昆虫传粉，传粉昆虫的衰减会影响到农业。2000~2010 年，由于数量变少，为作物授粉昆虫的能力下降了约 5%。在海洋环境中，只有 7% 的物种和 9% 的栖息地被评定为"处于有利的保护现状"。

世界自然基金会（WWF）调查发现，近年来，低收入国家中出现了严重的生物多样性锐减（降幅达 58%），中等收入国家也表现出下降趋势（降幅达 18%），相反的，高收入国家的生物多样性却出现了上升趋势（上升幅度达 10%）。值得注意的是，高收入国家很有可能通过资源进口的方式将生物多样性丧失带来的损失和它的不良影响转嫁给收入相对较低的国家。

2009 年出版的、由中华人民共和国环境保护部发布的《中国履行〈生物多样性公约〉第四次国家报告》称，中国是世界上生物多样性最丰富的 12 个国家之一，拥有森林、草原、湿地和海洋等多种类型的生态系统，物种资源也极为丰富，物种数量位居北半球第一，是北半球的生物基因库。中国现有脊椎动物 6300 多种，除已经灭绝或濒临灭绝的犀牛、野马、白臀叶猴和高鼻羚羊等珍贵种类外，目前濒危或生存受威胁的脊椎动物累计 430 多种，占中国脊椎动物总数的 6.8% 以上。中国现有高等植物 30000 多种，在近半个世纪里，除已灭绝的崖柏、雁荡润楠和喜雨草等种类外，目前濒危和生存受到威胁的高等植物有 4000~5000 种，占中国植物种类的 15%~20%，其中包括高度稀有濒危的苔藓类植物 36 种、蕨类植物 101 种、裸子植物 75 种和被子植物 826 种，总计共 1038 种，占高等植物总数的 2.9%。也有资料表明，温带地区有 10% 的植物处于濒危和受威胁的状态，热带和亚热带地区的比例则高于 10%。在"濒危野生动植物种国际贸易公约"列出的 640 个世界性濒危物种中，中国就占 156 种，约为世界总数的 1/4，形势十分严峻。我们的国宝，有"水中的大熊猫"、"长江女神"之美誉的白鳍豚也在 2006 年宣布功能性灭绝（见图 6-7）。

图 6-7 已经灭绝的水中国宝白鳍豚

6.4.2.2 物种消失的危害

生物多样性是地球生物几十年来长期进化的结果，是人类得以生存和发展的保障，对于维护整个生态系统的平衡和稳定，起着难以估计的直接或间接价值。例如，由环保部和中国科学院共同推动实施的中国生物多样性与生态系统服务价值评估项目建立了台州市仙居县、温州市泰顺县、成都市温江区、普洱市景东县 4 个县级示范区。其中在台州市仙居示范县，项目组评估了森林所提供的五种价值：固碳释氧价值、有机物生产价值、水源涵养价值、营养物质循环价值、水土保持价值，并计算出 2013 年规划区的森林生态服务总价值为505.37 亿元。温州市泰顺示范县 2012 年全县生态系统服务功能总价值为 335.98 亿元。然而，随着人类对地区资源的大肆索取，生态环境日益恶化，造成生物物种不断消失，物种多样性的丧失这个不可逆的过程，不但造成其价值的削减，还可能会引发一系列的后果。

（1）生物多样性降低影响着国家食物安全及人类的生存　爱因斯坦就曾预言：如果蜜蜂从世界上消失了，人类也将仅仅剩下 4 年的光阴！因为，在人类所利用的 1330 种作物中，有 1000 多种需要蜜蜂授粉。如果人类不采取积极保护物种多样性的措施，那么在不久的将来各种生物的生存环境将继续大量丧失，大量的物种走向灭绝。不过可以肯定的是，人类绝对不是灭绝的最后一个物种。以生物遗传资源为例，20 世纪 50 年代，中国各地农民种植水稻地方品种达 46000 多个，至 2006 年，全国种植水稻品种仅 1000 多个，且基本为育成品种和杂交稻品种。20 世纪 50 年代中国种植的玉米地方品种达 10000 多个，目前生产上已基本不用地方品种了。另外，农作物野生近缘种的分布范围也不断缩小，中国野生稻原有分布点中的 60%～70% 现已消失或大面积萎缩。这些粮种的消失，就可能为我们带来更高的食品风险。

（2）生物多样性的降低将改变生态系统稳定性　自然界里的所有生物都是互相依存，互相制约的，每一种物种的绝迹，都会导致该生存环境中复杂的食物链和食物网发生断裂，这就预示很多物种即将面临死亡，此外，生物多样性对生态系统的生产力、分解力、养分循环系统都存在重要影响，生物多样性丧失，将导致各个生态系统功能的减弱甚至丧失。例如：美国有研究人员针对每一个哺乳动物种群，基于动物体形装配了一个在过去 6000 年里合理的捕食者——猎物生态网络。该网络能够以 74% 的正确率预测现代非洲的动物捕食关系。研究人员随后模拟了每一种生态网络的稳定性，研究一个小小的改变导致整个系统完全崩溃的可能性到底有多大。结果研究表明，最古老以及物种最丰富的生态系统是最有弹性的，但是这些网络随着时间的流逝变得越来越不稳定。随着一个物种的灭绝，依赖该物种的哺乳动物自身便会愈发脆弱。在野猪消失后，白羚羊和美洲豹种群的稳定性在随后的 150 年里出现了最危险的下降。研究人员表示，一旦失去多样性，便会失去生态系统的稳定，同时每一种生物体的重要性便会被放大。

（3）生物多样性降低影响气候变化　生物多样性在基因与物种水平的改变会导致生态系统的结构、功能的改变，及其与水、碳、氮等生物地球化学循环相互作用的改变，进而进一步影响到地区或全球的气候。人类活动导致的土地覆被的变化已经显著地为大气中贡献了温室气体。碳主要储存在森林里，森林大火或砍伐森林时，二氧化碳就会释放到大气中。据估计 1850 年到 1998 年间释放到大气中的二氧化碳有 1/3 来自于陆地，绝大多数是由于森林毁灭。另外，全球土壤中的碳将近 1/3 储存在沼泽和泥炭地里。每当沼泽或泥炭地退化或被烧毁、排干变为农业用地时，温室气体就会释放到大气中。森林的蒸腾作用和热反射率会影响一个地区的水循环，因此植被覆盖率的减少会导致地区干旱频率和气温的上升。例如，亚马逊河流域 50% 的降水都来自流域内植物的蒸腾作用，当地森林的砍伐已经减少了 20% 的降水，并造成了季节性的干旱，使温度升高了 2℃，气候的变化，会导致热带雨林的进一步衰退并促进其向更干燥的落叶林演替。

6.4.3 保护生物多样性的措施

6.4.3.1 政策支持，完善法律

经过多年努力，为了解决生物多样性与可持续发展问题，各国政府加大了对相关内容的关注，不少有利于维护生物多样性的政策得以出台。2010 年，由 192 国政府商定并确认了《2011～2020 年生物多样性战略计划》及其《爱知生物多样性指标》。联合国大会已宣布，2011～2020 年为联合国生物多样性十年。生物多样性十年是支持和促进落实上述《战略计划》和《爱知指标》的工具。它力促国家、政府、其他利益攸关方的参与主动性，将与生物多样性相关的所有问题囊括进去，并渗透进入更广泛的发展规划和经济活动。这些框架将鼓励各缔约方在十年内发展、落实、传播、执行《战略计划》，并制定临时性的进度目标，机制化地报告所取得的进展。

2010 年 10 月 29 日，具有历史意义的生物多样性公约——关于获取遗传资源和公正公平分享其利用所产生惠益的《名古屋议定书》，在日本名古屋通过。该议定书的内容于 2014 年 10 月 12 日起正式生效，这意味着我们在建立与遗传多样性的新型关系方面，拥有巨大的潜力。《名古屋议定书》将确保生物多样性丰富的国家，能够从其遗传资源的公正、公平利用中获得惠益。《爱知生物多样性指标》将有助于推动 2015 年后的发展议程。最近发行的第四版《全球生物多样性展望》表明，我们在落实《爱知指标》的部分方面取得了重大的进展。例如，至少有 17% 的陆地和内陆水域以及至少 10% 的沿海和海洋区域得到有效保护。

鉴于生物多样性保护的重要性，我国政府最近也采取了一系列重要的环境举措。中国国务院于 2010 年成立了"2010 国际生物多样性年中国国家委员会"，并审议通过了《国际生物多样性年中国行动方案》和《中国生物多样性保护战略与行动计划（2011～2030 年）》，计划到 2015 年，我国力争使重点区域生物多样性下降的趋势得到有效遏制；到 2020 年，努力使生物多样性的丧失与流失得到基本控制；到 2030 年，使生物多样性得到切实保护。2012 年，李克强在出席当年召开的在中国生物多样性保护国家委员会第一次会议时曾表示，要将生物多样性保护作为生态文明建设目标体系的重要内容，纳入地方各级政府绩效考核。2014 年 12 月 8 日，张高丽也要求把生物多样性保护任务在经济社会发展规划中进一步细化实化，建立生物多样性保护目标考核制度，加强对《中国生物多样性保护战略与行动计划》实施情况的监督、检查和问责。建立战略行动计划和联合国生物多样性十年中国行动评估考核机制。随后我国出台《加强生物遗传资源管理国家工作方案（2014～2020 年）》和《生物多样性保护重大工程实施方案（2014～2020 年）》，以解决生物多样性保护的突出问题和薄弱环节。

此外我国还通过了一项新的环境保护法律，就生态和生物多样性的养护作出了规定，要求制订生态和生物多样性状况的"红线"。法律通过了土地分区计划，确定禁止在某些地块上进行开发活动，严格限于进行生态和生物多样性养护；首次完成了全国性生物多样性评估，确定了生物多样性和保护的主要地区；最终确定了红色清单，并将于 2015 年 5 月 22 日国际生物多样性日的庆祝仪式上予以公布。

6.4.3.2 资金投入

资金投入对于生物多样性保护具有重要的影响，由于资金投入渠道单一、覆盖面窄、甚至无固定资金投入。导致自然保护区的建设和管理能力薄弱，无法建立生态补偿机制，保护区域社区及居民未获得利益公平分享，社区经济发展与生物多样性保护的矛盾突出，从而制约着生物多样性保护工作的开展。

在生物多样性保护资金投入方面，据统计，保护全世界的濒危物种每年大约需花费40亿美元，研究人员推断，在未来的10年中，改善全世界1115种受威胁鸟类的状态所需的成本大约介于每年8.75亿美元到12.3亿美元之间。再加上其他动物，这一数字将上升至每年34.1亿美元到47.6亿美元。《中国生物多样性国情研究报告》早先进行的测算显示，年均需投入资金94亿元人民币。专家表示，这一估计是建立在20世纪90年代初中国对生物多样性保护和持续利用投入水平基础上的。考虑到随着国民经济的发展，中国政府对生物多样性的投入将逐年增加，同时考虑到物价上涨因素，估计值有可能还有点偏低。

因此，在我国可以建立生物多样性保护基金制度，将生物多样性保护基金纳入各级政府、国民经济和社会发展计划，通过生物多样性保护基金，一方面接受有关生物资源开发利用部门和其他企业部门自愿捐款的支持，另一方面也可通过举办各种展览、培训、资源开发和各种服务积累资金，再投入到生物多样性保护事业中去。再者，随着公民对生物多样性保护认识的增强，还有来自社会各界的捐款。同时，我国政府应积极争取发达国家以及国际社会的资金援助，从而保障生物多样性保护事业的顺利开展。

6.4.3.3 划定保护区域，建立和完善科研监测体系，强化管理

建立有效的自然保护区，是重要森林植被资源、珍稀濒危物种、生态系统多样性有效保护的重要手段。建立保护区，就需要对该地进一步规划布局，加强管理，并且需要在保护区范围内加强科研监测基础设施的建设与投入，加大防火监控电子设备的投入，加强综合监测体系的建设，进一步实现对森林资源与保护区生态状况的综合监测，为准确评价保护区内环境的变化提供科学准确的依据。只有保护好这些重点区域，才能保护我国绝大部分生物多样性。目前，截至2014年底，全国已建立各类自然保护区2729个，自然保护区总面积147万平方公里，约占陆地国土面积的14.84％，高于世界12.7％的平均水平。划定了35个生物多样性保护优先区域，包括大兴安岭区、三江平原区、祁连山区、秦岭区等32个内陆陆地及水域生物多样性保护优先区域，以及黄渤海保护区域、东海及台湾海峡保护区域和南海保护区域等3个海洋与海岸生物多样性保护优先区域。

6.4.3.4 防止外来物种入侵

对于生态平衡和生物多样性来讲，生物的入侵是一个扰乱生态平衡的过程，因为，任何地区的生态平衡和生物多样性是经过了几十亿年演化的结果，这种平衡一旦打乱，就会失去控制而造成危害。例如新西兰森林中的蚧壳虫所产的蜜汁被当地食蜜昆虫和鸟类取食，但德国黄胡蜂入侵该地区后，蜜汁被入侵种大量吞食，到秋季胡峰密集时，胡峰能消耗95％的蜜汁，导致该季节当地濒危物种——土生的橄榄色鹦鹉几乎绝迹。又如加那利群岛的杨梅入侵岛夏威夷国家火山公园后，由于该树种可以固氮，在营养贫瘠的火山岩土壤中，能够获取比当地其他植物大90倍的氮，致使本地种只能往土壤营养较好地区退却，导致杨梅的进一步入侵。该杨梅还可以吸引外来种暗绿绣眼鸟，该鸟可为杨梅扩散种子，加大入侵程度，并

且暗绿绣眼鸟也成为当地鸟类的竞争者，从而改变了当地的生态系统。为了防止外来物种对当地生态环境产生破坏，危机当地濒危动植物生存，防止生物多样性丧失，对外来物种的控制至关重要。通常可以采用人工砍除、火烧、除草剂杀灭、引入相对较为安全的入侵种病原体、天敌等方法来控制或消除外来种。当然最根本的方法应该是在引入外来种之前，根据其生态习性、生活史、环境影响因子等进行分析，考察本地生态环境具体特征后，妥善处理，防止引种不当。

【拓展】 第六次物种大灭绝。在地质史上，由于地质变化和大灾难，生物经历过 5 次自然大灭绝。第一次物种大灭绝，又称奥陶纪-志留纪灭绝事件，距今 4.39 亿年左右（奥陶纪末期），其中约 85％的物种灭亡，27％的科与 57％的属灭种。古生物学家认为这次物种灭绝是由全球气候变冷造成的；第二次生物大灭绝，又称为泥盆纪大灭绝，从距今约 3.65 亿年前的晚泥盆纪至早石炭纪之际。灭绝的科占当时科总数的 30％，灭绝选择性地发生，灭绝的海生动物达 70 多科，82％的海洋物种灭绝。很多科学家认为造成这次大灭绝事件的原因，是在彗星撞击绝的诱因下，造成的与奥陶纪末相似的全球变冷事件；第三次生物大灭绝发生于距今 2.5 亿年前的二叠纪末期，估计地球上有 96％的物种灭绝，其中 95％的海洋生物以及 75％的陆地生物都在"短期"内消失。这次大灭绝使得占领海洋近 3 亿年的主要生物从此衰败并消失，让位于新生物种类，生态系统也获得了一次最彻底的更新，为恐龙类等爬行类动物的进化铺平了道路。于是二叠纪被誉为生物圈重大变革时期。至于生物消失的原因，原因可能是大规模和大范围的火山活动，引起甲烷水合物和二氧化碳的大量释放；第四次物种大灭绝是距今约 2 亿年前的三叠纪晚期，估计有 76％的物种，其中主要是海洋生物在这次灭绝中消失。这一次灾难并没有特别明显的标志，只发现海平面下降之后又上升了，出现了大面积缺氧的海水；最为著名的第五次物种大灭绝发生在 6500 万年前。当时地球上包括恐龙在内的 90％的地球物种在这个时期被毁灭，此后，地球上生物世界的面貌发生了根本性的巨变。这场大绝灭标志着中生代的结束，地球的地质历史从此进入了一个新的时代——新生代。关于这次灭绝，最通常的说法是小行星撞击地球说，认为小行星撞击及其引发了地震、海啸和火山爆发，形成了厚达几千米的云层，以至于阳光不能穿透，全球温度急剧下降，这种黑云遮蔽地球长达数十年之久，植物不能从阳光中获得能量，海洋中的藻类和成片的森林逐渐死亡，食物链的基础环节被破坏了，大批的动物因此饥饿而死。在 2007 年，美国的两位研究人员发现，在过去的 5.5 亿年里，平均每隔 6200 万年地球上就会经历一次物种的大灭绝，这似乎是一种还无法合理解释的周期性现象。距离第五次物种大灭绝已有六千五百多万年的今天，科学家们发现世界上的物种正在以违反常理的速度不断减少，美国布朗大学的一项研究发现人类的活动使得现在物种灭亡的速度是 6000 万年前的 1000 倍，41％的两栖动物已惨遭浩劫，另外，调查也发现全球已经有 26％的哺乳动物至 13％的鸟类也受到灭绝的威胁，栖息地的丢失和退化以及捕猎等特定的人类活动对于野生动植物的持续生存带来了巨大的伤害，而且这些压力正在不断增加，再加上气候变化使得生物多样性正在持续恶化，目前每年的物种灭绝率为 0.01％～0.7％，联合国环境规划署官员也曾指出：现在每年至少有 6 万种生物灭绝。调查人员宣称如果物种以现在这个速率消失，那么到 2200 年真的会出现第六次物种大灭绝，而且与前五次不同的是，这次责任大部分源于人类。

6.5 危险废物的越境转移

6.5.1 危险废物及其危害

6.5.1.1 危险废物的内涵

危险（性）废物是指除放射性废物以外，具有化学活性或毒性、腐蚀性、易燃性、爆炸性、反应性、感染性和其他对人类生存环境及人体健康存在有害特性的废物。美国在《资源保护与再生法》中规定，所谓危险废物是指一种固体废物和几种固体的混合物，因其数量、浓度和物理、化学、传染特性较高，可能导致或明显影响死亡率的上升和严重不可挽回或不可逆疾病的增加，或在不恰当处理、贮存、运输、处置或其他方式时对人体健康或环境造成确实存在或潜在危害的废物。日本在《废弃物处理及清扫法》中规定，特别管理废弃物（危险废物）是指废弃物当中具有爆炸性、毒性、感染性以及其他对人体健康和生活环境产生危害的特性并经过政令确定的物质。在《中华人民共和国固体废物污染环境防治法》中规定，危险废物是指列入国家危险废物名录或者根据国家规定的危险废物鉴别标准和鉴别方法认定的具有危险特性的固体废物。

根据危险废物的定义，具有毒性和感染性等一种或一种以上的危险特性的危险废物与其他固体废物混合时，混合后的废物属于危险废物；具有毒性和感染性等一种或一种以上危险特性的危险废物处理后的废物仍属于危险废物；仅具有腐蚀性、易燃性或反应性的危险废物与其他固体废物混合，混合后的废物经鉴别不再具有危险特性的不属于危险废物。危险特性鉴别法，就是按照一定的标准通过测试废物的性质来判别该废物是否属于危险废物。由于危险特性种类较多，从实用的角度通常主要鉴别废物的腐蚀性、可燃性、反应性、毒性这四种性质。

危险废物来源广泛，工业生产、医疗服务、农业药剂、生活垃圾、甚至是环保设施等都可能产生危险废物。其中危险废物的最主要来源在于工业生产，尤其是我国工业发展的支柱行业，如化工行业、采掘业、黑色金属冶炼行业、有色金属冶炼、压延加工业、石化行业等行业都是产生危险废物的主要源头。医疗过程中的过期药品、一次性废弃医用品、血液制品等都可能引起传染疾病，因此被列为1号废弃废物。此外农业生产中废弃的杀虫剂、除草剂、农药，生活用品中的家用洗涤剂、护理化妆用品、油漆涂料、油墨、洗衣溶剂、打印药剂，污水处理过程中产生的污泥都可能形成危险废物。危险废物可以通过直接暴露（如吸入、食入和皮肤接触）和间接危害（如食物链摄入、引发灾害事故、二次污染）两种途径对环境产生污染，对人体健康造成危害。

尤其是对于生活用品中的危险废物一般不会单独收集及处理，多数情况下混合在生活垃圾中进行处置，以至于很多人并不知道生活中产生的危险废物是什么。那究竟哪些是生活源危险废物呢？这里主要包括报废的荧光灯、节能灯、油漆桶、油抹布、各类可充电电池、药品、手机、胶片、家电制品、含汞温度计及血压计等。由于此类废物一般难以降解或含有毒性，一旦混入生活垃圾进行填埋、堆肥或者焚烧处理，都易对环境产生危害。比如像打火机、摩丝、杀虫喷雾剂、空气清新剂等都是液体的压缩钢瓶，如果随手丢弃中发生碰撞或是摩擦，很容易发生爆炸。针对这个问题，2013年《宁夏开展集中处置生活源危险废物试点工作实施方案》出台，宁夏回族自治区环保厅将投入专项资金购置生活源危险废物收集箱 1500 个，配套转运箱 500 套，在全区选取 300 个居民小区作为试点进行生活源危险废物的收集，建立生活源危险废物收集体系，按照"市收集转移，区处置"的模式，将试点小区分类收集的生活源危险废物送至自治区危险废物和医疗废物处置中心贮存处置。依托自治区危险废物和医疗废物处置中心预留用地，建设生活源危险废物贮存库。

6.5.1.2 危险废物的危害

危险废物对环境的危害是多方面的，据估计，全世界每年的危险废物产生量为 3.3 亿吨，尽管从数量上讲，危险废物产生量仅占固体废物的 3％左右。但由于危险废物的种类繁多、成分复杂，并具有毒害性、爆炸性、易燃性、腐蚀性、化学反应性、传染性、放射性等一种或几种以上的危害特性，且这种危害具有长期性、潜伏性和滞后性。如果对危险废物的处理不当，则会因为其在自然界不能被降解或具有很高的稳定性，能被生物富集，能致命或因累积引起有害的影响等原因对人体和环境构成很大威胁。一旦其危害性质爆发出来，产生的灾难性后果将不堪设想。目前危险废物主要是通过水体、大气和土壤造成污染，例如废物随降水产生径流，从而流入地表水源或者随渗滤液下渗土壤，污染土壤和地下水源；或者废物中的颗粒、粉末在运输、贮存、处理处置过程中，随风扩散，污染大气，落入地面后污染土壤。

自 20 世纪以来，由于危险废物处置不当引发的环境公害数不胜数，较为著名的印度博帕尔泄漏事件和前苏联的切尔诺贝利核电站的核泄漏事件。1984 年，印度中部博帕尔市北郊的美国联合碳化物公司印度公司的农药厂发生了严重毒气泄漏事故。博帕尔农药厂是美国联合碳化物公司于 1969 年在印度博帕尔市建起来的，用于生产西维因、滴灭威等农药。制造这些农药的原料是一种叫做异氰酸甲酯的剧毒气体。在博帕尔农药厂，这种令人毛骨悚然的剧毒化合物被冷却成液态后，贮存在一个地下不锈钢储藏罐内，达 45t 之多。由于该储槽压力上升，致使液态异氰酸甲酯以气态形式从出现漏缝的保安阀中溢出，并迅速向四周扩散。其中 30t 毒气化作浓重的烟雾以 5km/h 的速度迅速四处弥漫，很快就笼罩了 25km² 的地区，数百人在睡梦中就被悄然夺走了性命，几天之内有 2500 多人毙命。至 1984 年底，该地区有 2 万多人死亡，20 万人受到波及。附近的 3000 头牲畜也未能幸免于难。在侥幸逃生的受害者中，孕妇大多流产或产下死婴，有 5 万人可能永久失明或终生残疾，余生将苦日无尽。博帕尔事件是发达国家将污染及高危害企业向发展中国家转移的一个典型恶果。切尔诺贝利核电站是前苏联最大的核电站，1986 年 4 月 25 日，核电站的 4 号动力站由于连续操作失误，其反应堆状态十分不稳定。1986 年 4 月 26 日凌晨 1 点 23 分，随着两声沉闷的爆炸声，一条 30 多米高的火柱掀开了反应堆的外壳，冲向天空，反应堆的防护结构和各种设备整个被掀起，高达 2000℃的烈焰吞噬着机房，熔化了粗大的钢架。携带着高放射性物质的水蒸气和尘埃随着浓烟升腾、弥漫、遮天蔽日。虽然事故发生 6 分钟后消防人员就赶到了现场，但强烈的热辐射使人难以靠近，只能靠直升机从空中向下投放含铅和硼的沙袋，以封住反应堆，阻止放射性物质的外泄。切尔诺贝利核电站事故带来的损失是惨重的，爆炸时泄漏的核燃料浓度高达 60％，且直至事故发生 10 昼夜后反应堆被封存，放射性元素一直超量释放。事故发生 3 天后，附近的居民才被匆匆撤走，但这 3 天的时间已使很多人饱受了放射性物质的污染。在这场事故中当场死亡 2 人，至 1992 年，已有 7000 多人死于这次事故的核污染，这次事故造成的放射性污染遍及前苏联 15 万平方公里的地区，那里居住着 694.5 万人。

由于这次事故，核电站周围 30km 范围被划为隔离区，附近的居民被疏散，庄稼被全部掩埋，周围 7km 内的树木都逐渐死亡。在日后长达半个世纪的时间里，10km 范围以内将不能耕作、放牧；10 年内 100km 范围内被禁止生产牛奶。不仅如此，由于放射性烟尘的扩散，整个欧洲也都被笼罩在核污染的阴影中。邻近国家检测到超常的放射性尘埃，致使粮食、蔬菜、奶制品的生产都遭受了巨大的损失。核污染给人们带来的精神上、心理上的不安和恐惧更是无法统计，事故后的 7 年中，有 7000 名清理人员死亡，其中 1/3 是自杀。参加医疗救援的工作人员中，有 40% 的人患了精神疾病或永久性记忆丧失。时至今日，参加救援工作的 83.4 万人中，已有 5.5 万人丧生，七万人成为残疾，30 多万人受放射伤害死去。

在我国危险废物带来的危害也是层出不穷。例如，2012 年云南曲靖铬渣污染事件，云南省曲靖市陆良化工公司将总量 5000 余吨的重毒化工废料铬渣非法丢放，共造成倾倒地附近农村 77 头牲畜死亡，又冲水库 4 万立方米水体和附近箐沟 $3000m^3$ 水体受到污染，该区地下水出水口铬超标 242 倍，水稻田中存水铬超标 126 倍。2014 年 12 月浙江海宁破获特大跨省污染环境案，据查自 2012 年 5 月以来，江西新悦达能源再生有限公司在桐乡崇福长期租用码头，以回收钛白粉尾渣加工生产黄磷石膏为掩护，承揽海宁、桐乡等地制革、印染企业的污泥处置业务，后组织船只将有毒污泥运往外地进行非法填埋，或直接排入京杭大运河和鄱阳湖，累计非法处置污泥 30 余万吨。经检测，这些污泥中含有大量重金属，造成大范围水域的水质严重污染。危险废物污染问题在我国已经非常突出，因此对危险废物的控制对策研究十分重要。2013 年以犯罪团伙借用河南瑞尔威实业有限公司资质，以每吨 400 元的价格与连云港宏业化工有限公司签订协议，转移 500 余吨危废化学品，其中仅 55t 被转移至瑞尔威公司，80 余吨被转移至山东莒南县，360 余吨被转移至江苏徐州，又私自从连云港宏业化工有限公司转移出 100 余吨危废化学品至江苏沭阳。随后将其中 496 桶约 150t 的危险废物倾倒在邯郸市紫山风景区内，造成环境的严重污染。2015 年兰州劲源铝业有限公司被发现其将工业废铝灰随意倾倒在工厂外的小山沟里，长期积累后，此非法倾倒的危险废物达 140t，经采样监测分析，现场两个采样点废铝灰浸出液无机污染物（无机氟化物）浓度为 515mg/L 和 532mg/L，均超过国家规定的危险废物鉴别标准中的无机氟化物标准限值（限值为 100mg/L），造成当地环境严重污染。

6.5.2 危险废物越境转移的定义及危害

6.5.2.1 危险废物越境转移的定义

危险废物越境转移指一国通过运输的方式将巴塞尔公约或其他国际公约或协定或决议建议规定的危险废物和其他废物从一国的管辖范围内直接转移到目的地国而不需经过另一国领土或领海，通过公海直接转移到目的地国的除外，或者从一国管辖范围内将上述的危险废物经过第三国的国家领土或领海运输到目的地国的行为。该第三国常被称为过境国。

《巴塞尔公约》和《巴马科公约》也规定："越境转移"是指危险废物或其他废物从一国的国家管辖地区移至或通过另一国的国家管辖地区的转移，或移至或通过不是任何国家的国家管辖地区的任何转移，但该转移须涉及至少两个国家。

危险废物转移包涵以下几个步骤：首先，危险废物在起源国主要是作为工业活动和消费活动的副产品而产生，然后经过收集系统进行收集；其次，它是通过运输方式经过一个或更多的国家或全球公地，并且在运输期间可能要在某处进行处理和临时储存；最后，在最终目的地，或是在接受国或是在全球公地进行处理或处置。所以，危险废物越境转移问题其实是一个相当复杂的工程，它经过收集、包装、混合、装运、运输、处理以及最终的处置等一系列过程。

6.5.2.2 危险废物越境转移的危害

随着经济的发展，尤其是工业化进程加快，人们的生活水平日益提高，从而对各种电子产品、化工产品、带有精美包装的日用品需求日益迫切，从而导致各种废弃物大量产生，尤其危险废物的增加带来的环境危害及对人类健康的危险更为严重。据调查，自 2001 年至 2010 年的 10 年时间里，我国危险废物产量就增加了近 66.7%，2010 年全国危险废物产生量达到 1586.8 万吨由于危险废物，预计 2015 年，全国危废产生量将超过 6000 万吨。由于废物处置场所难以找到，其废物处置成本过高，环境法规日益严格，对废弃物的随意处置造成了极大危害，尤其是相对危险的有害废物如药品、化工产品废弃物、电子产品废弃物等，企业所得的利润相比这些有害废物的产生和处置费用及对环境的深远影响而言微不足道。例如 1978 年，美国曾着眼于有害废物处理状况的调查，发现共有两万余处没能够对这些废物进行合理且无害的处置，据评估，因为危险废物的堆积致使这些处理场所的土壤、水源、大气等周边环境都受到影响，为了消除这些区域的不利影响，至少要花费 100 亿～1000 亿美元。两年之后，德国也如同美国一样对本国有害废物的处理进行了调查，结果发现，其处理不当的区域是美国的 2.5 倍，随之产生的净化费用最少需要 180 亿马克。有害废物的产生不只是对当地居住环境的影响，它对周围水环境的危害最为严峻，丹麦曾因为有害废物的不当处置，造成地下水大规模的污染，其净化费用高达 1500 万美元。为了减少废物处理所需的花费，废物转移，特别是危险废物的越境转移就成为产生者和出口者寻求废物处置的重要解决途径。正如《星期六晚间实况》系列节目中的讽刺作品之一"垃圾炮"，这是为一种虚构产品做的玩笑广告。垃圾炮模仿中世纪的弯炮，大小正可以放在后院里，可以把垃圾袋弹射到邻居的院子里。不需要再生，不需要焚烧，也不需要垃圾场。广告说这种垃圾炮"是最能使人眼不见、心不烦"的用具了。不幸的是，这种纯属虚构的玩意儿正成为当前处理废品政策的主要手段。

虽然说危险废物越境转移具有"快好省"等诸多优点，但是它会对各种环境要素造成极大风险，比如土壤、大气、淡水水源和海洋，这些风险可能在每个单独环境下产生，随之进行传播，传到复杂的环境系统之下。就平常固体废物的处置方式而言，土地填埋就会污染土壤，土壤污染会带来地下水污染的风险，随风飘扬的土壤灰尘又会影响大气；焚化就会影响到大气，降落的飞灰会影响土壤，降雨带来径流和渗滤会影响水圈；倾倒在海洋或泄漏、径流、渗滤将进入河流、湖泊、地下水，因此会影响淡水水源，进而影响水源附近土壤。可见危险废物本身就会造成整个环境系统的危机，尤其是跨国的长距离运输更会增加危害环境的风险，运输过程中随时可能发生事故，这就提高了对环境和人类健康的风险。此外，危险废物的接收国往往是发展中国家，这主要由于发展中国家环境标准、环保意识要求较低，处理费用较少，短缺经济效果明显等。例如在非洲国家，每吨危险废物的处置费用大约需要 2.5～50 美元，而其他的发达国家则需要 100～2000 美元，两者的处置成本相差 40 倍，尤其是美国处置含多氯联苯的危险费用成本高达 3000 美元/t，而出口到非洲处置只要 2.5 美元/t。同时，根据 1989 年美国《时代》周刊的相关报道，几内亚政府同意在 5 年内输入美国某财团 150 万吨的危险废物，作为交换的条件获取这个财团提供的 6 亿美元处理费用。这一笔处理费用，相当于几内亚政府当年 GDP 的 3 倍，是该国出口商品利润的 25 倍。联合国环境规划署曾经做过相关调查，目前全世界有 60%～70% 电子垃圾流向发展中国家，这种行为明显违背了"巴赛尔公约"中禁止出口危险废物的规定，然而电子垃圾的输出却是一项暴利交易，不法商人可据此牟利高达数十亿美元，这不得不让越来越多的人铤而走险。调查曾指出在接受电子垃圾的发展中国家里，中国珠江三角洲是最大的垃圾接受地，占全球发展中国家接收垃圾的 56%。许多小作坊将这些电子垃圾进行熔炼提取贵重金属，从而造成了当地环境的急剧恶化，如冶炼过程中产生的铅蒸汽会造成儿童血铅超标，给周围人们的身体健康造成极大威胁，然而这些电子垃圾的重新利用又带来了一系列的生产链，解决了很多人生活就业问题，再加上环保法实施过程的"疲软"，所以即使很多人明知道危险垃圾的接收危害深远，但仍挡不住部分人群的向往之情。政策法律不完善及经济短期效益都促使了危险废物向发展中国家单方向流动。与此同时，发展中国家对于危险废物的处理和处置的技术条件有限，造成了危险废物扩散，加大了环境污染。

80 年代以来，经查明发生多起有害废物的越境转移问题。例如 1987 年在尼日利亚柯科河港旁堆放 8000 多桶各种颜色的废料，不久，铁桶锈蚀，难闻的脏水四溢，散发恶臭。后经查明桶内装的是致命的聚氯丁烯苯基化合物，这是一种致癌率极高的化学物质。造成许多码头工人和家属瘫痪，19 人死亡的悲剧。1988 年几内亚一个无人居住的小岛，原来茂密的森林开始枯萎，逐渐死去。后经调查发现岛上有 1.5t 的垃圾灰，是一家挪威公司运来的，垃圾中含有氰化物、铅、铬等多种有毒物质。自 1997 年到 2005 年，单英国每年向中国倾倒的危险废物就从 1.2 万吨增至 1.9 万吨，美国每年 50%～80% 的电子废物被出口到中国。2005 年 5 月 19 日，在四川成都破获的特大进口危险废物案中涉及的废催化剂是《巴塞尔公约》中明令禁止的三种危险废物之一。然而，这两家危险废物非法运输企业在短短的几十年之间，从境外进口了 3000 多吨的废催化剂。根据有关资料统计，到 2009 年，我国实际进口的各类废物原料共计 5900 多万吨，这些废物的主要来源是以美国、日本为代表的发达国家，其中从经济合作发展组织输出的危险废物就达到 50%，除了直接将危险废物输出到中国内地以外，发达国家还通过将危险废物先转移到香港和澳门，然后再找机会将其运送到中国内地的途径进行危险废物的越境转移。我国的沿海省份因为具有便利的运输条件成为危险废物越境转移的"重灾区"，2012 年 4 月 6 日，防城港海关在进行边检过程中查获"洋垃圾"1100 多吨。

6.5.3　危险废物越境转移的控制

目前针对我国有害废物越境管理的相关法律法规中废物目录制定混乱，如我国先后颁布了《国家限制进口可用作的原料的废物目录》、《国家危险废物名录》、《限制进口类可用作原料的废物名录》、《禁止进口货物目录》、《关于进口第七类废物有关问题的通知》、《加工贸易禁止类商品目录》和《自动进口许可管理类可用作原料的废物目录》。其次立法内容缺乏逻辑性，例如除了全国人大常委会颁布的《固体废物污染环境防治法》外，其他关于危险废物管理的法律制度更多的是由不同政府部门针对某一时期的某些具体问题发布的行政法规和部门规章规定的，这样就会必然导致法律和行政法规以及部门规章之间缺乏应有的系统性、逻辑性。最后立法内容没有明确的专属法律规定，在各种不同规章制度中反复提及，存在重复立法，也容易引起法律效力冲突。从国际上看人类历史上第一个禁止危险废物越境转移的全球性公约《巴塞尔公约》对发达国家没有起到良好的约束作用，通过钻法律空子，发达国家以"直接投资"、"部分欠发达地区未签署公约"、"没有明确赔偿问题"等理由，依旧向发展中国家非法运输危险废物。可见无论从国内到国际形势都可以看出，关于控制危险废物越境转移的国内国际法律规范是不系统、不明确、效力不显著的。又因为危险废物的越境涉及全球的政治、经济、外交科技等各国领域，因此，只有通过国际的协商合作才能予以较圆满的解决。

第一，应加强公众的环境意识和法制观念。从已发生的危险废物越境转移事件看，除了发达国家转嫁污染的直接原因外，发展中国家的国民环保意识不强，只顾眼前利益，亦是一个值得重视的问题。只有公众对环境的要求提高了，才能让人们意识到牺牲环境为代价所取得的经济利益只是昙花一现，这样就能自觉自发地抵制危险废物的越境转移。

第二，要加强国际间的交流和合作。国际间交流合作的目的，在于使各国都建立起有效的危险废物管理登记系统，推广无废少废的清洁生产工艺以及环境监测技术、废物处置和综合利用技术等。要控制危险废物，就要提高对各种产品污染的辨别能力，对一些技术含量较高，常规下无法检测出来的隐性污染转移要严格控制，还需要从根本上消除和减少这种废物的生产，并尽可能就地将其回收利用或处理，以实现可持续发展。各国都应大力研究这些相应的技术，尤其是发展中国家，在发展工业中要优化产业结构，采用新工艺，产生的危险废物应有处理措施使其得到无害化处理。这些都需要国际间的交流合作，发展中国家需要向发达国家学习其先进的技术及管理经验，积极发展本国的环保产业，充分发挥自身优势的同时积极寻求国际合作。发达国家应该通过技术转让、能力培训、资金援助等方式，帮助发展中国家提高国内固体废物特别是危险废物的管理和无害化处理处置水平。同时，废弃物的回收利用必须严格恪守巴塞尔公约规定在废物产生国国境内处理的原则，防止以废物回收或资源循环利用为名，实施废弃物非法越境转移。各缔约方特别是废物出口国进一步加强合作，采取更加严厉的措施惩治危险废物非法越境转移行为，实现公约控制危险废物越境转移、打击危险废物非法跨境倾倒的宗旨。

第三，各国应建立完善的法律制度，以法律作为严格管理的依据。法律不健全，是造成危险废物管理混乱的一个主要原因。因此各国必须先在其本国范围内制定科学和合理的国内环境法律及环境政策。其中，主张全球禁运危险废物的发展中国家常常过分强调废物出口者造成的危害，而忽视了其自身对危险废物处理规定的欠缺。每个国家都应注重完善本国国内的环境保护法律法规体系，使环境执法工作有法可依。尤其是主要的输入国家，更需要结合本国国情，建立健全国内环境保护法律体系和环境标准体系，并在实践过程中不断地对其予以补充和完善。

【拓展】 危险废物鉴别。我国《危险废物鉴别标准》规定：

① 腐蚀性鉴别。当 pH $\geqslant$ 12.5，或者 $\leqslant$ 2.0；或在 55℃条件下，对规定的 20 号钢材的腐蚀速率 $\geqslant$ 6.35mm/a，则该废物是具有腐蚀性的危险废物。

② 急性毒性初筛，对青年白鼠口服后，在 14d 内死亡一半的物质剂量称为 LD_{50}，经口摄取，固体 $LD_{50} \leqslant$ 200mg/kg，液体 $LD_{50} \leqslant$ 500mg/kg；使白兔的裸露皮肤持续接触 24h，最可能引起这些试验动物在 14d 内死亡一半的物质剂量称为：LD_{50}，经皮肤接触，$LD_{50} \leqslant$ 1000mg/kg；使雌雄青年白鼠连续吸入 1h，最可能引起这些试验动物在 14d 内死亡一半的蒸气、烟雾或粉尘的浓度称为 LC_{50}，$LC_{50} \leqslant$ 10mg/L，则符合上述条件之一的固体废物是具有急性毒性的危险废物。

③ 浸出毒性鉴别。浸出毒性是固态的危险废物遇水浸沥，其中有害的物质迁移转化，

污染环境，浸出的任何一种有害成分超出规定的浓度限值，则判定该固体废物是具有浸出毒性特征的危险废物。

④ 易燃性鉴别。闪点温度低于60℃（闭杯实验）的液体、液体混合物或含有固体物质的液体；在标准温度和压力（25℃、101.3kPa）下因摩擦或自发性燃烧而起火，当点燃后能剧烈而持续燃烧并产生危害的固态废物；在20℃，101.3kPa状态下，在与空气的混合物中体积百分比≤13%时可点燃的气体，或在该状态下，不论易燃下限如何，与空气混合，易燃范围的易燃上限与易燃下限之差≥12%的气体。

⑤ 反应性鉴别。爆炸性质规定常温常压下不稳定，在无引爆条件下，易发生剧烈变化；标准温度和压力（25℃，101.3kPa）下，易发生爆轰或爆炸性分解反应；受强起爆剂作用或在封闭条件下加热，能发生爆轰或爆炸性反应。与水或酸接触产生易燃气体或有毒气体规定，与水混合发生剧烈化学反应，并放出大量易燃气体和热量；与水混合能产生足以危害人体健康或环境的有毒气体、蒸汽或烟雾；在酸性条件下，每千克含氰化物废物分解产生≥250mg氰化氢气体，或者每千克含硫化物废物分解产生≥500mg硫化氢气体；废弃氧化剂或有机过氧化物规定，极易引起燃烧或爆炸的废弃氧化剂；对热、振动或摩擦极为敏感的含过氧基的废弃有机氧化物。

第7章

物理性污染与防治

人类生活环境中除了存在着化学性污染外，还充斥着诸多物理性污染。这种污染不同于化学性污染，并不会给环境留下具体的污染物，但现今已经成为现代人类尤其是城市居民感受到的公害。本章将从噪声、放射性、电磁、光和热污染等角度介绍物理性污染的特点及其危害。

7.1 噪声污染

7.1.1 噪声及其来源

人类生存的空间是一个有声世界，大自然中有风声、雨声、虫鸣、鸟叫，社会生活中有语言交流、美妙音乐，人们在生活中不但要适应这个有声环境，也需要一定的声音来满足身心的支撑。当声音是人们所不需要的，令人厌烦时，称其为噪声。噪声不单独取决于声音的物理性质，还和人类的生活状态有关。例如，音乐会中，演员和乐队的声音是人们所需要的，是美妙的；但当人们睡眠时，更动听的音乐也变成了噪声。

声是物体振动而产生的，所以把振动的固体、液体和气体通常称为声源。产生噪声的声源很多，可分为自然噪声源和人为噪声源两大类。其中，人为噪声源是目前人类最为关注并主要防治的噪声源。人为噪声按声源发生的场所，一般分为交通噪声、工业噪声、建筑施工噪声和社会生活噪声。

7.1.1.1 交通噪声

交通噪声包括飞机、火车、轮船、各种机动车辆等交通运输工具产生的噪声。交通噪声是活动的噪声源，对环境影响范围极大。有资料表明，城市环境噪声的70％来自于交通噪声，表明交通噪声已成为城市环境噪声的最主要组成部分。机动车辆噪声的主要来源是喇叭声、发动机声、进气和排气声、启动和制动声、轮胎与地面的摩擦声等。一些交通工具对环境产生的噪声污染情况如表7-1所示。

表 7-1 典型机动车辆噪声级范围

车辆类型	加速时噪声级/dB(A)	不加速时噪声级/dB(A)
重型货车	89～93	84～89
中型货车	85～91	79～85
轻型货车	82～90	76～84
公共汽车	82～89	80～85
中型汽车	83～86	73～77
小轿车	78～84	69～74
摩托车	81～90	75～83
拖拉机	83～90	79～88

7.1.1.2 工业噪声

工业噪声主要是机器运转时因振动或摩擦而产生的噪声。一些典型的机械设备噪声级范围如表 7-2 所示。工业噪声强度大，是造成职业性耳聋的主要原因。但工业噪声一般是有局限性的，噪声源是固定不变的。因此，污染范围比交通噪声要小得多，防治措施相对也容易些。

表 7-2 一些机械设备产生的噪声级范围

设备名称	噪声级/dB(A)	设备名称	噪声级/dB(A)
轧钢机	92～107	柴油机	110～125
切管机	100～105	汽油机	95～110
气锤	95～105	球磨机	100～120
鼓风机	95～115	织布机	100～105
空压机	85～95	纺纱机	90～100
车床	82～87	印刷机	80～95
电锯	100～105	蒸汽机	75～80
电刨	100～120	超声波清洗机	90～100

7.1.1.3 建筑施工噪声

建筑施工场地中需要的打桩机、混凝土搅拌机、推土机等都成为噪声源。建筑施工噪声虽然不是持续性、永久性的，但因城市建设发展迅速，兴建和维修工程的工程量与范围不断扩大，影响越来越广泛。此外，施工现场多在居民区，有时施工在夜间进行，严重影响周围居民的睡眠和休息。建筑施工机械噪声级范围如表 7-3 所示。

表 7-3 建筑施工机械噪声级范围

机械名称	距声源 15m 处噪声级/dB(A)	机械名称	距声源 15m 处噪声级/dB(A)
打桩机	95～105	推土机	80～95
挖土机	70～95	铺路机	80～90
混凝土搅拌机	75～90	凿岩机	80～100
固定式起重机	80～90	风镐	80～100

7.1.1.4 社会生活噪声

主要指由社会活动和家庭生活设施产生的噪声，如娱乐场所、商业活动中心、运动场、高音喇叭、家用机械、电器设备等产生的噪声。表 7-4 是一些典型家庭用具噪声级的范围。

表 7-4　家庭噪声来源及噪声级范围

设备名称	噪声级/dB(A)	设备名称	噪声级/dB(A)
洗衣机	50~80	电视机	60~83
吸尘器	60~80	电风扇	30~65
排风机	45~70	缝纫机	45~75
抽水马桶	60~80	电冰箱	35~45

社会生活噪声一般在 80dB 以下，对人体没有直接危害，但却能干扰人们的工作、学习和休息。

7.1.2　噪声的特性

7.1.2.1　公害特性

噪声对环境的污染与工业"三废"一样，是危害人类环境的公害。但噪声属于感觉公害，所以它与其他由有害有毒物质引起的公害不同。首先，它没有污染物，即噪声在空中传播时并未给周围环境留下什么毒害性的物质；其次，噪声对环境的影响不积累、不持久，传播的距离也有限；噪声声源分散，而且一旦声源停止发声，噪声也就消失。

7.1.2.2　声学特性

简单地说，噪声就是声音，它具有声音的一切声学特性和规律。

（1）频率　声音是物体的振动以波的形式在弹性介质（气体、液体、固体）中进行传播的一种物理现象。这种波就是通常所说的声波。声波的频率等于造成该声波的物体振动的频率，其单位为赫兹（Hz）。一个物体每秒钟的振动次数，就是该物体的振动频率的赫兹数，也就是由此物体引起的声波的频率赫兹数。例如，某物体每秒钟振动 100 次，则该物体的振动频率就是 100Hz，对应的声波的频率也是 100Hz。声波频率的高低，反映声调的高低。频率高，声调尖锐；频率低，声调低沉。

（2）声强　声强就是声音的强度。1s 内通过与声音前进方向成垂直的、1m² 面积上的能量称为声强（用 J 表示），其单位是 W/m²。

（3）声压　声波在空气中传播时，空气分子在其平衡位置的前后，也沿着波的前进方向前后运动，使空气的密度也随之时疏时密。在密处与大气压相比，其压力稍许上升；相反，在疏处，其压力则稍许下降。在声音传播的过程中，空气压力相对于大气压力的压力变化，称为声压，用 p 表示，其单位为帕（Pa）。

$$1Pa = 1N/m^2 \tag{7-1}$$

声强 J 与声压 p 的关系式如下：

$$J = p^2/\rho c \tag{7-2}$$

式中　ρ——介质的密度，kg/m³；

　　　c——声音的传播速度，m/s。

（4）声压级　由于常遇到的噪声声压大小差别极大。声强或声压的变化范围过大，在应用上极不方便。但是采用声压之比的对数就十分方便：

$$L_p = \lg \frac{J}{J_0} = \lg \frac{p^2}{p_0^2} = 2\lg \frac{p}{p_0} \tag{7-3}$$

式中 p——被测声压；

p_0——基准声压，其值为 $2 \times 10^{-5} \mathrm{N/m^2}$；

L_p——声压级（贝尔）。

贝尔是电话发明家的名字。用贝尔作声压级的单位还是太大，常用它的 $1/10$ 即分贝（dB）作单位。此时声压级应用下述公式进行计算：

$$L_p = 20\lg \frac{p}{p_0} (\mathrm{dB}) \tag{7-4}$$

如果有几种声音同时发生，则总的声压级不是各声压级的简单算术和，而是按照能量的叠加规律，即压力的平方进行叠加的。

【例1】 设有两个噪声，其声压级分别为 $L_{p_1}(\mathrm{dB})$ 和 $L_{p_2}(\mathrm{dB})$，问叠加后的声压级为多少？

解：由 $L_{p_1} = 20\lg(p_1/p_0)$ 得 $p_1 = p_0 10^{\frac{L_{p_1}}{20}}$

$L_{p_2} = 20\lg(p_2/p_0)$ 得 $p_2 = p_0 10^{\frac{L_{p_2}}{20}}$

而 $p_{1+2}^2 = p_1^2 + p_2^2 = p_0^2 (10^{\frac{L_{p_1}}{10}} + 10^{\frac{L_{p_2}}{10}})$

或 $\left(\frac{p_{1+2}}{p_0}\right)^2 = 10^{\frac{L_{p_1}}{10}} + 10^{\frac{L_{p_2}}{10}}$

总的声压级为：$L_{p_{1+2}} = 20\lg \frac{p_{1+2}}{p_0} = 10\lg \left(\frac{p_{1+2}}{p_0}\right)^2$

即 $L_{p_{1+2}} = 10\lg (10^{\frac{L_{p_1}}{10}} + 10^{\frac{L_{p_2}}{10}})$

由计算总声压级的公式可见：当 $L_{p_1} = L_{p_2}$ 时，$L_{p_{1+2}} = L_{p_1} + 10\lg 2 = L_{p_1} + 3 (\mathrm{dB})$

同理，三个相同声音叠加时，其声压级增大 $10\lg 3$；若 N 个相同声音叠加时，其声压级增大 $10\lg N$。任意两种声压级不等的声音共存时，其增值见表 7-5。

表 7-5 分贝和的增值表

声压级差	0	1	2	3	4	5	6	7	8	9	10
增值/dB	3.0	2.5	2.1	1.8	1.5	1.2	1.0	0.8	0.6	0.5	0.4

如有几种声音同时出现，其总的声压级必须由大而小地每 2 个声压级逐一相加而得。例如声压级分别为 85dB、83dB、82dB、78dB 四种声音共存时，其总声压级为 89dB。

7.1.3 噪声的危害

随着工业生产、交通运输、城市建设的高度发展和城镇人口的迅猛膨胀，噪声污染日趋严重。据《中国环境状况公报》显示，2013 年，在 316 个进行昼间监测的地级市中，区域声环境质量为一级和二级的城市比例为 76.9%，三级的城市比例为 22.8%，五级的城市比例为 0.3%，无甲级城市。与 2012 年相比，城市区域声环境质量二级的城市比例下降了 1.8%，三级的城市比例上升 2.5%，其他级别的城市比例无明显变化。噪声的危害主要表现在以下几个方面。

7.1.3.1 干扰睡眠和正常交谈

（1）干扰睡眠 睡眠是人消除疲劳、恢复体力和维持健康的一个重要条件。但是噪声会影响人的睡眠质量和数据，老年人和病人对噪声干扰更敏感。试验表明，当人们在睡眠状态中，40～50dB（A）的噪声，就开始对人们的正常睡眠产生影响，40dB（A）的连续噪声级可使10％的人受影响，70dB（A）即可影响50％的人。

（2）干扰交谈和思考 噪声对于人们谈话、听广播、打电话、开会、上课等都有影响。噪声对交谈的干扰情况见表7-6。

表 7-6 噪声对交谈的影响

噪声级/dB(A)	主观反应	保证正常讲话距离/m	通信质量
45	安静	10	很好
55	稍吵	3.5	好
65	吵	1.2	较困难
75	很吵	0.3	困难
85	太吵	0.1	不可能

7.1.3.2 损伤听力

噪声可以使人造成暂时性的或持久性的听力损伤，后者即为耳聋。一般说来，85dB（A）以下的噪声不至于危害听觉，而超过85dB（A）则可能发生危险。表7-7列出了在不同噪声级下长期工作时耳聋发病率的统计情况。

表 7-7 不同噪声级下长期工作时的耳聋发病率

噪声级/dB(A)	国际统计/％	美国统计/％	噪声级/dB(A)	国际统计/％	美国统计/％
80	0	0	95	29	28
85	10	8	100	41	49
90	21	18			

7.1.3.3 影响人体生理健康

噪声对人体健康的危害，除听觉外，噪声作用于人的中枢神经系统，会引起神经衰弱症状，轻者失眠、多梦，重者头疼、头昏，甚至会导致记忆力减退、全身疲乏无力等。

噪声可使神经紧张，从而引起血管痉挛、心跳加快、心律不齐、血压升高等病症。对一些工业噪声调查的结果表明，长期在强噪声环境中工作的人比在安静环境中工作的心血管系统的发病率要高。有人认为：20世纪生活中的噪声是造成心脏病的一个重要因素。噪声还可使人的胃液分泌减少、胃液酸度降低、胃收缩减退、蠕动无力，从而易患胃溃疡等消化系统疾病。长期置身于强噪声下，溃疡病的发病率要比安静环境下高5倍。

噪声还会影响儿童的智力发育，并对胎儿也会产生有害影响。如，吵闹环境下儿童智力发育比安静环境中的低20％；吵闹区婴儿体重轻的比例较高。

7.1.3.4 杀伤动物

强噪声可使鸟类羽毛脱落，不产蛋，甚至内出血直到死亡。1961年，美国空军F104喷气战斗机在俄克拉荷马市上空作超音速飞行试验，飞行高度为10000m，每天飞行8次，6个月内使一个农场的1万只鸡被飞机的轰响声杀死6000只。实验还证明，170dB的噪声可使豚鼠在5min内死亡。

7.1.3.5 破坏建筑物

20世纪50年代曾有报道，一架以$1.1×10^3$km/h速度飞行的飞机，作60m低空飞行时，噪声使地面一幢楼房遭到破坏。在美国统计的3000起喷气式飞机使建筑物受损害的事件中，抹灰开裂的占43%，损坏的占32%，墙开裂的占15%，瓦损坏的占6%。1962年，3架美国军用飞机以超音速低空掠过日本藤泽市时，导致许多居民住房玻璃被震碎，屋顶瓦被掀起，烟囱倒塌，墙壁裂缝，日光灯掉落。

7.1.4 噪声的度量与评价

7.1.4.1 噪声级

人耳能听到的声波的频率范围是20～20000Hz。20Hz以下称为次声，20000Hz以上的称为超声。人耳有一个特性，从1000Hz起，随着频率的减少，听觉会逐渐迟钝。换句话说，人耳对低频率忍受些，而对高频噪声则感觉烦躁些。声压级反映了人们对声音强度的感觉，但并不能反映人们对频率的感觉。因此，要表示噪声的强弱，就必须同时考虑声压级和频率对人的作用，这种共同作用的强弱称为噪声级。噪声级可用噪声计测量，它能把声音转变为电压，经处理后用电表指示出分贝数。噪声计中设有A、B、C三种特性网络。其中A网络可将声音的低频大部分过滤掉，能较好地模拟人耳的听觉特性。由A网络测出的噪声级称为A声级，其单位也为分贝（dB）。现在大都采用A声级来衡量噪声的强弱。

7.1.4.2 噪声标准

关于噪声标准的数值，是国际上争论的一大问题。因为它不仅与技术有关，而且牵涉到巨额的投资问题。虽然国际标准化组织（ISO）推荐了国际标准值，但不少国家亦公布了自己的标准。随着人们对噪声危害的认识日益加深和科学技术的进步，人们已认识到噪声对人体健康的影响，从而制定出更加科学的噪声标准。

毫无疑问，噪声标准应随国家、地区与时间的不同而不同。我国由于立法工作的加快，已制定了若干有关噪声控制的国家标准。目前，主要的噪声标准包括以下几种。

（1）听力保护标准 此标准规定了工厂不同噪声环境下，工人的工作时间限制。该标准的制定是基于耳聋发病率而制定的。按照"国际标准化组织"的定义，500Hz、1000Hz和2000Hz三个频率的平均听力损失超过25dB，称为噪声性耳聋。目前大多数国家听力保护标准定为90dB（A），它能保护80%的人；有些国家定为85dB（A），它能保护90%的人。目前我国制订的《工业企业噪声卫生标准》听力保护标准规定现有企业为90dB（A），新建、改建企业要求85dB（A），详见表7-8。

表7-8 我国工业企业噪声卫生标准

噪声级/dB(A)		工作时间/h
现有企业	新建、扩建、改建企业	
90	85	8
93	88	4
96	91	2
99	94	1
不得超过115dB(A)		—

（2）机动车辆噪声标准　由于城市噪声70％来源于交通噪声，如果车辆噪声得以控制，则城市噪声就能大大降低。因此，我国制订了相应的试行标准《机动车辆噪声标准》（GB 1496—79），见表7-9。

表 7-9　我国机动车辆噪声标准　　　　　　　单位：dB（A）

车辆种类	1985 年以前	1985 年以后
载重汽车 3.5～15t	89～92	84～89
轻型越野车	89	84
公共汽车 4～11t	88～89	83～86
小轿车	84	82
摩托车	90	84
轮式拖拉机＜60 马力	91	86

（3）声环境质量标准　为贯彻《中华人民共和国环境噪声污染防治法》，防治噪声污染，保障城乡居民正常生活、工作和学习的声环境质量，我国于 2008 年制订了《声环境质量标准》（GB 3096—2008）代替了 GB 3096—93。标准中按区域的使用功能特点和环境质量要求，将声环境功能区分为五种类型，每种类型执行相应的昼间和夜间标准，见表7-10。

表 7-10　我国声环境质量标准　　　　　　　单位：dB（A）

声环境功能区类别		时段	
		昼间	夜间
0 类		50	40
1 类		55	45
2 类		60	50
3 类		65	55
4 类	4a 类	70	55
	4b 类	70	60

0 类声环境功能区：指康复疗养区等特别需要安静的区域。

1 类声环境功能区：指以居民住宅、医疗卫生、文化教育、科研设计、行政办公为主要功能，需要保持安静的区域。

2 类声环境功能区：指以商业金融、集市贸易为主要功能，或者居住、商业、工业混杂，需要维护住宅安静的区域。

3 类声环境功能区：指以工业生产、仓储物流为主要功能，需要防止工业噪声对周围环境产生严重影响的区域。

4 类声环境功能区：指交通干线两侧一定距离之内，需要防止交通噪声对周围环境产生严重影响的区域，包括 4a 和 4b 类 2 种类型。4a 类为高速公路、一级公路、二级公路、城市快速路、城市主干路、城市次干路、城市轨道交通（地面段）、内河航道两侧区域；4b 类为铁路干线两侧区域。

（4）工业企业厂界环境噪声排放标准　为防治环境噪声污染，保护和改善生活环境，保障人体健康，促进经济和社会可持续发展，由国家环境保护部与国家质量监督检验检疫总局联合制订发布了《工业企业厂界环境噪声排放标准（GB 12348—2008）》，代替了《工业企业厂界噪声标准》（GB 12348—90）和《工业企业厂界噪声测量方法》（GB 12349—90）。标准规定了工业企业和固定设备厂界环境噪声排放限值及其测量方法。依据厂界处的声环境功能区类型，分别执行相应的噪声排放标准，见表 7-11。

表 7-11　工业企业厂界环境噪声排放标准　　　　　　　　单位：dB（A）

厂界处环境功能区类型	时段	
	昼间	夜间
0 类	50	40
1 类	55	45
2 类	60	50
3 类	65	55
4 类	70	55

（5）建筑施工厂界环境噪声排放标准　2011 年，我国公布《建筑施工厂界噪声排放标准（GB 12523—2011）》替代了《建筑施工场界噪声限值》（GB 12523—90）和《建筑施工场界噪声测量方法》（GB 12524—90）。本标准规定了建筑施工场界环境噪声排放限值及测量方法，适用于周围有噪声敏感建筑物的建筑施工噪声排放的管理、评价及控制。建筑施工过程中场界环境噪声不得超过表 7-12 中规定的排放限值。

表 7-12　建筑施工场界环境噪声排放限值　　　　　　　　单位：dB（A）

昼间	夜间
70	55

7.1.5　噪声污染控制

7.1.5.1　噪声控制原理

声是一种波动现象，它在传播过程中遇到障碍物会发生反射、干涉和衍射现象。在不同均匀媒质中或从某媒质进入另一种媒质时，会发生透射和折射现象。声波在媒质中传播时，由于媒质的吸收和波束的扩散作用，声波强度会随着距离的增加发生衰减。控制噪声的原理就是在噪声到达耳膜之前，在噪声传播的三个阶段进行控制，即噪声源、传播途径、接受者 3 个阶段。

7.1.5.2　噪声控制的途径

（1）声源控制　声源是噪声系统中最关键的组成部分，声源控制是控制噪声最根本和最有效的手段。可通过改进机械设计、改进生产工艺、提高加工精度和装配质量等手段，有效降低噪声。如，风机、喷气式飞机、汽车的排气等空气动力性噪声，可采用平滑的气流通道和降低气流的速度加以控制；车床、织布机等机械性噪声，可利用润滑或阻尼物料减少摩擦或撞击加以控制；电动机、变压器等电磁性噪声可采用消声器使其降低。

（2）传播途径控制　采用声学处理的方法，如喝彩声、隔声、隔振、阻尼等来降低噪声。由于噪声是通过空气或设备、建筑物本身传播的，采用这种办法也可有效地控制噪声。

由于吸声材料只是降低反射的噪声，因此它在噪声控制中的效果是有限的，通常用于会议室、办公室、剧场等室内空间。用隔声材料阻挡或减弱噪声在大气中的传播，多用于控制机械噪声。利用消声器控制空气动力性噪声简便又有效，常用于通风机、鼓风机、压缩机、内燃机等设备的进出口管道中，可降噪 20～40dB。当噪声是由金属薄板结构振动引起时，常用阻尼材料减振。如将阻尼材料涂在产生振动的金属板材上，当金属薄板弯曲振动时，其振动能量迅速传递给阻尼材料，由于阻尼材料及内摩擦大，使相当一部分振动能量转化为热能而损耗散掉，以此达到降噪的目的。常用的阻尼材料有沥青类、软橡胶类和高分子涂料。由机器设备振动产生的噪声，可使用橡胶、软木、毛毡、弹簧、气垫等隔振材料或装置，隔绝或减弱振动能量的传递，从而达到降噪的目的。

(3) 接受点防护　在上述 2 种控制方法失效时，采取个人防护手段。个人防护用品有耳塞、耳罩、防声棉、防声头盔等。这些防护用具都要求严密不透气，以便于隔声，但有时设计成能透过一部分低频声或低强度声，使其既能阻止噪声，又不妨碍谈话。

在噪声的控制中，技术手段不是最有效而经济的方法，科学布局、合理规划以及良好的环保素养是噪声控制的行之有效的长效机制。

7.2　放射性污染

7.2.1　放射性污染的概念及特点

7.2.1.1　放射性污染的概念

放射性是一种不稳定的原子核自发地发生衰变的现象，在放射的过程中同时释放出射线，即原子在裂变的过程中释放出射线的物质属性，具有这种性质的物质叫做放射性物质。放射性物质种类很多，铀、钍和镭就是常见的放射性物质。放射性物质衰变时可从原子核中释放出对人体有危害的 α 射线、β 射线、γ 射线、X 射线等。

放射性污染主要是指因人类的生产、生活活动排放的放射性物质所产生的电离辐射超过放射环境标准时，产生放射性污染而危害人体健康的一种现象，主要指对人体健康带来危害的人工放射性污染。

7.2.1.2　放射性污染的特点

与人类生存环境中的其他污染相比，放射性污染有以下特点。

① 一旦放射性污染产生和扩散到环境中，就不断对周围发出放射线，永不停止。只是遵循各种放射性核同位素的内在固定速率不断减少其活性，其半衰期即活度减少到一半所需的时间从几分钟到几千年不等。

② 放射性核同位素的放射性活度不会因自然条件的阳光、温度而改变，对于如何使放射性核同位素失去放射性人们无能为力。

③ 放射性污染对人类的作用有累积性。放射性污染是通过发射 α 射线、β 射线、γ 射线或中子射线来伤害人，α 射线、β 射线、γ 射线、中子等辐射都属于致电离辐射。经过长期深入研究，已经探明致电离辐射对于人（生物）危害的效果（剂量）具有明显的累积性。尽管人或生物体自身有一定对辐射伤害的修复功能，但极弱。实验表明，多次长时间较小剂量的辐照所产生的危害近似等于一次辐照该剂量所产生的危害（后者危害稍大些）。这样一来，

极少的放射性核同位素污染发出的很少剂量的辐照剂量率如果长期存在于人身边或人体内，就可能长期累积，对人体造成严重危害。

④ 放射性污染具有不可感知的特点。化学污染多数有气味或颜色，噪声振动、热、光等污染公众可以直接感知其存在，但放射性污染的辐射，人类的感官对它都无任何直接感受。即使放射性源强足够强，以至于强到致死水平，人类也不会及时感受到而采取躲避防范行动。

7.2.2　放射性污染的来源及危害

7.2.2.1　来源

放射性污染源可分为天然辐射源和人工辐射源。

（1）天然辐射源　地球本身就是一个辐射体，地球形成时就包含了许多天然的放射性物质，因此地球上任何形式的生物都不可避免地受到天然辐射源的照射，也就是说，地球上每一个角落、每一种介质都无不包含着天然放射性物质，所以放射性是一种极普遍的现象，人类正是在天然放射性环境中进化、生存和发展。天然本底的辐射主要来源有宇宙射线、地球表面的放射性物质、空气中存在的放射性物质、地面水系含有的放射性物质和人体内的放射性物质。

① 宇宙射线。宇宙射线是从宇宙空间向地面辐射的射线，是一种来自宇宙空间的高能粒子流。宇宙射线是人类始终长期受到照射的一种天然辐射源。不同时间，不同纬度，不同高度，宇宙射线的强度也不相同。由于地球磁场的屏蔽作用和大气的吸收作用，到达地面的宇宙射线的强度是很弱的，对人体并无危害。宇宙射线被大气强烈吸收，其强度随着高度的增加而增加，在海拔数千米内，高度每升高1500m，总剂量率增加1倍。宇宙射线强度也受地磁纬度的影响，低纬度地区剂量率低，高纬度地区剂量率高。

② 地球表面的放射性物质。地层中的岩石和土壤中均含有少量的放射性核素，其中土壤主要由岩石的侵蚀和风化作用而产生，因此土壤中的放射性物质是从岩石中转移而来的。由于自然条件的不同，因此土壤中天然放射性物质的浓度变化范围很大。农肥的施用会显著影响土壤中的放射性物质浓度，如锂肥中含有一定量的40K，磷酸中含镭和铀的浓度较高。地球表面的放射性物质来自地球表面的各种介质（土壤、岩石、大气及水）中的放射性核素，它可分为中等质量和重天然放射性核素两种。中等质量的天然放射性核素即原子系数小于83的核素，数量不多，如40K。重天然放射性核素即原子系数大于83的核素，如铀系、镭系、钍系，是地球形成时就已存在的核素和它们的衰变产物。

③ 空气中存在的放射性物质。空气中的天然放射性物质主要是由地壳中铀系和钍系的子代产物氡和钍射气的扩散，其他天然放射性核素的含量甚微。这些放射性气体的子体很容易附着于空气溶胶颗粒上，而形成放射性溶胶。室内空气中放射性物质的浓度比室外高，这主要和建筑材料及室内通风情况有关。

④ 地表水系含有的放射性物质。地面水系含有的放射性物质往往由水流类型决定。海水中含有大量的40K，天然泉水中则有相当数量的铀、钍和镭。水中天然放射性物质的浓度与水所接触的岩石、土壤中该元素的含量有关。据报道，各种内陆河中天然铀的浓度范围为$0.3\sim10\mu g/L$，平均为$0.5\mu g/L$。地球上任何一个地方的水或多或少都含有一定量的放射性物质，并通过饮用对人体构成内照射。

⑤ 人体内的放射性物质。由于大气、土壤和水中都含有一定量的放射性核素，人们通过呼吸、饮水和食物不断地把放射性核素摄入体内，进入人体的微量放射性核素分布在全身各个器官和组织，对人体产生内照射剂量。由于 K 是构成人体的重要生理元素，^{40}K 是对人体产生较大内照射剂量的天然放射性核素之一，因为脂肪中并不含钾，钾在人体内的平均浓度与人胖瘦有关。天然铀、钍和其子体也是人体内照射剂量的重要来源。在肌肉中天然铀、钍的平均浓度分天然铀、钍和其子体也是人体内照射剂量的重要来源。在肌肉中天然铀、钍的平均浓度分别为 $0.19\mu g/kg$ 和 $0.9\mu g/kg$，在骨骼中的平均浓度为 $7\mu g/kg$ 和 $3.1\mu g/kg$。氡及其短寿命子体对人体产生内照射剂量的主要途径是吸入。氡气对人的内照射剂量贡献很小，主要是吸入短寿命子体并沉积在呼吸道内，由它发射的 α 粒子对气管支气管上皮基底细胞产生很大的照射剂量。

（2）人工辐射源　对人类影响最大的是人工放射性污染源。人工放射性物质使蛋白质及核糖核酸或脱氧核糖核酸分子链断裂而造成组织破坏，使人脱发，皮肤起红斑，白细胞、红细胞和血小板减少，患白内障，短寿，影响生殖机能，形成癌症，甚至死亡，还有遗传效应，使下一代畸形、精神异常、抵抗力减弱等。

① 核试验的沉降物。核试验是全球放射性污染的主要来源。在大气层中进行核试验时，带有放射性的颗粒降物最后沉降到地面，造成对大气、海洋、地面、动植物和人体的污染，而且这种污染由于大气的扩散将污染全球环境。这些进入平流层的碎片几乎全部沉积在地球表面，其中未衰变完全的放射性物质，大部分尚存在于土壤、农作物和动物组织中。1963年后，美国、前苏联等国家将核试验转入地下，由于发生"冒顶"和其他泄漏事故，仍然对人类环境造成污染。

核电站的放射性逸出事故，也会给环境带来散落物而造成污染。由于不充分的实验和设计，美国三里岛核电站于 1979 年发生严重的技术事故，逸出的散落物相当于一次大规模的核试验。大气层核试验产生的放射性尘埃是迄今土壤环境的主要放射性污染源。核试验爆炸和核泄漏事故可大面积污染土壤，使具有长期残存的放射性核素 Cs、Sr 在土壤中存在。同时，核工业与核试验过程中排放的废水、废气和废渣，也是造成土壤环境放射性污染的一个原因。在美国，地下掩埋的放射性废物（$3\times10^6\,m^3$）污染了约 $7\times10^7\,m^3$ 的地表土壤、$3\times10^9\,m^3$ 的地下水。

② 核工业的"三废"排放。原子能工业在核燃料的生产、使用与回收的核燃料循环过程中均会产生"三废"，对周围环境带来污染，对环境造成的影响如下。

核燃料的生产过程包括铀矿开采、铀水法冶炼工厂、核燃料精制与加工过程产生的放射性废物。从铀矿开采、冶炼直到燃料元件制出，所涉及的主要天然放射性核素是铀、镭、氡等。铀矿山的主要放射性影响源于其子体。即使在矿山退役后，这种影响还会持续一段时间。铀矿石在水法冶炼厂进行提取的过程中产生的污染源主要是气态的含铀粉尘、氡以及液态的含铀废水和废渣。水法冶炼厂的尾矿渣量很大，尾矿渣及浆液占地面积和对环境造成的污染是一个很严重的问题。目前，尚缺乏妥善的处置办法。

核反应堆运行过程包括生产性反应堆、核电站与其他核动力装置的运行过程产生的放射性废物。核燃料在反应堆中燃烧，反应堆属封闭系统。对人体的辐照主要来自气载核素，如碘、氪、氙等惰性物。实测资料表明，由放射性惰性气体造成的剂量当量为 $0.05\sim0.10\,mSv$；压水堆排出的废水中含有一定量的氚及中子活化产物。另外还可能含有由于燃料元件外壳破损逸出，或因外壳表面被少量铀沾染通过核反应而产生的裂变产物。

核燃料处理过程包括废燃料元件的切割、脱壳、酸溶与燃料的分离与净化过程产生的放射性废物。经反应堆辐照一定时间后的乏燃料仍具极高的放射性活度。通常乏燃料被储存在冷却池中以待其大部分核素衰变。但当其被送往后处理厂时，仍含有大量半衰期长的裂变产物，如锶、铯和锕系核素。因此，在乏燃料的存放、运输、处理、转化及回收处置等过程中均需特别重视其防护工作，以免造成危害。自核燃料后处理厂排出的氚和氪，在环境中将产生积累，成为潜在的污染源。核动力舰艇和核潜艇的迅速发展，对海洋的污染又增加了一个新的污染源。核潜艇产生的放射性废物有净化器上的活化产物。此外，在启动和一次回路以及辅助系统中排出和泄漏的水中都含有一定的放射性物质。

③ 其他放射性污染。由于辐射在医学上的广泛应用，医用射线源已成为主要的人工辐射污染源。辐射在医学上主要用于对癌症的诊断和治疗方面。在诊断检查过程中，各个患者所受的局部剂量差别较大，大约比天然辐射源的年平均剂量高 50 倍；而在辐射治疗中，个人所受剂量又比诊断时高出数千倍，并且通常是在几周内集中施加于人体的某一部分。诊断与治疗所用的辐射绝大多数为外照射，而服用带有放射性的药物则造成了内照射。近几十年来，由于人们逐渐认识到医疗照射的潜在危险，已把更多的注意力放在既能满足诊断放射学的要求，又使患者所受的剂量最小，甚至免受辐射的方法上，并取得了一定的研究进展。从核技术使用以来，最严重的一起放射性污染事件于 1984 年 1 月发生在美国。当地的一座治疗癌症的医院，存放装有 40 多磅放射性钴的金属桶被人运走，桶盖被撬开，桶被弄碎，当即有 6000 多颗发亮的小圆粒——具有强放射性的钴小丸滚落出来，散落在附近场地上，通过人们的各种活动造成大面积的污染。许多接触钴小丸的人一个月后出现了严重的受害症状，牙龈和鼻子出血，指甲发黑等。有的表面上没有什么症状，但经化验发现白细胞数、精子数等大大减少。此污染事件虽然当时没有造成人员死亡，但接触钴放射性污染的人，患癌症的可能性要大得多。

一般居民消费用品包括含有天然或人工放射性核素的产品，如放射性发光表盘、夜光表及彩电等。虽然它们对环境造成的污染很小，但也有研究的必要。

7.2.2.2 放射性物质进入人体的途径

放射性物质进入人体主要有 3 种途径：呼吸道进入、消化道食入、皮肤或黏膜侵入（如图 7-1 所示）。

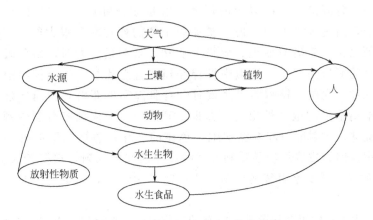

图 7-1 放射性物质进入人体的途径

从不同途径进入人体的放射性核素，人体具有不同的吸收蓄积和排出的特点，即使同一核素，其吸收率也不尽相同。现分述如下。

(1) 呼吸道进入 放射性物质会伴随气溶胶进入呼吸道，由于气溶胶的性质和状态不尽相同，因此放射性物质吸入人体的程度也不尽相同。难溶性气溶胶不易被人体吸收，相比之下，可溶性气溶胶易于被吸收。一般认为，气溶胶粒径越大，在肺部的沉积越少。气溶胶被肺泡膜吸收后，可直接进入血液流向全身。

(2) 消化道食入 食入的放射性物质由肠胃吸收后，经肝脏随血液进入全身。

(3) 皮肤或黏膜侵入 可溶性物质易被皮肤吸收，由皮肤侵入的污染物吸收率极高。

7.2.2.3 放射性污染的危害

最典型的放射性污染是核泄漏事故所导致的污染，历史上曾发生过的核泄漏事故，都造成了相当大的危害。1986 年 4 月 26 日，位于乌克兰境内的切尔诺贝利核电站发生的核事故是人类迄今为止最为严重的核事故之一。这次事故由燃烧爆炸引起，又因为没有安全壳，大量放射性物质释放到环境中，在这次事故中死亡 31 人，200 多人遭受严重的放射性辐射。两三年后，核电站周围地区癌症患者、儿童甲状腺患者和畸形家畜急剧增多。成人癌症患者成倍增加，包括皮肤癌、舌癌和口腔癌患者。在起初还出现过孪生子增多的现象。切尔诺贝利事故造成 18000 km^2 耕地受到核辐射污染，其中 2640 km^2 变成荒原，35000 km^2 的森林也受到了污染。在长期后果方面，人们认为切尔诺贝利核电站的核泄漏在未来 50 年内可能会导致 3500 人患癌症死亡。前苏联在总结这起核电站爆炸原因时指出：有关人员玩忽职守，粗暴地违反工艺操作规程是造成事故的主要原因。因此对辐射采取科学的态度，只要防护得当，辐射的危害是可以减小或者避免的。

(1) 辐射损伤 核辐射与物质相互作用的主要效应是使其原子发生电离和激发。细胞主要由水组成，辐射作用于人体细胞将使水分子发生电离，形成一种对染色体有害的物质，产生染色体畸变。这种损伤使细胞的结构和功能发生变化，使人体呈现放射病、眼晶体白内障或晚发性癌等临床症状。

(2) 躯体效应和遗传效应 放射线会对生物产生十分严重的放射性损伤。如果人在短时间内受到大剂量的 X 射线、γ 射线和中子的全身照射，就会产生急性损伤。在人体的器官或组织内，由于辐射致细胞死亡或阻碍细胞分裂等原因，使细胞严重减少，就会发生这种效应。骨髓、胃肠道和神经系统辐射损伤程度取决于所接受剂量的大小，引起的躯体症状称为急性放射病。急剧接受 1Gy 以上的剂量会引起恶心和呕吐，2Gy 的全身照射可致急性胃肠型放射病，当剂量大于 3Gy 时，被照射个体的死亡率是很大的。3～10Gy 的计量范围称为感染死亡区，轻者有脱毛、感染等症状。当剂量更大时，出现腹泻、呕吐等肠胃损伤。在极高的剂量照射下，发生中枢神经损伤直至死亡。中枢神经损伤症状主要有无力、怠倦、无欲、虚脱、昏睡等，严重时全身肌肉震颤而引起癫痫样痉挛。细胞分裂旺盛的小肠对电离辐射的敏感性很高，如果受到照射，上皮细胞分裂受到抑制，很快会引起淋巴组织破坏。放射能引起淋巴细胞染色体的变化。急性照射的另一种效应是皮肤产生红斑或溃疡。因为皮肤最容易受到 β 射线和 γ 射线的照射，接受较大的剂量。例如，单次接受 3Gy 射线或低能 γ 射线的照射，皮肤将产生红斑，剂量更大时将出现水泡、皮肤溃疡等病变。

放射线与人体相互作用会导致某些特有的生物效应。核辐射可以引起细胞基因突变，而基因对细胞的生长发育及细胞分裂的规则性和方向性起着决定作用，如果基因的结构发生了变化，必将在生物体上产生某种全新的特征，一般基因的突变对人体是有害的。如果突变发生在生殖细胞上，就会在后代产生某种特殊的变化，通常称为核辐射的遗传效应。核辐射还具有潜伏性，主要表现为白血病和癌症。辐射只是增加突变的可能性，即使在受到大剂量的照射下，遗传特征改变的概率也是不大的，这样就给研究辐射的效应带来了很多困难，需要大量的研究对象，并且要观察许多代才能得到一定的规律。研究人类时更困难，因为有些遗传效应在第一代后裔表现出来，有些遗传效应在以后若干代才有所表现，加之照射人群的数量有限，所以现有的许多结论都来自动物实验。动物受照射后的效应可能与人的效应有所相似，但是将动物实验的资料用于人也可能会引起误差。遗传物质的突变可为染色体突变，也可为基因突变。基因突变是由于细胞内 DNA 分子上某一小段，由于辐射而引起的分子结构的变化，这些突变可使后代发生畸形、遗传性疾病，或不适于生存而死亡。但是从对人类的调查材料来看，即使在日本的长崎、广岛，辐射的遗传效应也不是很严重。

（3）动植物富集　放射性核素内照射对人体的影响过量的放射性物质可以通过空气、饮用水和复杂的食物链等多种途径进入人体（即过量的内照射剂量），会发生急性的或慢性的放射病，引起恶性肿瘤、白血病，或损害其他器官，如骨髓、生殖腺等。因此应注意研究放射性同位素在环境中的分布、转移和进入人体的危害等问题。鱼及许多水生动植物都可富集水中的放射性物质，如某些茶叶中天然钍含量偏高，一些冶炼厂、化工厂等使用射线区域内的蔬菜，放射性物质含量也都普遍偏高。

最后需要强调的是，长期从事放射性工作的人员，体内往往为某些微量的放射性核素所污染，但只有积累到了一定剂量时才显出损伤效应。例如，对从事铀作业的职工的健康做了多年的大量调查，发现肝炎发生率和白细胞数及分类的异常与铀作业工龄长短、空气中铀尘浓度的高低之间无明显差异，对某单位的铀作业职工的白细胞值统计了 8 年，没有发现有逐渐升高或下降的趋势。所以一般环境中存在的极微量的放射性核素进入人体是不会因照射而引起机体损伤的，只有放射性核素因事故进入人体才可能对机体造成危害。

7.2.3　我国放射性污染的现状

2000 年中国环境状况公报中指出，我国整体环境未受到放射性污染，辐射环境质量仍保持在原有水平。我国各地陆地的 γ 辐射空气吸收剂量率仍为当地天然辐射本底水平，环境介质中的放射性核素含量保持在天然本底涨落范围。在辐射污染源周围地区，环境 γ 辐射空气吸收剂量率、气溶胶或沉降物总 β 放射性比活度、水和动植物样品的放射性核素浓度均在天然本底涨落范围。自 1992 年，浙江省辐射环境监测站对秦山核电基地外围环境辐射水平进行了连续的监督性监测，结果如下。

① 1992～2005 年，秦山核电基地外围环境 20km 范围内 γ 辐射空气吸收剂量率，大气气溶胶总 α、总 β 放射性比活度，沉降物总 β 水平，陆地淡水（饮用水、湖塘水、井水）放射性水平，各种土壤介质和生物放射性核素比活度等各项指标的监测结果均与对照点处同一水平，在本底涨落范围内。

② 秦山核电基地外围环境中指示植物茶叶和松针样品中氚比活度高于对照点。

③ 自秦山三期重水堆运行后，在秦山核电基地气载流出物排放的主导风向方位上监测到空气中氚含量和雨水中氚含量高于运行前该地区的本底值和对照点（杭州）测量值，而且

有逐年升高的趋势，但年排放量仍低于国家管理目标值。在 2005 年的个别时段，三期核电厂排放口海水样品中氚浓度远高于取水口。

7.2.4 放射性污染的监测与评价

7.2.4.1 放射性污染的监测

（1）监测内容 放射性监测是为放射性防护乃至环境保护提供科学依据的重要工作。放射性监测的范围和内容大致分为工作场所和环境中的辐射剂量监测。

① 工作场所的监测。工作场所的放射性监测包括监测工作场所辐射场的分布和各种放射性物质；监测操作、贮存、运输和使用过程中的放射性活度和辐射剂量；测定空气中放射性物质的浓度以及表面污染程度和工作人员的内、外照射剂量；测定"三废"处理装置和有关防护措施的效能；配合检修及事故处理的监测。

② 环境监测。首先要监测该地区的天然本底辐射。根据情况测量 α、β、γ 等射线的天然本底数据，收集空气、水、土壤和动植物体中放射性物质含量的资料，并将空气中天然辐射所产生的 α 或 β 放射性气溶胶的浓度随气候等条件变化的涨落范围数据建立档案。根据地理和气候等情况合理布置监测点，对核设施周围或居民区附近进行长期或定期或随机的、固定或机动的、有所侧重的监测。例如，对空气、水、土壤及动植物的总 α 射线、总 β 射线、总 γ 射线强度等进行监测。

（2）监测方法

① 外照射监测。辐射场监测：可用各类环境辐射监测仪表测定工作场所的辐射剂量，了解放射性工作场所辐射剂量的分布。使用的仪表事先必须经过国家计量部门认可的标准放射源标定。监测可以定点或随机抽样进行，有些项目（如 γ 辐射剂量）也可连续监测。

个人剂量监测：个人剂量监测是控制公众，尤其是放射性工作者受辐射照射量最重要的手段。长期从事放射性工作的人员必须佩带个人剂量笔或热释光剂量片，并建立个人辐射剂量档案。

② 内照射监测。内照射剂量的监测通常是对排泄物中所含放射性物质进行测定。但由于放射性物质很难从人体内部器官被排出，所以测量精度很差。

③ 表面污染监测。表面污染监测主要是测定 α 射线和 β 射线在单位面积内的强度。操作放射性物质的工作人员的体表、衣服及工作场所的设备、墙壁、地面等的表面污染水平，可用表面污染监测仪（目前主要是半导体式表面活度监测仪）直接测量，或用"擦拭法"间接测量。所谓"擦拭法"是用微孔滤纸擦拭污染物表面，然后测定纸上的放射性活度，经过修正后推算出物体表面被放射性污染的程度。

④ 放射性气溶胶监测。一般采用抽气方法，取样口在人鼻的高度。将空气中的气溶胶吸附在高效过滤器上，然后将进行测量，最后计算出气溶胶浓度。

⑤ 放射性气体监测。放射性气体的监测方法主要是采样测量，即将放射性气体吸附在滤纸或某种材料上，然后根据所要测量的射线性质（如种类、能量等）选择不同的探测器进行测量，例如，X 射线或 γ 射线可用 X 射线探测器或 γ 射线探测器测量；α 射线或 β 射线常用塑料闪烁计数器或半导体探测器以及谱仪系统进行测量。

⑥ 水的监测。放射性工作场所排出的废水包括一般工业废水和放射性废水，都要进行

水中放射性物质含量的测量，以确定是否符合国家规定的排放标准。

根据放射性污染环境水的途径和监测目的，对环境水样的种类和取样点做出选择。一般按一定体积取 3 个平行样品加热蒸干，然后将样品放在低本底装置上进行测量，最后标出每升体积所含放射性活度。在有条件的单位可对样品进行能谱分析，或用各种物理、化学或放化方法测定所含核素的种类及含量。如果水中含盐量太高，应先进行分离处理。

⑦ 土壤监测。土壤监测是为了了解放射性工作场所附近地区沉降物以及其他方式对土壤的放射性污染情况。首先在一定面积的土地上在取样，深度 0～5cm，用对角法或梅花印法取 4～5 个点的土壤混合。然后将样品称重、晾干后过筛，在炉中灰化，然后冷却，称重并搅拌均匀，放于样品盒中。最后根据所要测量的射线种类不同选用不同的低本底测量装置测量。

⑧ 植物和动物样品的放射性监测。制样及测量方法与土壤样品基本相同。将新鲜动、植物样品称量、晾干，在炉中灰化，然后冷却、称量、研磨并混合均匀，取适量部分放于样品盒中并用低本底测量装置进行测量。

7.2.4.2　放射性污染的评价

（1）评价方法　环境质量评价按时间顺序分为回顾性评价、现状评价和预测评价。

环境质量的评价是环境保护工作一项重要的内容，同时也是环境管理工作的重要手段。只有对环境质量做出科学的评价，指出环境的发展趋势及存在的问题，才能制定有效的环境保护规划和措施。因此辐射环境质量评价在环境保护工作中具有非常重要的地位。评价辐射环境的指标归纳如下。

① 关键居民组所接受的平均有效剂量当量。在广大群体中选择出具有某些特征的组，这一特征使得他们从某一给定的实践中受到的照射剂量高于群体中其他成员。所以，一般以关键居民组的平均有效剂量当量进行辐射环境评价，因为用关键组成员接受的照射剂量作为辐射实践对公众辐射影响的上限值，安全可靠程度较高。

② 集体剂量当量。是描述某个给定的辐射实践施加给整个群体的剂量当量总和，用于评价群体可能因辐射产生的附加危害，并评价防护水平是否达到最优化。

③ 剂量当量负担和集体剂量当量负担。剂量当量负担和集体剂量当量负担用于评价放射性环境污染在将来对人群可能产生的危害。这两个量是把整个受照群体所接受的平均剂量当量率或群体的集体剂量当量率对全部时间进行积分求得的。两种平均剂量当量都是在规定的时间内（一般在一年内）进行某一实践造成的。假定一切有关的因素都保持恒定不变，那么年平均剂量当量和集体剂量当量分别等于一年实践所给出的剂量当量负担和集体剂量当量负担的平衡值。需要保持恒定的条件包括进行实践的速率，环境条件，受照射群体中的人数以及人们接触环境的方式。在某些情况下，不可能使这一实践保持足够长时间恒定不变，即年剂量当量率达不到平衡值，采用时剂量当量率积分就可求出负担量。

④ 每基本单元所产生的集体剂量当量。以核动力电站为例，通常以每兆瓦年（电）所产生的集体剂量当量来比较和衡量获得一定经济利益所产生的危害。

（2）辐射环境质量评价的整体模式　评价放射性核素排放到环境后对环境质量的影响，其主要内容就是估算关键居民组中个人平均接受的有效剂量当量和剂量当量负担，并与相应的剂量限值做比较。这就需要把放射性核素进入环境后使人受到照射的各种途径用一些由合理假定构成的模式近似地表征出来。整个模式要求能表征出待排入环境放射性核素的物理化学性质、状态、载带介质、输运和弥散能力、照射途径及食物链的特征以及人对放射性核素摄入和代谢等方面的资料。通过模式进行计算要得到剂量当量值（或集体剂量当量）和由模式参数的不确定性造成预示剂量的离散程度两个结果。为满足以上要求，整体模式应包括 3 部分。a. 载带介质对放射性核素的输运和弥散。可根据排放资料计算载带介质的放射性比活度和外照射水平。b. 生物链的转移，可由载带介质中的比活度推算出进入人体的摄入量。c. 人体代谢模式，可根据摄入量计算出各器官或组织受到的剂量。

确定评价整体模式的全过程由下述 5 个步骤组成。

① 确定制定模式的目的。要达到这个目的必须考虑三种途径：a. 污染空气和土壤使人直接受到外照剂量；b. 吸入污染空气受到的内照剂量；c. 食入污染的粮食和动植物使人接受的内照剂量。

② 绘制方框图。把放射性核素在环境中转移的动态过程中涉及的环境体系及生态体系简化成均匀的、分立的单元，然后把这些动力学库室用有标记的方框来表示，方框和方框间的箭头表示位移方向和途径。

③ 鉴别和确定位移参数。这些参数（包括转移参数和消费参数）要根据野外调查及实验资料来确定。

④ 预示体系的响应。预示体系的响应有两种方法，即浓集因子法和系统分析方法。

浓集因子法：该法适用于缓慢连续排放的情况。它假定从核设施向环境排放的比活度与原来环境中的放射性比活度之间存在着平衡关系，于是，各库室间的比活度和时间无关，相邻库室间放射性活度之比为常数，称为浓集因子。根据各库室的比活度、公众暴露于该核素和介质的时间、对该核素的摄入率，估算出公众对该核素的年摄入量和年剂量当量。

系统分析方法：系统分析方法是用一组相连的库室模拟放射性核素在特定环境中的动力学行为。

⑤ 模式和参数的检验。可采用参数的灵敏度分析和模式的坚稳度分析两种方法。

参数的灵敏度分析：在确定模式的每一步中都应当对参数的灵敏度进行分析。由于把灵敏度分析技术用于最初选定的那些途径的初步数据，所以可以推论出各种照射途径的相对重要性。而后可以从理论上确定真实系统中哪些途径需要优先进行实验研究。

模式的坚稳度分析：坚稳度分析是定量地说明模式的所有参数不确定度联合造成总的结果的离散程度。

上述只是原则上简单地介绍了辐射环境评价方法的指导思想。实际工作是相当复杂的，工作量非常大。

7.2.5　放射性污染的防治

7.2.5.1　大气放射性污染的防治

放射性污染物在废气中存在的形态包括放射性气体、放射性气溶胶和放射性粉尘。对于挥发性放射性气体，可以用吸附或者稀释的方法进行治理；对于放射性气溶胶，通常可用除尘技术进行净化；对于放射性污染物，通常用高效过滤器过滤、吸附等方法处理，使空气净化后经高烟囱排放，如果放射性活度在允许限值范围，可直接由烟囱排放。

高烟囱排放是借助大气稀释作用处理放射性气体常用的方法，用于处理放射性气体浓度低的场合。烟囱的高度对废气的扩散有很大影响，必须根据实际情况（排放方式、排放量、地形及气象条件）来设计，并选择有利的气象条件排放。

（1）放射性粉尘的处理 对于产生放射性粉尘工作场所排出的气体，可用干式或湿式除尘器捕集粉尘。常用的干式除尘器有旋风分离器、布袋式过滤除尘器和静电除尘器等。湿式除尘器有喷雾塔、冲击式水浴除尘器、泡沫除尘器和喷射式洗涤器等。例如，生产浓缩铀的气体扩散工厂产生的放射性气体在经高烟囱排入大气前，先使废气经过旋风分离器、玻璃丝过滤器除掉含铀粉尘。

（2）放射性气溶胶的处理 放射性气溶胶的处理是采用各种高效过滤器捕集气溶胶粒子。为了提高捕集效率，过滤器的填充材料多采用各种高效滤材，如玻璃纤维、石棉、聚氯乙烯纤维、陶瓷纤维和高效滤布等。

（3）放射性气体的处理 由于放射性气体的来源和性质不同，处理方法也不相同。常用的方法是吸附，即选用对某种放射性气体有吸附能力的材料做成吸附塔。经过吸附的气体再排入烟囱。吸附材料吸附饱和后需再生才可以继续用于放射性气体的处理。

7.2.5.2 水体中放射性污染的防治

目前，应用于实践的中、低放射性水平的废水处理方法很多，常用化学沉淀法、离子交换法、吸附法、蒸发等方法进行处理。

（1）化学沉淀法 化学沉淀法是向废水中投放一定量的化学凝聚体剂，如硫酸锰、硫酸钾铝、铝酸钠、硫酸铁、氯化铁、碳酸钠等。助凝剂有活性二氧化硅、黏土、方解石和聚合电解质等，使废水中胶体物质失去稳定而凝聚成细小的可沉淀的颗粒，并能与水中原有的悬浮物结合为疏松绒粒。该绒粒对水中放射性核素具有很强的吸附能力，从而净化了水中的放射性物质、胶体和悬浮物。化学沉淀法的特点是：方法简便，对设备要求不高，在去除放射性物质的同时，还去除悬浮物、胶体、常量盐、有机物和微生物等。化学沉淀法与其他方法联用时一般作为预处理方法。它去除放射性物质的效率为 $50\%\sim70\%$。

（2）离子交换法 离子交换树脂有阳离子、阴离子和两性交换树脂。当废水通过离子交换树脂时，放射性离子交换到树脂上，使废水得到净化。离子交换法已经广泛地应用在核工业生产工艺及废水处理工艺上。一些放射性实验室的废水处理也采用了这种方法，使废水得到了净化。值得注意的是，待处理废水中的放射性核素不可呈离子状态，而且是可以交换的，呈胶体状态是不能交换的。

（3）吸附法 吸附法是用多孔的固体吸附剂处理放射性废水，使其中所含有的一种或数种核素吸附在它的表面，从而达到去除有害元素的方法。

吸附剂有三大类：①天然无机材料，如蒙脱石和天然沸石等；②人工无机材料，如金属的水合氢氧化物和氧化物、多价金属难溶盐基吸附剂、杂多酸盐基吸附剂、硅酸、合成沸石和一些金属粉末；③天然有机吸附剂，如磺化煤及活性炭等。

吸附剂不但可以吸附分子，还可以吸附离子。吸附作用主要是基于固体表面的吸附能力，被吸附的物质以不同的方式固着在固体表面。例如，活性炭是较好的吸附剂。吸附剂首先应具有很大的内表面，其次是对不同的核素有不同的选择能力。

此外，适用于中、低放射性水平的废水处理的技术还有膜分离技术、蒸发浓缩技术等方法，应根据具体情况要求选择使用。

7.2.5.3 固体废物中放射性污染的防治

核工业废渣：核工业废渣一般指采矿过程的废石碴及铀前处理工艺中的废渣，这种废渣的放射性活度很低而体积庞大，处理的方法是筑坝堆放、用土壤或岩石掩埋、种上植被加以覆盖或者将它们回填到废弃矿坑。

放射性沾染的固体废物：这类固体废物系指被放射性物质沾污而不能再使用的物品。例如：工作服、手套、废纸、塑料和报废的设备、仪表、管道、过滤器等。对此应根据放射性活度，将高、中、低及非放射性固体废物分类存放，然后分别处理。对可燃性固体废物，采用专用的焚烧炉焚烧减容，其灰烬残渣密封于专用容器，贴上放射性标准符号标签，并写上放射性含量、状态等；对不可燃的固体废物，经压缩减容后置于专用容器中，经过处理的固体放射性废物，应采用区域性的浅地层废物埋藏场进行处置，埋藏地点应选择在距水源和居民点较远的地方，且必须经过水文地质、地震因素等考察，按照规定建造中低放射性废液固化块处置；对中低放射性废液处理后的浓集废液及残渣，可以用水泥、沥青、玻璃、陶瓷及塑料固化方法使其变成固化块，将这些固化块以浅地层埋藏为主，作为半永久性或永久性的储存。

高放废物（即高放射性废物）的核工业废渣最终处置：高放固体废物主要指的是核电站的乏燃料、后处理厂的高放废液固化块等这些固体废物的最终处置是将其完全与生物圈隔绝，避免其对人类和自然环境造成危害。然而，它的最终处置是至今尚未解决的重大问题。世界各学术团体和不少学者经过多年研究提出过不少方案，例如深地层埋葬、投放到深海或在深海钻井、投放到南极或格陵兰岛冰层以下、用火箭运送到宇宙空间等。最近美国一所大学的科学家实施了一项生物基因工程，将异常球菌培养成超级细菌，由于超强的抗辐射能力而被微生物专家誉为世界上最坚韧的生物体。它们可以吞噬和消化核原料留下的有毒物质，基因学家把其他种类细菌的基因注入异常球菌，将使其成为一种超级细菌。这种超级细菌具备消化和分解核武器中常见的汞化合物的能力，并能将有毒的汞化合物转化为危害性较小的其他形式的化合物。

7.3 电磁辐射污染与防治

7.3.1 电磁辐射

以电磁波形式向空间环境传递能量的过程或现象称为电磁波辐射，简称电磁辐射。电磁辐射强度超过人体所能承受的或仪器设备所允许的限度时，就构成了电磁辐射污染，简称电磁污染。

电磁波有很多种，各种电磁波的波长与频率各不相同。电磁波长与频率的关系可用式（7-5）表示。

$$f\lambda = c \tag{7-5}$$

式中，c 为真空中的光速，其值为 $2.993 \times 10^8 \text{m/s}$，实际应用中常以空气代表真空。由此可知，不论电磁波的频率如何，它每秒传播距离均为固定值（$3 \times 10^8 \text{m}$）。因此，频率越高的电磁波，波长越短，二者呈反比例关系。

电磁辐射的频带范围为 $0 \sim 10^{25}$，包括无线电波、微波、红外线、可见光、紫外线、X 射线、γ 射线和宇宙射线均在其范畴内。

按波长可将电磁波分为长波、中波、中短波、短波、超短波和微波等波段（表 7-13）。电磁波的波长越短频率越高，辐射源输出的功率就越大，传播的距离就越远，受障碍的影响就越小，对人的影响就越大。为了更好地认识和描述电磁波，将各种电磁波按波长的大小（或频率的高低）依次排列制成图表，这个图表就是电磁波谱（图 7-2）。

表 7-13 部分电磁波、波长、频率和主要用途

波段	波长	频率	主要用途
长波	3000nm 以上	低于 100kHz	电报通信
中波	200～3000nm	100～1500kHz	电报通信、无线电广播
中短波	50～200nm	1500～6000kHz	电报通信、无线电广播
短波	10～50nm	6～30MHz	电报通信、无线电广播
超短波	1～10nm	30～300MHz	无线电广播、电视、导航
微波	0001～1nm	300～300000MHz	电视、雷达、导航

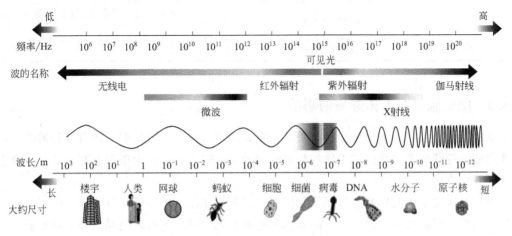

图 7-2 电磁波谱示意图

7.3.2 电磁辐射源

电磁辐射源有两大类：一类是天然电磁辐射源，另一类是人为电磁辐射源。天然电磁辐射源来自于某些自然现象；人为电磁辐射源来自于人工制造的若干系统或装置与设备，其中又分为放电型电磁辐射源、工频电磁辐射源及射频电磁辐射源。各种电磁辐射源的分类如图 7-3 和表 7-14 所示。

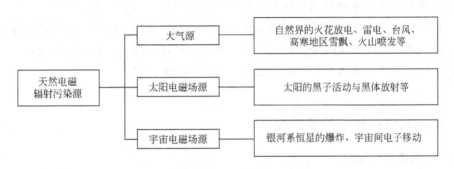

图 7-3 天然电磁辐射源分类及来源

表 7-14　人为电磁辐射分类及来源

分类		设备名称	辐射来源与部件
放电所致辐射源	电晕放电	电力线（送配电线）	由于高压大电流而引起的静电感应、电传感应、大地漏电
	辉光放电	放电管	日光灯、高压水银灯及放电管
	弧光放电	开关、电气铁道、放电管	点火系统、发电机、整流装置等
	火花放电	电气设备、发动机、冷藏车、汽车等	整流器、发电机、放电管、点火系统
工频辐射场源		大功率输电线、电气设备、电气铁道	污染来自高电压、大电流的电力线和电气设备
射频辐射场源		无线电发射机、雷达等	广播、电视与通风设备的振荡与发射系统
		高频加热设备、热合机、微波干燥机等	工业用射频利用设备的工作电路与振荡系统等
		理疗机、治疗机	医学用射频利用设备的工作电路与振荡系统等
建筑物反射		高层楼群、大的金属构件	墙壁、钢筋、吊车等

7.3.3　电磁辐射对人体健康的影响

电磁辐射对人体的危害与波长有关。一般长波对人体的危害较弱，随着波长的缩短，对人体的危害逐渐加强，微波对人体的危害作用最大。微波对人体健康的不利影响，主要表现在以下几个方面。

（1）对视觉系统的影响　长期低强度电磁辐射的作用，可促使视觉疲劳，眼睛感到不舒适和干燥等。强度在 $100mW/cm^2$ 的微波照射眼睛几分钟，就可以使晶状体出现水肿，严重的则导致白内障。强度更高的微波，则会导致失明。

（2）对血液系统的影响　在电磁辐射的作用下，血液中白细胞数量会减少，并抑制红细胞的生成，网状红细胞减少。如，经常操纵雷达的人多数出现白细胞降低的情况。

（3）对机体免疫功能的危害　电磁辐射可使身体免疫功能降低，从而导致抵抗力下降。对动物进行的实验研究及对人群的受辐射作用调查表明，受到电磁辐射的动物和人体的白细胞吞噬细菌的百分率和吞噬的细菌数均下降。长期受电磁辐射作用的人，其抗体形成受到明显抑制。

（4）引起心血管疾病　受电磁辐射作用的人，常发生血流动力学失调，血管通透性和张力降低。人如果长期受电磁辐射的作用，会更早更易发生心血管疾病。

（5）对中枢神经系统的危害　神经系统对电磁辐射的作用很敏感，受其低强度反复作用后，中枢神经系统机能发生改变，出现头晕、无力、记忆力减退、睡眠障碍等神经衰弱症候群，尤其是入睡困难、无力、多汗和记忆力减退等问题更为突出。

7.3.4　电磁辐射防护及控制标准

7.3.4.1　电磁辐射的防护

（1）电磁屏蔽　此法的特点是采用一种能抑制电磁辐射能扩散的材料，将电磁源与外界隔离开来使辐射限制在某个范围内，从而达到防止电磁污染的目的。

对电场分量而言，屏蔽原理是利用金属板或金属网等良性导体或导电性能好的非金属组成屏蔽体，并与地相接，使辐射的电磁能所引发的屏蔽体电磁感应通过地线传入地下。对磁场分量而言，其原理则是利用高磁导率的金属材料或其类似性能的物质来封闭磁力线。当磁场发生变化，屏蔽层感应出涡流，其磁通方向与原来的方向相反，因而阻止其穿出，达到控制辐射外传的效果。总而言之，当电磁污染作用于屏蔽体时，因受电磁感应，屏蔽体产生与场源电流方向相反的感应电流而生成反射磁力线，这种磁力线相抵消，达到屏蔽效果。使屏蔽体接地，可达到对电场的屏蔽作用。

电磁屏蔽的实施分为两种，其一是将辐射污染源加以屏蔽使之不对限定范围以外的生物机体或仪器设备产生影响，称作主动或有源场屏蔽；另一种方法是将指定范围之内的人员或设备加以屏蔽，使其不受电磁辐射的干扰，称为被动或无源场屏蔽。前者的特点是辐射场源与屏蔽体之间的距离较小，因而可服务于强度较大的辐射源，本体需有良好的接地条件。后者与辐射源间的距离较大，屏蔽可勿需接地。

较为理想的屏蔽材料是低电阻率的铜和铝，微波屏蔽还可选用铁材。由于钢材导电率低，不会使辐射源因产生过大能量水泵而影响设备工作状态，一般多不选用。普通玻璃、胶合板、纤维板、有机玻璃、塑料板等材料缺少屏蔽电磁波性能，不宜单独使用。屏蔽体的形式有罩式、屏风式、隔离墙式等多种，可结合设备情况、现场布局、操作方式等情况区别选定。主动场屏蔽体制作简便，节省工料，只需合理布设即能取到满意效果。

（2）电磁吸收　电磁吸收即采用某种能对电磁辐射产生强烈吸收作用的材料敷设于场源的外围，以防止大范围的污染。其原理是：当电磁辐射从空间向往屏蔽材料（用金属制作）的表面时，电磁波将在两种介质的交界面发生反射，反射的大小取决于两种介质的自身性质，一般说来频率越高，金属材料导电性越好，反射效应越强。电磁波向往金属屏蔽时，将在金属内部引起吸收衰减。目前电磁辐射吸收材料有两种，一种为谐振型吸收材料，是利用某些材料的谐振特性制成的吸收材料，这些材料厚度小，对频率范围较窄的微波有较好的吸收效率。另一种为匹配型吸收材料，即利用某些材料和自由空间的阻抗匹配，达到吸收微波辐射能的目的。

（3）远距离控制和自动作业　根据射频电磁场，特别是中、短波，其场强随距离的增大而迅速衰减的原理。若采取对射频远距离控制或自动化作业的方法，则可达到显著减少对操作人员的危害。

（4）线路滤波　在电源与设备交接处加电源滤波器，一方面保证低频信号畅通，另一方面可减少或消除电源线可能转播的高频射频信号和电磁辐射能，起到防止污染的作业。

（5）个人防护　对于无屏蔽条件的操作人员或其他人员，在直接暴露于微波辐射区时，可采取穿防护衣、戴防护头盔和防护眼镜的个人防护措施。

7.3.4.2　控制标准

为了有效地防止电磁辐射污染，制定了一系列标准。主要包括电磁辐射安全卫生标准、电磁辐射环境标准、电磁辐射干扰标准、电磁泄漏控制标准。电磁辐射安全卫生标准分以下几种。

（1）超高频辐射标准　1989 年我国原电子工业部颁布了《作业场所超高频辐射卫生标准》（GB 10435—1989），规定了作业场所超高频辐射（频率在 30～300MHz 或波长为 10～1m）的容许限值及测试方法，见表 7-15。

表 7-15　中国超高频辐射卫生标准

辐射源种类	暴露时间	容许功率密度/($\mu W/cm^2$)	相应电场强度/(V/m)
连续波	8h/d	0.05	14
	4h/d	0.10	19
脉冲波	8h/d	0.025	10
	4h/d	0.050	14

（2）微波辐射标准　《作业场所微波辐射卫生标准》（GB 10437—1989）规定了接触微波辐射各类作业场所（不包括居民所受环境辐射及接受微波诊断或治疗的辐射）的卫生标准限量值，微波辐射频率为 300MHz～300GHz，相应波长为 1m～1mm 范围，见表 7-16。短时间最大暴露限值不超过 5mW/cm^2；在超过 1mW/cm^2 条件下，除按日剂量容许暴露时间外，还需使用防护镜。

表 7-16　中国微波辐射卫生标准　　　　　　　　单位：$\mu W/cm^2$

辐射源种类	8h/d 容许功率密度	日剂量限值	<8h/d 的容许功率密度
非固定辐射	50	400	400/t
脉冲波固定辐射	25	200	200/t
仅肢体辐射	500	4000	4000/t

注：t 为暴露时间，单位为小时（h）。

我国目前没有制订<30MHz 射频段的卫生标准。在国际上，美国提出了射频的最大容许暴露值（C95.1—1991），如表 7-17 所示。

表 7-17　美国射频的最大容许暴露值

频率/MHz	电场强度/(V/m)	磁场强度/(A/m)
0.003～0.1	614	163
0.1～3	61.4	16.3/f
3～30	1842/f	16.3/f
30～100	61.4	16.3/f
100～300	61.4	0.163

注：f 为频率（MHz）。

7.4　光污染和热污染

7.4.1　光污染

光对人居环境、生产和生活至关重要，是人类永不可缺少的。但人类活动造成的过量光辐射对人类生活和生产环境已经造成了不良的影响。光污染是一种新的污染形式，其危害受到人们重视，被国际天文学联合会列为影响天文学工作的现代四大污染物质之一。目前对光污染的成因及条件研究得还不充分，因此还不能进行系统的分类及采取相应的防治措施。一般认为，光污染应包括可见光、红外光污染和紫外光污染。

7.4.1.1　光污染的来源和危害

超量的光辐射，包括紫外、红外辐射对人体健康和人类生活环境造成不良影响的现象称为光污染。在电磁辐射波谱中，光包括红外线、可见光和紫外线3种，它们各自具有一定的波长和频率范围。

（1）可见光污染　可见光是波长为390～760nm的电磁辐射体。可见光污染包括眩光污染、灯光污染和视觉污染。夜间迎面驶来的汽车头灯的灯光，尤其是远光灯，会使迎面来车的司机眼前一片眩光，视物极度不清，甚至造成短暂的失明现象，持续时间约几秒钟，极易造成交通事故；球场和厂房中布置不合理的照明设施，在强光条件下，人的视觉会受损；车站、机场、控制室过多闪动的信号灯，以及电视中为渲染气氛，快速地切换画面，使人视觉不舒服，也属于眩光污染。在眩光的强烈照射下，人的眼角膜和虹膜会因受到过度刺激而损伤，引起视力下降、白内障发病率上升，甚至会导致失明。

城市夜间灯光不加控制，形成人工白昼，影响天文观测。当天空中星星可见度为7级时，能看到的星星有7000颗。但在一些光污染特别严重的大城市市内，天空中星星可见度为2级，只能看到25颗星星。洛杉矶附近的威尔逊山天文台甚至几乎放弃了深空天文学的研究。我国的南京紫金山天文台由于受到光污染的影响，部分机构不得不迁出市区。路灯控制不当或建筑工地安装的聚光灯照进住宅，影响居民休息。舞厅、夜总会安装的黑光灯、旋转灯、荧光灯以及闪烁的彩色光源构成彩光污染。长期生活在彩光污染环境中，人体会出现血压升高、体温波动、心急躁热等症状。

近年来，我国"玻璃幕墙热"急剧升温。据不完全统计，我国累计竣工的建筑幕墙面积为1500万平方米，每年还以500万平方米的速度增加。在阳光强烈的季节，饰有钢化玻璃、釉面砖、铝合金板、磨光石面及高级溴化碘的建筑物对阳光的反射系数一般在65%～90%，要比绿色草地、深色或毛面砖石建筑物对阳光的反射系数大10倍，从而产生明晃刺眼的效应。在夜间，街道、广场、运动场上的照明光通过建筑物反射进入相邻住户，其光强有可能超过人体所能承受的范围。这些杂散光不仅有损视觉，而且还能导致神经功能失调，扰乱体内的自然平衡，引起头晕目眩、食欲下降、困倦乏力、精神不集中等症状，此为视觉污染。

（2）红外线污染　近年来，红外线在军事、科研、工业、卫生等方面应用日益广泛，由此可产生红外线污染。红外线通过高温灼伤人的皮肤，还可透过眼睛角膜对视网膜造成伤害，波长较长的红外线还能伤害人眼的角膜，长期的红外照射可以引起白内障。当皮肤受到短期红外线照射时，可使局部升温、血管扩张，出现红斑反应，停照后红斑会消失。适量的红外线照射，对人体健康有益；若过量照射，除产生皮肤急性灼烧外，透入皮下组织的红外线可使血液和深层组织加热；当照射面积大且时间又长时，则可能出现中暑症状。

若眼球吸收大量红外线辐射，可导致角膜热损伤；当过量接触远及范围红外线照射时，能完全破坏角膜表皮细胞；长期接触中区范围红外照射的工作人员，可引起白内障眼疾；近区范围的红外线可以对视网膜黄斑区造成损伤。以上的一些症状，多出现于使用电焊、弧光灯、氧乙炔等的操作人员中。

（3）紫外线污染　现实中的紫外光污染主要来源于电焊、紫外线杀菌消毒等，主要伤害表现为角膜损伤和皮肤的灼伤。紫外线辐射是波长范围为10～390nm的电磁波，其频率范围在$(0.7～3)\times10^{15}$Hz，相应的光子能量为3.1～12.4eV。自然界中的紫外线来自于太阳辐射，不同波长的紫外线可被空气、水或生物分子吸收。而人工紫外线是由电弧和气体放电所产生，可用于人造卫星对地面的探测和灭菌消毒等方面。适量的紫外线辐射量对人体健康有积极的作用。若长期缺乏这种照射，会使人体代谢产生一系列障碍。

波长在220～320nm波段的紫外线对人体有损伤作用，轻者能引起红斑反应，重者可导致弥漫性或急性角膜结膜炎、皮肤癌、眼部烧灼，并伴有高度畏光、流泪和睑痉挛等症状。

7.4.1.2 光污染的控制

光对环境的污染是实际存在的，但由于缺少相应的污染标准和立法，因而不能形成完善的环境质量要求与防范措施。在城市中，应加强城市规划管理，合理布置光源，使它起到美化环境的作用而还是制造光污染。在工业生产中，对光污染的防护措施包括红外线及紫外线产生的工作场所，应适当采取安全办法。例如，采用可移动屏障将操作区围住，以防止非操作者受到有害光源的直接照射等。对个人而言，最有效的措施是保护眼部和裸露皮肤勿受光辐射的影响。因此，配戴护目镜与防护面罩是十分有效的。

7.4.2 热污染

7.4.2.1 热污染的含义

热污染是指现代工业生产和生活中排放的废热所造成的环境污染。热污染可以污染大气和水体，使局部环境或全球环境发生增温，并可能对人类和生态系统产生直接或间接、即时或潜在的危害当前，随着世界能源消费的不断增加热污染问题也日趋严重，已引起人们的重视。

7.4.2.2 热污染的形成原因

① 热量直接向环境，特别是向水体排放。发电、冶金、化工和其他的工业生产，通过燃料燃烧和化学反应等过程产生的热量，一部分转化为产品形式，一部分以废热形式直接排入环境。转化为产品形式的热量，在消费过程中最终也要通过不同的途径释放到环境中（如加热、燃烧等方式）。而且各种生产和生活过程排放的废热大部分转入到水中，使水升温，这些温度较高的水排进水体，形成对水体的热污染。

② 大气组成的改变。人类的生产和生活活动向大气大量排放温室气体，引起大气增温；同时水泵臭氧层物质的排放，破坏了大气臭氧层，导致太阳辐射的增强。

③ 地表状态的改变。主要是改变了地面反射率，影响了地表和大气间的换热等，如城市中的热岛效应。另外，由于农牧业的发展，使森林改变成农田、草场，很多地区更由于开垦不当而形成沙漠，这样就大面积地改变了地面反射率，改变了环境的热平衡，形成热污染。

7.4.2.3 热污染的影响

(1) 水体热污染 工业冷却水是水体遭受热污染的主要污染源，其中80%是发电厂冷却水，一般热电厂只有1/3的热能转为电能，其余2/3热能流失在大气和冷却水中。这些来自河流、湖泊或海洋的水在发电厂的冷却系统流动过程中，水温升高后返回源地。

水体热污染会影响水质和水生物的生态，给人类带来直接的危害。水的物理性质受温度变化的影响，水的黏度随温度的上升而降低，这对沉淀物在流速缓慢的河流、港湾以及水库中的沉淀会有较大的影响。另外，随着水温的上升，水体生化反应速度也会随之加快，这往往导致水中的化学污染物质，如氟化物、重金属离子等对水生物的毒性增加。水体温度升高后，还会导致生物需氧量的增加。一般来说，温度每升高10℃，生物代谢速度增加一倍，从而引起生物需氧量的增加。而在同一时间里，水中溶解氧却随温度的升高而下降。当淡水温度从 10℃升至 30℃时，溶解氧会从 11mg/L 降到 8mg/L 左右。因此，当生物对氧的需要量增加时，所能利用的氧反而少了。溶解氧减少的第二个原因是当温度升高时，废物的分解速度加快了，分解速度加快，需要的氧气越多。结果水中的溶解氧在大多数情况下不能满足鱼生存所必需的最低值，从而使鱼难以生存（表 7-18）。

表 7-18 水体物理性质的温度影响

温度/℃	大气压 /Pa	黏度 /10^{-3}Pa·s	密度 /(g/mL)	表面张力 /(N/m)	氧溶解度 /(mg/L)	氧扩散系数 /(10^{-6}cm²/m)	氧溶解度 /(mg/L)
0	0.611	1.787	0.99984	0.0756	14.6		23.1
5	0.872	1.519	0.99997	0.0749	12.8		20.4
10	1.212	1.307	0.99970	0.0742	11.3	15.7	18.1
15	1.705	1.139	0.99910	0.0735	10.2	18.3	16.3
20	2.338	1.002	0.99820	0.0728	9.2	20.9	14.9
25	3.167	0.890	0.99704	0.0720	8.4	23.7	13.7
30	4.243	0.798	0.99565	0.0710	7.6	27.4	12.7
35	5.623	0.719	0.99406	0.0704	7.1		11.6
40	7.376	0.653	0.99224	0.0696	6.8		10.8

在具有正常混合藻类种群的河流中，硅藻在 18～20℃之间生长最佳，绿藻为 30～35℃；蓝藻为 35～40℃。水体里排入热废水后利于蓝藻生长，而蓝藻是一种质地粗劣的饵料，可引起水的味道异常，并可使人畜中毒。此外，一些致病微生物的生长需要一定的温度，河水水温上升时，这些微生便得以滋生、泛滥，从而引起疾病流行，危害人类健康。1965 年，澳大利亚某发电厂排出大量热水，使河水水温升高，为一种变形原虫的生长提供了温床。大量孳生的变形原虫最终在澳大利亚引发了脑膜炎的流行。

（2）大气热污染 通常在燃料燃烧时会有碳氧化物等产生，在完全燃烧的条件下，CO_2 的产量最高。由于能源的大量消费，据估算近 30 年来大气中的 CO_2 含量每年以 0.7mg/L 的速率在增长。大气中的 CO_2 分子（或水蒸气）的增加，不仅能加大太阳透过大气层辐射到地球表面的辐射能，而且不能吸收从地球表面辐射出的红外线，再逆辐射到地球表面。如此多次反复，终使近地层大气升温。大气层温度升高的结果将导致极地冰层融化。

大气热污染会给人类带来各种不良影响，会加重工业区或城镇的环境污染；局部大气增温也将影响大气循环过程，容易形成干旱。这些都将直接或间接危害人类。

（3）热污染引起的城市"热岛"效应 由于城市人口集中，城市建设过程中大量的田野和植物被混凝土替代。不同的地表覆盖物导致地表反射率和蓄热能力发生了变化，城市温度明显高于周边的农村，形成了热环境。工业生产、机动车辆行驶和居民生活等排出的热量远远高于郊区农村，可造成温度高于周围农村 1～6℃的现象。夏季危害尤其严重，为了降温，机关、单位、家庭普遍安装使用空调，又新增了能耗和热源，形成恶性循环，加剧了环境的升温。资料表明，大城市市中心和郊区温差在 5℃以上，中等城市在 4～5℃，小城市市内外温差也在 3℃左右，尤其像南京、重庆、武汉、南昌这类"火炉"城市，有时市内外温差高达 7～8℃，城市成了周围凉爽世界中名副其实的"热岛"。

现代工业持续发展，人口不断增长，这些发展都向资源、环境提出了更严峻的考验。现有能源与资源不能被充分有效地利用、浪费现象未能杜绝，这些都是造成热污染最根本的原因。人们需要对热污染有足够重视，采取一定的手段控制热污染。

7.4.2.4 热污染的控制与综合利用

对于大气中的热污染的控制，应当着重进行热污染源的控制；其次是保护植被，扩大森林覆盖面积，大力推广太阳能、风能、水能等无污染能源的利用。

（1）改进热能利用技术，提高发电站效率　目前所用的热力装置的效率一般都比较低，工业发达的美国近年来平均热效率达到 44%。将热直接转换为电能可以大大减少热污染。如果把有效率的热电厂和聚变反应堆联合运行的话，热效率可能高达 96%。这种效率为 96% 的发电方法，和今天的发电厂浪费 60%～65% 的热能相比，只浪费 4% 的热能，有效地控制了热污染。

（2）开发和利用无污染或少污染的新能源　从长远来看，现在应用的矿物能源将会被已开发和利用的，或将要开发和利用的无污染或少污染的能源所代替。这些无污染或少污染的能源有太阳能、风能、海洋能及地热能。

（3）废热的利用　利用废热既可以减轻污染，同时还有助于节约燃料资源。如今人们对于使用发电站的热废水取暖的可能性特别感兴趣，就是用冷却水的废热供家庭取暖，使用的装置是热力泵，但它是用来供热，而不是进行冷却的制冷机。

（4）城市及区域绿化　绿化是降低城市及区域热岛效应及热污染的有效措施，但需注意树种的选择和搭配，同时加强空气流通和水面的结合，从而使效果更加显著。

第8章

可持续发展与清洁生产

8.1 可持续发展的由来

可持续发展是指既满足当代人的需求，又不损害后代人满足需要的能力的发展。换句话说，就是指经济、社会、资源和环境保护协调发展，它们是一个密不可分的系统，既要达到发展经济的目的，又要保护好人类赖以生存的大气、淡水、海洋、土地和森林等自然资源和环境，使子孙后代能够永续发展和安居乐业。

发展是人类社会不断进步的永恒主题。人类经过了对自然顶礼膜拜、唯唯诺诺的漫长历史阶段之后，通过工业革命，铸就了驾驭和征服自然的现代科学技术之剑，从而一跃成为大自然的主宰。可就在人类为科学技术和经济发展的累累硕果津津乐道之时，却不知不觉地步入了自身挖掘的陷阱。种种始料不及的环境问题击破了单纯追求经济增长的美好神话，固有的思想观念和思维方式受到强大冲击，传统的发展模式面临严峻挑战。历史把人类推到了必须从工业文明走向现代新文明的发展阶段。可持续发展思想在环境与发展理念的不断更新中逐步形成。

8.1.1 《寂静的春天》——对传统行为和观念的早期反思

"可持续性"最初应用于林业和渔业，指的是保持林业和渔业资源延续不断的一种管理战略。春秋战国时期，我国的思想家孟子、荀子就有对自然资源休养生息，以保证其永续利用等朴素可持续发展思想的精辟论述。西方早期的一些经济学家如马尔萨斯、李嘉图等，也较早认识到人类消费的物质限制，即人类经济活动存在着生态边界。

20世纪中叶，随着环境污染的日趋加重，特别是西方国家公害事件的不断发生，环境问题频频困扰人类。20世纪50年代末，美国海洋生物学家蕾切尔·卡逊在潜心研究美国使用杀虫剂所产生的种种危害之后，于1962年发表了环境保护科普著作《寂静的春天》。作者通过对污染物富集、迁移、转化的描写，阐明了人类同大气、海洋、河流、土壤、动植物之间的密切关系，初步揭示了污染对生态系统的影响。她告诉人们，"地球上生命的历史一直是生物与其周围环境相互作用的历史，只有人类出现后，生命才具有了改造其周围大自然的异常能力。在人对环境的所有袭击中，最令人震惊的，是空气、土地、河流以及大海受到各种致命化学物质的污染。这种污染是难以清除的，因为它们不仅进入了生命赖以生存的世界，而且进入了生物组织内"。她还向世人呼吁，我们长期以来行驶的道路，容易被人误认为是一条可以高速前进的平坦、舒适的超级公路，但实际上，这条路的终点却潜伏着灾难，而另外的道路则为我们提供了保护地球的最后唯一的机会。这"另外的道路"究竟是什么样的，卡逊没能确切告诉我们，但作为环境保护的先行者，卡逊的思想在世界范围内，较早地引发了人类对自身的传统行为和观念进行比较系统和深入的反思。

8.1.2 《增长的极限》——引起世界反响的"严肃忧虑"

1968 年，来自世界各国的几十位科学家、教育家和经济学家等学者聚会罗马，成立了一个非正式的国际协会——罗马俱乐部（The Club of Rome）。它的工作目标是，关注、探讨与研究人类面临的共同问题，使国际社会对人类面临的社会、经济、环境等诸多问题，有更深入的理解，并在现有全部知识的基础上推动采取能扭转不利局面的新态度、新政策和新制度。

受俱乐部的委托，以麻省理工学院 D·梅多斯为首的研究小组，针对长期流行于西方的高增长理论进行了深刻反思，并于 1972 年提交了俱乐部成立后的第一份研究报告——《增长的极限》。报告深刻阐明了环境的重要性以及资源与人口之间的基本联系。报告认为，由于世界人口增长、粮食生产、工业发展、资源消耗和环境污染这五项基本因素的运行方式是指数增长而非线性增长，全球的增长将会因为粮食短缺和环境破坏于 21 世纪某个时段内达到极限。就是说，地球的支撑力将会达到极限，经济增长发生不可控制的衰退。因此，要避免因超越地球资源极限而导致世界崩溃的最好方法是限制增长，即"零增长"。

《增长的极限》一发表，在国际社会特别是在学术界引起了强烈的反响。该报告在促使人们密切关注人口、资源和环境问题的同时，因其反增长情绪而遭受到尖锐的批评和责难。因此，引发了一场激烈的、旷日持久的学术之争。一般认为，由于种种因素的局限，《增长的极限》的结论和观点，存在十分明显的缺陷。但是，报告所表现出的对人类前途的"严肃的忧虑"以及唤起人类自身的觉醒，其积极意义却是毋庸置疑的。它所阐述的"合理的、持久的均衡发展"，为孕育可持续发展的思想萌芽提供了土壤。

8.1.3 联合国人类环境会议——人类对环境问题的正式挑战

1972 年，联合国人类环境会议在斯德哥尔摩召开，来自世界 113 个国家和地区的代表汇聚一堂，共同讨论环境对人类的影响问题。这是人类第一次将环境问题纳入世界各国政府和国际政治的事务议程。大会通过的《人类环境宣言》宣布了 37 个共同观点和 26 项共同原则。它向全球呼吁：现在已经到达历史上这样一个时刻，我们在决定世界各地的行动时，必须更加审慎地考虑它们对环境产生的后果。由于无知或不关心，我们可能给生活所依靠的地球环境造成巨大的无法挽回的损失。因此，保护和改善人类环境是关系到全世界各国人民的幸福和经济发展的重要问题，是全世界各国人民的迫切希望和各国政府的责任，也是人类的紧迫目标。各国政府和人民必须为着全体人民和自身后代的利益而作出共同的努力。

作为探讨保护全球环境战略的第一次国际会议，联合国人类环境大会的意义在于唤起了各国政府共同对环境问题，特别是对环境污染的觉醒和关注。尽管大会对整个环境问题认识比较粗浅，对解决环境问题的途径尚未确定，尤其是没能找出问题的根源和责任，但是，它正式吹响了人类共同向环境问题挑战的进军号。各国政府和公众的环境意识，无论是在广度上还是在深度上都向前迈进了一步。

8.1.4　《我们共同的未来》——环境与发展思想的重要飞跃

20 世纪 80 年代伊始，联合国本着必须研究自然的、社会的、生态的、经济的以及利用自然资源过程中的基本关系，确保全球发展的宗旨，于 1983 年 3 月成立了以挪威首相布伦特兰夫人任主席的世界环境与发展委员会（WCED）。联合国要求其负责制订长期的环境对策，研究能使国际社会更有效地解决环境问题的途径和方法。经过 3 年多的深入研究和充分论证，该委员会于 1987 年向联合国大会提交了研究报告《我们共同的未来》。

《我们共同的未来》分为"共同的问题"、"共同的挑战"和"共同的努力"三大部分。报告将注意力集中于人口、粮食、物种和遗传资源、能源、工业和人类居住等方面。在系统探讨了人类面临的一系列重大经济、社会和环境问题之后，提出了"可持续发展"的概念。报告深刻指出，在过去，我们关心的是经济发展对生态环境带来的影响，而现在，我们正迫切地感到生态的压力对经济发展所带来的重大影响。因此，我们需要有一条新的发展道路，这条道路不是一条仅能在若干年内、在若干地方支持人类进步的道路，而是一直到遥远的未来都能支持全球人类进步的道路。这实际上就是卡逊在《寂静的春天》没能提供答案的、所谓的"另外的道路"，即"可持续发展道路"。布伦特兰鲜明、创新的科学观点，把人们从单纯考虑环境保护引导到把环境保护与人类发展切实结合起来，实现人类有关环境与发展思想的重要飞跃。

8.1.5　联合国环境与发展大会——环境与发展的里程碑

从 1972 年联合国人类环境会议召开到 1992 年的 20 年间，尤其是 20 世纪 80 年代以来，国际社会关注的热点已由单纯注重环境问题逐步转移到环境与发展二者的关系上来，而这一主题必须由国际社会广泛参与。在这一背景下，联合国环境与发展大会于 1992 年 6 月在巴西里约热内卢召开。共有 183 个国家的代表团和 70 个国际组织的代表出席了会议，102 位国家元首或政府首脑到会讲话。会议通过了《里约环境与发展宣言》（又名《地球宪章》）和《21 世纪议程》两个纲领性文件。前者是开展全球环境与发展领域合作的框架性文件，是为了保护地球永恒的活力和整体性，建立一种新的、公平的全球伙伴关系的"关于国家和公众行为基本准则"的宣言。它提出了实现可持续发展的 27 条基本原则，后者则是全球范围内可持续发展的行动计划，它旨在建立 21 世纪世界各国在人类活动对环境产生影响的各个方面的行动规则，为保障人类共同的未来提供一个全球性措施的战略框架。此外，各国政府代表还签署了联合国《气候变化框架公约》等国际文件及有关国际公约。可持续发展得到世界广泛和最高级别的政治承诺。

以这次大会为标志，人类对环境与发展的认识提高到了一个崭新的阶段。大会为人类高举可持续发展旗帜，走可持续发展之路发出了总动员，使人类迈出了跨向新的文明时代的关键性一步，为人类的环境与发展矗立了一座重要的里程碑。

8.2 我国走可持续发展道路的必然性

可持续发展是人类社会发展的必然要求。在当今世界，许多国家越来越关注这个问题。可持续发展强调发展的公平性和发展的持续性，即强调本代人之间（空间上）及当代人和后代人之间（时间上）在资源分配与利用上的公平性；强调要以生物圈的承受能力为限度，不能以牺牲环境为代价去换取当前的发展，不能用今天的发展去损害明天的发展。如果现在的发展破坏了人类生存的物质基础，发展就难以持续下去，也就违背了发展的根本宗旨，发展本身也就失去了意义。作为一种新的发展观，走可持续发展道路已经成为世界各国的共识。我国是一个发展中的大国，特殊的国情、现有的社会生产力水平和城乡居民提高生活水平的要求，决定了我们必须实施可持续发展战略，努力促进人口、资源、环境和经济、社会的协调发展。

8.2.1 可持续发展的思想源远流长

可持续的概念源远流长。资源的持续利用是持续发展的基础。

从一定意义上讲，人类社会的发展史就是人与自然的关系史。人类与自然环境永远是一个有机的统一体，破坏了这个系统的和谐，人类必然会遭到自然无情的报复。苏美尔文明、地中海文明、玛雅文明等的惨痛失落告诉我们：文明的产生和发展是人与自然环境协调的产物，它依赖于人与自然资源和自然环境之间的劳动及其产出，这种劳动和产出的过程构成人类文明的"生命支持系统"。文明的延续需要这种系统，并且必须在相对稳定的基础上使其持续下去。否则，一定地区内的文明就无法延续。

在人类文明发展的初期，由于生产力水平的低下，人类对环境的破坏相对较小，进入农业文明后，人类能够利用自身力量去影响和改变局部地区的自然生态系统，在创造物质财富的同时也产生了一定的环境问题，如土地肥力下降、水土流失、河流淤塞、改道及决口，危害人类的生存。

我国早在春秋战国时期就有保护正在怀孕和产卵的鸟兽鱼鳖以利"永续利用"的思想和封山育林定期开禁的法令。春秋时在齐国为相的管仲，从发展经济、富国强兵的目标出发，十分注意保护山林川泽及其生物资源，反对过度采伐。他提出"为人君而不能谨守其山林菹泽草莱（长水草的沼泽），不可以立为天下王"（《管子·地数》）。战国时期的荀子也把自然资源的保护视作治国安邦之策，特别注重遵从生态学的季节规律（时令），重视自然资源的持续保存和永续利用。《荀子·王制篇》中有"斩伐养长，不失其时，故山林不童，而百姓有余材也"的总结。《吕氏春秋·义赏》中也有"竭泽而渔，岂不得鱼，而明年无鱼；焚薮而田，岂不获得，而明年无兽"的忠告。

北魏时的贾思勰《齐民要术》中"地势有良薄，山泽有异宜。顺天时，量地利，则用力少而成功多，任性反道，劳而无获"，明确提出了因地制宜的思想。

明代徐光启提出："作羊于塘岸上，安羊。每早扫其粪于塘中，以饲草鱼。而草鱼之粪可以饲鲢鱼。"和"一举三得矣"。这种多种经营的立体农业方式是符合农业生态循环规律的，与当代可持续思想也是一致的。

1975年在湖北云梦睡虎地11号秦墓中发掘出1100多枚竹简，其中的《田律》清晰地体现了可持续发展的思想——"春二月，勿敢伐树木山林及雍堤水。不夏月，毋敢夜草为灰，取生荔，毋……毒鱼鳖，置阱罔，到七月而纵之。"这是中国和世界最早的环境法律之一，也体现了可持续发展的理念。

8.2.2 我国面临的生存和发展压力

中国人口与环境资源相协调发展面临的主要困境是指中国的发展尚未走出"人口增长、资源紧缺、环境恶化"的恶性循环困境，中国人口的未来面临着生存和发展的双重压力，走可持续发展道路是历史的必然选择。

8.2.2.1 资源短缺

我国的自然资源虽然种类多、总量大、类型齐全，但由于庞大的人口压力和经济迅速发展的需要，加上生产技术和工艺水平的落后、人口数量过多，使得我国人均资源占有量较低，资源利用率低，长期存在着资源的相对短缺。例如，水资源短缺问题日益严重。我国人均淡水资源占有量相当于世界平均水平的1/4。全国的耕地和草场共有400多万平方千米的面积缺水，约占全国国土面积的一半。全国缺水城市达300多个，而工业用水的重复利用率仅为20%～30%，单位产值用水量是发达国家5～10倍。黄河断流，进入20世纪90年代，黄河每年平均断流达102天，1997年断流时间竟达226天，一年中的2/3时间，黄河下游是无水的、干涸的，成了一条季节河。由于缺水，我国每年影响工业产值2300多亿元，全国干旱受灾面积3亿亩，农业减产粮食250多亿公斤，耕地资源短缺矛盾也十分突出。由于片面追求经济的发展，非农业用地迅速增加，耕地逐年减少。现在，我国人均耕地不到0.1公顷，约为世界人均数的1/3。森林资源更不容乐观。我国人均森林资源仅为世界平均水平的1/5，我国在林业方面的工作重采伐、轻抚育，使林木生长率低，另一方面滥伐林木、毁林开荒的现象仍未杜绝，森林火灾和病虫害也不时发生，使我国的森林资源遭受了严重的破坏。此外，我国能源供需结构矛盾加大，油气短缺问题严重，大宗矿产储量的耗损速度远大于年增长速度，现有矿山生产能力将有较大下降；资源浪费严重，矿业开发秩序混乱的状况仍没有得到根本治理。

8.2.2.2 深刻的环境危机

我国人口众多，人均资源少，自然环境面临极大的危机，主要表现为两方面：环境污染和生态破坏。从全国来看，一方面以城市为中心，以大气、水体、固体废弃物、噪声为重点的污染仍在发展，并迅速向农村蔓延；另一方面，以水土流失、荒漠化、森林和草地资源减少、生物多样性减少为特征的生态破坏的范围仍在扩大，程度在加剧。例如：二氧化硫的排放量增加，酸雨危害加重。如今我国2/3的地区已遭受酸雨威胁，并且还在扩大。大城市中汽车尾气污染日趋明显。个别城市出现了光化学烟雾现象。城市生活污水处理远不能适应城市扩大、发展的需要，污水排放量大幅度增加，各大江河均受到不同程度的污染，并呈发展趋势，工业发达城市附近的水域污染尤为突出。全国各主要城市地下水普遍超采，近海城市海水入侵现象严重。此外，由于生态破坏，风沙侵袭事件频发，2001 年春季，甘肃中东部、内蒙古西部、宁夏、陕西及山西西部的黄土高原，受来自内蒙古的冷空气影响，刮起了 6 级以上大风，上述地区正是中国三北风沙线所在地域，生态环境恶劣，土地沙化严重，沙随风起一直刮到几千米的高空，形成沙尘暴，向东南方向移动，经过一夜飘浮，在北京、天津地区及长江中下游附近地区沉降，形成大面积浮尘天气。北京、济南的浮尘与降雨相遇相合形成"泥雨"。

【拓展】 发展的代价

在当代中国经济和社会发展的凯歌行进姿态的背后，环境问题的阴影也开始突现出来，并使我国的改革开放事业也不得不承受了巨大的"成本"。

随着中国改革开放的向前推进，高速的经济增长加上巨大的人口压力、结构性污染的突现、较低的工业技术水平、不合理的工业和产业布局以及经济发展中的"政策失误"等因素的影响，使得中国的环境问题也日益突现出来。中国目前的环境状况和质量不仅同发达国家相比有很大的差距，同中国自己制定的环境发展目标也有很大的差距，而且在某种程度上还可能对中国可持续发展目标构成一种障碍或牵制。

从土地和森林的状况看，20 世纪 80 年代以来，全国约有 1/3 的耕地受到水土流失的危害，500 万公顷草场受到沙漠化的影响，风蚀和水蚀面积分别达到 179 万平方公里、188 万平方公里；大量使用农药和化肥又使得湖泊和海洋的富营养化加重以及渔业资源种群的生活环境恶化。

从水资源状况看，我国的水资源以及降水量的分布是极不均衡的。其中，19% 的水资源分布在淮河及其以北地区，81% 的水资源分布在长江流域及其以南地区。加之又缺乏必要的水利设施以及由此导致的较低的水资源储蓄能力，使得每年一到汛期，不得不以导洪安全入海为目标，浪费大量的淡水资源。还有我国在迅速推进的工业化和城市化进程中，也出现了一些严重的污染河段，而其中尤以淮河的污染状况为最。

从大气状况看，我国大部分城市的大气环境质量不符合国家一级标准，二氧化硫、颗粒物和降尘的浓度均严重超标。与此同时，大气污染造成的酸雨也呈现出不断扩展之势。据估算，江苏、浙江、福建等 11 个省区，因酸雨造成森林生态系统的损失已达 510 亿元，造成农作物损失为每年 43.9 亿元。因此，削减二氧化硫等酸性气体排放、控制酸雨污染已成为刻不容缓的任务。

8.2.3 中国可持续发展的指南——《中国 21 世纪议程》

1994 年 3 月 25 日，国务院第 16 次常务委员会讨论通过了《中国 21 世纪议程——中国 21 世纪人口、环境与发展白皮书》（简称《中国 21 世纪议程》），它是中国实施可持续发展战略的行动纲领，是制定国民经济和社会发展中长期计划的指导性文件，同时也是中国政府认真履行 1992 年联合国环境与发展大会的原则立场和实际行动，表明了中国在解决环境与发展问题上的决心和信心。《中国 21 世纪议程》突出体现了新的发展观，注重处理好人口与发展的关系，充分认识我国资源所面临的挑战，积极承担国际责任和义务。

8.2.3.1 《中国 21 世纪议程》的基本思想

制定和实施《中国 21 世纪议程》，走可持续发展之路，是我国在 21 世纪发展的需要和必然选择。中国是发展中国家,要提高社会生产力,增强综合国力和不断提高人民生活水平就必须毫不动摇地把发展国民经济放在第一位,各项工作都要紧紧围绕经济建设这个中心来开展。中国是在人口基数大、人均资源少、经济和科技水平都比较落后的条件下实现经济快速发展的;这使本来就已经短缺的资源和脆弱的环境面临更大的压力。在这种形势下,我国政府认识到,只有遵循可持续发展的战略思想,从国家整体的角度高度协调和组织各部门、各地方、各社会阶层和全体人民的行动,才能顺利完成预期的经济发展目标,才能保护好自然资源和改善生态环境,实现国家长期、稳定的发展。

8.2.3.2 《中国21世纪议程》的主要内容

《中国21世纪议程》共20章,78个方案领域,主要内容分为4大部分。

第一部分,可持续发展总体战略与政策。论述了提出中国可持续发展战略的背景和必要性;提出了中国可持续发展的战略目标、战略重点和重大行动,可持续发展的立法和实施,制定促进可持续发展的经济政策,参与国际环境与发展领域合作的原则立场和主要行动领域。

第二部分,社会可持续发展。包括人口、居民消费与社会服务,消除贫困,卫生与健康、人类住区和防灾减灾等。其中最重要的是实行计划生育、控制人口数量和提高人口素质。

第三部分,经济可持续发展。《中国21世纪议程》把促进经济快速增长作为消除贫困、提高人民生活水平、增强综合国力的必要条件。

第四部分,资源的合理利用与环境保护。包括水、土等自然资源保护与可持续利用;还包括生物多样性保护;防治土地荒漠化,防灾减灾等。

8.2.3.3 可持续发展的总体目标及主要对策

(1) 经济的可持续发展及其目标 可持续发展对于发达国家和发展中国家同样是必要的战略选择,但是对于像中国这样的发展中国家,可持续发展的前提是发展,为满足全体人民的基本需求和日益增长的物质文化需要,必须保护较快的经济增长速度,并逐步改善发展的质量。只有当经济增长率达到或保持一定的水平,才有可能不断消除贫苦,人民的生活水平才会逐步提高,并且提供必要的能力和条件,支持可持续发展。在经济快速发展的同时,必须做到自然资源的合理开发利用与保持和环境保护相协调,即逐步走到可持续发展的轨道上来。在提高质量、优化结构、增进效益的基础上,保持国民生产总值以每年 $8\% \sim 9\%$ 的速度增长。

(2) 社会的可持续发展及其目标 中国的可持续发展战略注重谋求社会的可持续发展,为此将努力实行控制人口的数量,提高人口素质和改善人口结构;建立合理的收入分配制度,引导适度消费;建立社会保障体系,改善居住环境;继承和发扬中华民族的优良传统,致力于文化的革新,发展教育事业;提高全民族的思想道德和科学文化水平;提高全民族的可持续发展意识和实施能力,促进公众积极参与可持续发展的建设。

(3) 资源环境的可持续发展及其目标 中国可持续发展建立在资源的可持续利用和良好的生态环境基础上。保护生态系统的完整性,保护生物多样性;解决水土流失和土地荒漠化;保持资源的可持续供给能力,避免侵害脆弱的生态系统;发展森林和改善城乡生态环境;积极治理和恢复已遭破坏和污染的环境,力争使环境污染和生态破坏加剧的趋势得到基本控制;加强对话和交流,积极参与全球环境保护行动。

保证上述目标实现的主要对策有:

① 以经济建设为中心，加快社会主义市场经济体制的建立。

② 规范社会、经济可持续发展行为的政策体系、法律法规体系等，提高全社会可持续发展意识和实施能力的建设。

③ 控制人口数量，提高人口素质，改善人口结构。

④ 因地制宜，推广可持续农业技术。

⑤ 大力发展可再生能源和清洁能源。

⑥ 调整产业结构，推动资源的合理利用。

⑦ 节约资源，提高资源利用率。

⑧ 改善城乡居民的居住条件。

⑨ 加强环境污染控制技术与装备。

⑩ 保护、扩大植被资源，提高土地生产力，减少自然灾害。

8.3 我国清洁生产发展状况

8.3.1 清洁生产的概念

8.3.1.1 清洁生产的由来

国际上清洁生产的概念，最早可以追溯到 1976 年，欧洲共同体在巴黎举行了"无废工艺和无废生产的国际研讨会"，提出协调社会和自然的关系应着眼于消除造成污染的根源，而不是消除污染引起的后果。1979 年 4 月欧洲共同体理事会宣布推行清洁生产政策。1984年、1985 年和 1987 年欧共体环境事务委员会三次拨款支持建立清洁生产示范工程。1992 年6 月联合国环境与发展大会发表的《里约环境与发展宣言》中确认了"各国应当减少和消除不能持续的生产和消费方式"，并通过了《21 世纪议程》，其中强调了清洁生产的有关内容，进一步推动了清洁生产在世界范围内的实施。

8.3.1.2 清洁生产的定义

联合国环境署关于清洁生产的定义为：清洁生产是一种新的创造性的思想，该思想将整体预防的环境战略持续应用于生产过程、产品和服务中，以增加生态、效率和减少人类及环境的风险。对生产过程，要求节约原材料和能源，淘汰有毒原材料，减少降低所有废弃物的数量和毒性；对产品，要求减少从原材料提炼到产品最终处置的全生命周期的不利影响；对服务，要求将环境因素纳入设计和所提供的服务中。

《中国 21 世纪议程——中国 21 世纪人口、环境与发展白皮书》中对清洁生产的定义为：清洁生产是指既可满足人们的需要又可合理使用自然资源和能源并保护环境的实用生产方法和措施，其实质是一种物料和能耗最少的人类生产活动的规划和管理，将废物减量化、资源化和无害化，或消灭于生产过程之中。

总之，清洁生产是从生态经济系统的整体优化出发，对物质转化的全过程不断采取战略性、综合性、预防性措施，以提高物料和能源的利用率，减少及消除废料的生产和排放，降低生产活动对资源的过度使用以及对人类和环境造成的风险，实现社会的可持续发展。清洁生产是时代发展的要求，是实现经济效益、社会效益与环境效益相统一的 21 世纪工业生产模式。

8.3.2　清洁生产的内容及措施

清洁生产的内容，可归纳为"三清一控制"，即清洁的原料与能源、清洁的生产过程、清洁的产品，以及贯穿于清洁生产的全过程控制。

8.3.2.1　清洁的原料与能源

清洁的原料与能源，是指在产品生产中能被充分利用而极少产生废物和污染的原材料和能源。包括：①少用或不用有毒、有害及稀缺原料，选用品位高的较纯洁的原材料。②常规能源的清洁利用，如何用清洁煤技术，逐步提高液体燃料、天然气的使用比例。③新能源的开发，如太阳能、生物能、风能、潮汐能、地热能的开发利用。④各种节能技术和措施等，如在能耗大的化工行业采用热电联产技术，提高能源利用率。

8.3.2.2　清洁的生产过程

生产过程就是物料加工和转换的过程。清洁的生产过程，要求选用一定的技术工艺，将废物减量化、资源化、无害化，直至将废物消灭在生产过程之中。

废物减量化，就是要改善生产技术、工艺和设备，以提高原料利用率，使原材料尽可能转化为产品，从而使废物达到最小量；废物资源化，就是将生产环节中的废物综合利用，转化为进一步生产的资源，变废为宝；废物无害化，就是减少或消除将要离开生产过程的废物的毒性，使之不危害环境和人类。

实现清洁生产过程的措施为：

① 尽量少用或不用有毒、有害的原料（在工艺设计中就应充分考虑）。

② 消除有毒、有害的中间产品。

③ 减少或消除生产过程的各种危险性因素，如高温、高压、低温、低压、易燃、易爆、强噪声、强震动。

④ 采用少废、无废的工艺。

⑤ 选用高效的设备和装置。

⑥ 做到物料的再循环（厂内、厂外）。

⑦ 简便、可靠的操作和控制。

⑧ 完善的管理。

8.3.2.3　清洁的产品

是指有利于资源的有效利用，在生产、使用和处置的全过程中不产生有害影响的产品。清洁产品又叫绿色产品或可持续产品。

为使产品有利于资源的有效利用，产品的设计工艺应使产品功能性强，既满足人们需要又省料耐用。为此应遵循三个原则：精简零件、容易拆卸；稍经整修即可重复作用；经过改进能够实现创新。

为避免产品危害人和环境，在设计产品时应遵循下列三原则：产品生产周期的环境影响最小，争取实现零排放；产品对生产人员和消费者无害；最终废弃物易于分解成无害物。

清洁产品具体应具备以下几方面的条件：

① 节约原料和能源，少用昂贵和稀缺原料，尽可能"废物"利用；

② 产品在使用过程中，以及使用后不含有危害人体健康和生态环境的因素；

③ 易于回收、复用和再生；

④ 合理包装；

⑤ 合理的使用功能，节能、节水、降低噪声的功能，及合理的使用寿命；

⑥ 产品报废后易处理、易降解等。

8.3.2.4 全过程控制

贯穿于清洁生产中的全过程控制，包括两方面内容，即生产原料或物料转化的全过程控制和生产组织的全过程控制。

（1）生产原料或物料转化的全过程控制 也称为产品的生命周期的全过程控制。它是指从原料的加工、提炼到生产出产品、产品的使用直到报废处置的各个环节所采取的必要的污染预防控制措施。

（2）生产组织的全过程控制 也就是工业生产的全过程控制。它是指从产品的开发、规划、设计、建设到运营管理，所采取的防止污染发生的必要措施。

应该指出，清洁生产是一个相对的、动态的概念，所谓清洁生产的工艺和产品，是和现有的工艺相比较而言的。推行清洁生产，本身是一个不断完善的过程，随着社会经济的发展和科学技术的进步，需要适时地提出更新的目标，不断采取新的方法和手段，争取达到更高的水平。

8.3.3 清洁生产——可持续发展的必由之路

8.3.3.1 清洁生产是实现经济可持续发展的本质要求

要实现社会经济的持续、健康、快速发展，必须走清洁生产持续发展的道路，原因如下。

① 清洁生产是社会经济可持续发展内在本质的反映形式。社会经济可持续发展的本质是既可满足当代人的需要，又不对后代人满足其需要的能力构成危害的发展。它在客观上要求经济发展的速度、数量、质量必须符合、服务于社会发展长远利益的需要，必须实现社会效益、经济效益和环境效益三者之间的高度协调和统一。由此可见，清洁生产不仅同可持续发展的本质精神相一致，而且是人类生产活动过程中可持续发展的具体反映形式。

② 清洁生产是社会经济可持续发展内在本质的物资要求。社会经济的可持续发展最基本的物资条件是足够的自然资源和能源，离开了足够的自然资源和能源，去实现社会经济的可持续发展就会变成无源之水、无本之木。清洁生产在经济可持续发展对资源、能源的利用上找到了最好的切入点和结合点。

③ 清洁生产体现了社会经济可持续发展内在本质的实现方式。社会经济的可持续发展客观上要求经济的发展和环境、社会高度的统一和协调。如果经济发展了，环境质量和人类生存的空间越来越坏，就会不可避免的产生一系列的社会矛盾和社会问题，而社会矛盾和社会问题的不断发生和加剧，势必对人类的生产活动造成重大影响，直接给可持续发展带来阻碍和制约作用，所以说社会经济可持续发展的最终实现的客观形式必然是清洁生产。

8.3.3.2 清洁生产是实现可持续发展的必然选择

社会经济可持续发展的目的，是不断创造出丰富的高质量的社会消费品，最大限度地满足人们日益增长的物质文化生活的需要，又不对后代人的需要能力构成危害。这里一个重要的问题是选择什么样的渠道和途径来达到人类长远、共同需要的统一。这个共同需要的统一只有通过清洁生产来完成，只有选择清洁生产的道路。

① 清洁生产是实现社会生产沿着快速、健康道路持续发展的重要保证，直接为实现经

济持续发展的目的服务。从以上对清洁生产的分析简述中不难看出，清洁生产不仅对先进技术、工艺流程、产品质量、废物减量化、资源无害化处理有着严格的规范，从深层上分析，清洁生产还意味着新型技术、工艺流程、再生利用的研究发现，转化利用的巨大潜能，这一巨大潜能一旦发挥出来，必然引起整个工业化进程的加快和生产过程中一系列技术的重大革命与发展。要实现可持续发展战略的目的，推行清洁生产是社会发展的必然趋势。

② 当清洁生产在社会生产活动中被广泛使用时，必然引起新的生产关系的形成和发展，对实现经济可持续发展的目的发挥巨大作用。另外，清洁生产通过劳动者在生产过程中的掌握和应用，必然加速生产过程中技术更新的步伐，创造出更丰富的高质量的社会消费产品，直接为可持续发展的目的提供物质服务，就这一点来讲，清洁生产和可持续发展还存在着本质意义上的密切联系。

③ 清洁生产是污染控制的最佳模式，它与末端治理有着本质的区别：a. 清洁生产体现的是"预防为主"的方针。传统的末端治理侧重于"治"，与生产过程相脱节，先污染后治理。清洁生产则侧重于"防"，从产生污染的源头抓起，注重对生产全过程进行控制，强调"源削减"，尽量将污染物消除或减少在生产过程中，减少污染的排放量，且对最终产生的废物进行综合利用；b. 清洁生产实现了环境效益与经济效益的统一。传统的末端治理投入多、治理难度大、运行成本高，只有环境效益，没有经济效益；清洁生产则是从改造产品设计、替代有毒有害材料，改革和优化生产工艺及技术装备，从物料循环和废物综合利用的多个环节入手，通过不断加强管理和技术进步，达到"节能、降耗、减污、增效"的目的，在提高资源利用率的同时，减少了污染物的排入量，实现了经济效益和环境效益的最佳结合，调动了组织的积极性。

由此可见，清洁生产不仅表现了可持续发展的本质要求，还直接为可持续发展的最终目的服务。因此，我们在实施可持续发展战略的同时，必然坚定不移地选择清洁生产。

改革开放 20 多年来，我国经济建设取得了举世瞩目的成就。中国用短短 20 多年走完了发达国家上百年的历程。但与此同时，资源能源紧缺，发展过于粗放及环境相对恶化的问题已经成了我国经济社会发展中最突出的制约因素。

从资源消耗角度看，我国的消费增长速度惊人。2012～2014 年，中国迎来年 2.4 亿～2.6 亿吨铁的消费高峰，未来 20 年缺口将达 30 亿吨；2019～2023 年，将迎来年 530 万～680 万吨铜的消费高峰，未来 20 年缺口将达 5000 万～6000 万吨；2022～2028 年，将迎来年 1300 万吨铝的消费峰值，未来 20 年缺口将达到 1 亿吨。而我国资源储量、产量和出口量均居世界首位的钨、稀土、锑和锡等优势矿种，因为滥采乱挖和过度出口，绝对储量已下降了 1/3～1/2。2010 年，我国的石油对外依存度达到 57%，铁矿石达到 57%，铜达到 70%，铝达到 80%；到 2020 年，中国石油的进口量将超过 5 亿吨，天然气将超过 1000 亿立方米，两者的对外依存度分别将达 70% 和 50%。

从资源利用效率来看，我们仍然处于粗放型增长阶段。例如，以单位 GDP 产业能耗表征的能源利用效率，我国与发达国家差距非常之大。以日本为 1，则意大利为 1.33，法国为 1.5，德国为 1.5，英国为 2.17，美国为 2.67，加拿大为 3.5，而我国却高达 11.5。每吨标准煤的产业效率，我国相当于美国的 28.6%、欧盟的 16.8%、日本的 10.3%。

伴随着资源大量消耗、经济快速发展的同时，中国经济发展的"环境瓶颈"制约日益明显。从我国社会经济发展的现状来看，我国没有发达国家工业化时的廉价资源和环境容量，也经不起传统经济发展方式引起的资源过度消耗和环境污染。只有发展清洁生产逐步缩小对经济和环境的压力，改变粗放型的经济增长方式，走新型工业化道路，才能实现可持续发展。这是因为：清洁生产体现的是预防为主的环境战略。清洁生产要求从产品设计开始，到选择原料、工艺路线和设备，以及废物利用、运行管理的各个环节，通过不断地加强管理和技术进步，提高资源利用率，减少乃至消除污染物的产生，体现了预防为主的思想。

清洁生产体现的是集约型的增长方式。清洁生产要求改变以牺牲环境为代价的、传统的粗放型的经济发展模式，走内涵发展道路。要实现这一目标，企业必须大力调整产品结构，革新生产工艺，优化生产过程，提高技术装备水平，加强科学管理，提高人员素质，实现节能、降耗、减污、增效，合理、高效配置资源，最大限度地提高资源利用率。

因此，实施可持续发展战略要将推行清洁生产作为重要措施来认真地加以贯彻落实。推行清洁生产要从我国实际出发，紧紧围绕我国环境保护面临的突出矛盾和问题，以科技为先导，以企业为主体，政府指导与推动，坚持推行清洁生产与结构调整相结合、与企业技术进步相结合、与建立现代企业制度相结合。

8.3.4 清洁生产的发展历程

清洁生产作为可持续发展战略的优先行动领域和有效途径，在国内外得到了广泛关注和深入实施。当前，中国正在大力提倡发展循环经济和建设生态产业，清洁生产则是实现这一目标的有效载体和基本路径。深入研究和实施清洁生产对于实现中国经济、社会与环境协调发展具有重要的理论意义和现实意义。

我国的清洁生产相关的活动具有较长的历史，自1973年《关于保护和改善环境的若干规定》中提出"预防为主，防治结合"的治污方针，体现了清洁生产的思想，我国清洁生产工作的推行大体上经历了5个发展阶段。

8.3.4.1 《关于保护和改善环境的若干规定》——前期准备阶段

1973年，我国制定了《关于保护和改善环境的若干规定》，提出了"预防为主，防治结合"的治污方针，这是我国最早的关于清洁生产的法律规定。自20世纪70年代末期，我国一些企业开展了被称为"无废工艺"、"少废工艺"、"生产全过程污染控制"等的一系列工艺改革，由此产生了不少成功的案例，这是中国推行清洁生产的前期准备阶段。20世纪80年代，随着环境问题的日益严重，我国又提出消除"三废"的根本途径是技术改造，清洁生产的思想开始萌芽。但是，由于缺乏完整的法规、制度和操作细则，清洁生产没有成为解决环境与发展问题的对策。

8.3.4.2 《环境与发展十大对策》——正式提出阶段

1989年，联合国环境规划署提出推行清洁生产的行动计划后，清洁生产的理念和方法开始引入我国。1992年8月，国务院制定了《环境与发展十大对策》，提出："新建、改建、扩建项目时，技术起点要高，尽量采用能耗物耗小、污染物排放量少的清洁生产工艺。"清洁生产成为解决我国环境与发展问题的对策之一。这个时期我国虽已认识到清洁生产在环境保护中的重要性，但限于当时的技术水平和资金条件，加之原来不合理产业结构的制约，使得这一政策的作用并没有完全发挥出来。

8.3.4.3 《中华人民共和国清洁生产促进法》——立法和审核试点示范阶段

《中华人民共和国清洁生产促进法》（以下简称《促进法》），该法是我国第一部以污染预防为主要内容的专门法律，是我国全面推行清洁生产的新里程碑，标志着我国清洁生产进入了法制化的轨道。该阶段是我国清洁生产由自发阶段进入政府有组织的推广阶段。这一阶段的基本特征是清洁生产在法律政策上的确立、清洁生产概念和方法学的引进，及其在中国的推广实践。我国清洁生产工作取得了重大发展，在企业层次上进行清洁生产审核试点示范工程。

8.3.4.4　《清洁生产审核暂行办法》——清洁生产审核制度建立的里程碑

国家发展和改革委员会、环境保护部于 2004 年 8 月 16 日制定并审议通过了《清洁生产审核暂行办法》，首次提出了"强制性清洁生产审核"，对我国的"清洁生产审核"给出了明确定义。环境保护部于 2005 年 12 月 13 日出台了《重点企业清洁生产审核程序的规定》，重点指出了需要进行强制性清洁生产审核的工作程序和要求，标志着强制性清洁生产审核已经有章可依、有规可循。在法律法规的促进下，我国的清洁生产审核工作从过去的局部地区局部行业的试点示范，迅速在全国各行业全面展开，开展清洁生产审核工作的省份也从以前不足 10 个，扩大为全国近 30 个省、自治区、直辖市，行业也从原来的化工、造纸、电镀、建材等有限的行业扩展到火电、机械加工、汽车、建材、钢铁、制药等 20 多个行业。据不完全统计，2003～2005 年，我国实施重点企业清洁生产审核企业总数已近 3000 家，是过去 10 年清洁生产审核企业数的 3 倍。

8.3.4.5　审核制度发展完善阶段

为鼓励和指导企业有效开展清洁生产，规范清洁生产审核行为，确保取得节能减排的实效，环境保护部于 2008 年 7 月 1 日出台了《关于进一步加强重点企业清洁生产审核工作的通知》，《重点企业清洁生产审核评估、验收实施指南》和《需重点审核的有毒有害物质名录》（第二批）作为该通知的附件同时颁布实施，标志着重点企业清洁生产审核评估验收制度的确立。建立重点企业清洁生产审核评估验收制度是我国清洁生产政策的一项重要内容，是对清洁生产审核制度的创新与完善，对保障工业企业清洁生产审核质量、提高清洁生产中/高费方案实施率具有重要的意义，解决了我国清洁生产实践长期以来一直存在的政府监管缺失、清洁生产审核质量缺少保障性措施的问题。

8.3.5　中国清洁生产实践的成效

多年来我国清洁生产推进的主要途径是开展清洁生产审核，通过清洁生产审核的实践，清洁生产推进技术支撑体系初步建立，表现在：

①　在引进国际清洁生产审核方法学的基础上，结合中国国情完善了企业清洁生产审核方法学，在实践中指导了万余家企业的清洁生产审核；

②　环保部颁布实施了 40 多个行业的清洁生产标准和两批需重点审核的有毒有害物质名录，指导企业开展清洁生产；

③　国家发改委颁布了三批国家重点行业清洁生产技术导向目录；

④　全国发布了 30 项工业行业清洁生产评价指标体系，用于评价工业行业企业的清洁生产水平，作为创建清洁生产先进企业的主要依据，并为企业推行清洁生产提供技术指导；

⑤　国家层面建立了环保部清洁生产中心，提供清洁生产技术支撑，各省市也有 300 多个清洁生产技术咨询服务单位为企业提供清洁生产审核、技术服务。

此外，中国实施清洁生产的过程中还培育发展了一批清洁生产审核人才。在技术保障和人才引领下，我国重点企业清洁生产审核绩效显著。

我国的清洁生产已经初步建立起一套完备、系统的法律、法规体系，制定促进清洁生产的鼓励政策以及一系列规范、有效的工作程序、制度，建立了相应的清洁生产组织机构，并进行了清洁生产示范试点工作，使清洁生产逐渐成为节能减排和污染防治的重要手段。要以依法实施清洁生产审核为突破口，以清洁生产技术为解决环境污染的根本手段，以从源头上解决环境污染为目标，以企业污染减排和经济效益增长为原则，加速建立我国环保新道路的污染防治新模式，实现我国污染防治模式的重大创新。

8.4 清洁生产的发展趋势

目前世界范围内的清洁生产表现出以下六方面的发展趋势。

（1）环境法规遵循长期性和可持续原则 自 20 世纪 80 年代后期以来，欧美发达国家先后进行了环境战略、政策与法律的重大调整，调整的结果是加大了清洁生产法规建设的力度，从"末端处理"为主的污染控制转向污染预防、清洁生产是这其间主要特征。1990 年美国国会通过了"污染预防法"，这是从源头防止污染源的排放、实施预防技术（清洁生产）的一部重要法规。欧共体及其许多成员国把清洁生产作为一项基本国策，例如欧共体委员会在 1977 年 4 月就制订了关于"清洁工艺"的政策，在 1984 年、1987 年又制订了欧共体促进开发"清洁生产"的两个法规，明确对清洁工艺示范工程提供财政支持。丹麦于 1991 年 6 月颁布了新的丹麦环境保护法（污染预防法），于 1992 年 1 月 1 日起正式执行。可以看出，环境法规的制定一方面由基于末端处理和污染控制转向污染预防和清洁生产，另一方面更多地集成到企业经营法规、财政税法以及投资和贸易体系中，越来越多地体现了环境法规遵循长期性和可持续的原则。

（2）与建立 ISO14000 环境管理体系结合 企业的经济和环境管理一体化成为企业管理的必然。ISO14000 环境管理体系作为一种操作层次的、具体的、界面很明确的管理手段，是集近年来世界环境管理领域的最新经验与实践于一体的先进体系，它主要通过建立、实施一套环境管理体系，达到持续改进、预防污染的目的。企业一旦建立起符合 ISO14000 环境管理体系，并经过权威部门认证，不仅可以向外界表明自己的承诺和良好的环境形象，而且从企业内部开始实现一种全过程科学管理的系统行为。与清洁生产比较，二者尽管在企业实施、技术内涵和预期目标存在着差别，但均是从经济环境协调、贯彻可持续发展战略的角度而提出的新思想和新措施，具有相近的目标且具有很强的互补性。因此，二者的结合是必然趋势，ISO14000 环境管理体系可以看作实现清洁生产思想的手段之一，支持着清洁生产持续实施且不断地丰富着清洁生产思想的具体内容。

（3）向第三产业延伸 清洁生产最初关注的是生产过程，逐渐延伸到对有形产品的关注，后来又进一步转向对无形产品——服务的关注，亦即清洁生产已经扩展到第三产业，与运输、商业、投资、通信等行业关联起来，涵盖了社会的整个经济活动。清洁生产从生产领域扩展到消费领域，提倡可持续消费，推进污染预防的原则在非物质化进程中实施，意味着思维的创新和价值体系的重新调整。生态效率正是强调了这一非物质化进程。这就是在能满足人类需要和提高生活质量的同时，提供具有竞争力价格的商品和服务且不断减少这些商品和服务在整个生命周期中的生态影响和资源消耗强度，使之降低到与估计的地球承载能力一致的水平。生态效率要求实现三个战略目标，即零排放、零填埋和零增长（能耗）。实现这些目标特别是减少自然资源的消耗是《FACTOR10》(资源能源利用效率必须在现有基础上扩大 10 倍才能满足人类可持续发展要求) 所致力的方向,它把资源消耗的改进途径分为两大类:社会选择的革新以及技术进步。

(4) 注重产品生态设计 倾向于产品领域的清洁生产,除提倡延长产品寿命、产品回收和产品的循环以及再利用外,还同时关注可持续产品设计和产品集成化管理体系。产品生态设计(绿色设计、环境友好设计、生命周期设计等都是与之类似的概念)就是致力于将创新活动真正融入产品设计的前端以实现真正意义上的污染预防。它指产品在原材料获取、生产、运销、使用和处置等整个生命周期中密切考虑到生态、人类健康和安全的产品设计原则和方法。产品生态设计的基本思想在于从产品的孕育阶段开始即遵循污染预防的原则,把改善产品的环境影响的努力灌输到产品设计之中。经过生态设计的产品对生态环境没有不良的影响,在延续使用中是安全的,对能源和自然资源的利用是高效的,并且是可以再循环、再生或易于安全处置的。目前,产品生态设计已经用于汽车、摩托车、复印机、洗衣机、个人电脑、打印机、照相机、电话等产品的设计开发。例如,美国克莱斯勒、通用和福特三大汽车公司共同成立了汽车回收开发中心,在进行汽车设计时就考虑到了汽车的拆卸、翻新、复用的可行性,以及最终销毁部件的最小量化。同时,产品生态设计还促进了再制造工程(reengineering)和逆向制造工程(reverse engineering)的发展。

(5) 生态工业园区建设 随着清洁生产活动的深入开展,人们逐渐认识到推行清洁生产不能停留在解决生产过程中的跑冒滴漏问题,而要谋求将工业系统纳入到生物圈之中,效法生态系统的演进方式,推动工业体系向生态化方向演进,运用代谢分析方法,组织生态工业园区。这就要求清洁生产从早期企业层次上的活动上升到区域范围内的宏观经济规划和管理的层次,亦即着手生态工业园的建设,以达到工业群落的优化配置,节约土地,互通物料,提高效率,最大限度地谋求经济、社会和环境三个效益的统一。工业生态学的诞生和发展为区域系统层次上的清洁生产提供了理论和技术支持,被认为是清洁生产最为彻底的解决方案。工业生态学首先要分析研究工业活动对环境的影响,得到认可的分析方法包括工业代谢(industrial metabolism)、生命周期评价(life cycle assessment)等。工业生态学另一个研究重点是探求减轻工业活动对环境影响的具体措施。生态工业园区(eco-industrial park,EIP)是工业生态学最为普遍的实践形式。EIP 通过成员间的副产物和废物的交换、能量和水的逐级利用、基础设施和其他设施的共享在整体上来实现经济和环境协调发展。丹麦卡伦堡工业园区被认为是 EIP 的经典范例,受到了工业界和学术界的普遍关注。进入 20 世纪 90 年代后,美国、加拿大、荷兰、法国、日本等工业发达国家普遍进行了生态工业园区理论与实践方面的探索。随后,一些发展中国家如印度、泰国、印度尼西亚、菲律宾、纳米比亚和南非等国家已经开始考虑进行生态工业园区的建设。

(6) 循环经济理念及新的工业革命兴起 循环经济就是把清洁生产和废弃物的综合利用融为一体的经济,本质上是一种生态经济,它将彻底改变资源-产品-污染排放的直线、单向流动的传统经济模式,倡导在物质不断循环利用的基础上发展经济,建立资源-产品-再生资源的新经济模式。循环经济已经成为一股潮流和趋势,一些西方国家把发展循环经济、建立再循环社会看作是实施可持续发展战略的重要途径和实现方式,如德国和日本已经制订了相应的法律加以推进,德国于 1996 年就颁布了《循环经济与废物管理法》,日本则在 2000 年颁布了《推进形成循环型社会基本法》等一系列的环保法规。第六届清洁生产国际高级研讨会把清洁生产形象地比喻为工业运行模式的革新者、连接工业化和可持续发展的桥梁,这表明清洁生产正是实现循环经济的基本形式。可以预料，清洁生产的推行将带动一场新的工业革命，也有人认为这场新的工业革命已经兴起。

纵观世界范围和中国推行清洁生产的进展，可以看出，清洁生产在新的世纪里进一步推行取决于政策领域和技术领域的创新。就政策领域而言，由单纯的环境政策考虑向环境、技术和经济等综合政策考虑，同时已经开始对这些政策的效用进行评估；就清洁生产理论和技术创新而言，清洁生产已经扩展到工业系统层次和消费领域，与生态效率、FAC TOR 10 等概念联系起来。概括说来，清洁生产技术发展趋势蕴涵了以下两个转变：①对单一装置或企业的关注扩展到对工业系统的关注；②对生产领域的关注扩展到对产品以及消费领域的关注，并进一步强调非物质化。这些发展趋势给予了人们解决环境问题很强的信心和崭新的方法工具。因此，我国应当抓住机遇，一方面加强清洁生产实施和推行的创新程度，另一方面加强政府和非政府组织参与的深度和广度，充分运用清洁生产的理念和工具促成这一新的工业化革命的飞跃。

8.5 清洁生产案例分析

8.5.1 案例一：城镇污水处理厂的清洁生产

8.5.1.1 清洁生产措施

（1）降低药耗 城镇污水处理厂使用的药剂主要用于污泥脱水和除磷过程。污泥脱水过程常采用聚丙烯酰胺阳离子（PAM），除磷过程较常用聚合氯化铝（PAC）。为降低污水处理厂的药剂用量可以采取以下措施：

① 开展药剂的研究，最大限度地降低污泥的含水率并提高污泥的脱水性能；

② 开展药耗比试筛选，通过试验，对不同药剂厂家生产的药剂进行对比试验，以确定出高性价比的药剂；

③ 在保证出水水质的前提下，通过实验调整药剂的配药浓度和加药速度；

④ 对药剂容器进行改造，如对絮凝剂容器加装喷气装置，既可增加絮凝剂的溶解度，又可减少容器自搅拌时间。

（2）优化过程控制 追求全过程的优化控制是提高出水水质、降低成本的关键之一。对污水处理厂来说，较为常见的优化过程控制的措施有：①为适应未来环保发展的趋势，建立或健全在线监测系统，如安装 COD_{Cr} 在线监测仪和 NH_3-N 在线监测仪等，及时反馈进出水水质情况，为工艺的稳定运行提供可靠的参数；②根据日常实际处理情况，合理安排设备自动运行周期，如根据水位高低进行开停进水提升泵，提高提升泵的使用效率，降低电耗。根据进泥的泥量和含水率，合理确定污泥脱水机的开停时间；③不断优化工艺及设备的运行参数，如对生化池进水水质进行计量学优化控制、调控溶解氧浓度与分布，造成局部好氧与厌氧环境，使之实现硝化与反硝化的动力学平衡。

（3）对工艺技术进行改造 先进的工艺技术是企业提高清洁生产水平的重要手段。针对一些耗能大、运行不稳定、氮磷不易达标的污水处理工艺，可进行工艺技改，建议优先选用《2012 年国家鼓励发展的环境保护技术目录》中的城镇污水处理技术，如 A^2/O 城市污水处理技术：采用分离池型的反应池，单独设立缺氧池、厌氧池及好氧池，并采取内部循环的混合液回流、鼓风微孔曝气或射流曝气方式。同时，为确保工艺的稳定高效运行，也要做好各项技术改造的工作，如对设计、设施或设备缺陷进行整改等。

（4）设备设施的维护或改造升级　污水处理厂的关键设备有鼓风机、污泥脱水机、进水提升泵、污泥回流泵等。对于在这些设备的维护与更新方面可以采取的措施如下：

① 鼓风机、提升泵、污泥回流泵等设备是污水处理厂耗电量较大的设备，为降低电耗，可对这些设备进行变频改造或选用节能型的设备。

② 为降低用电量，可考虑将普通灯管改为节能灯、在不影响运营和照明的情况下，减少照明数量和时间以优化厂区的照明系统。

③ 若设备、设施维护保养不到位、不及时，易降低设备设施的使用寿命，甚至使其损坏。因此需加强污水处理厂设备的维护保养，如及时维护或更换鼓风机皮带及污泥脱水机滤网。做好各类设备和管道的保养工作，并及时检修，避免出现跑冒滴漏现象。对二沉池等池体及时进行清淤，以提高池的污水容量，确保配水均匀。

④ 改善设备所处环境，如对安装在地下的流量计加装抽水装置，可有效减少流量计的维修或报废率。露天放置的设备安装棚盖，避免日晒雨淋影响设备的性能和使用寿命。配电房可加铺防静电地胶，能消除及防止静电和电磁波产生，避免静电火花，同时防潮，耐磨，防尘。

⑤ 落后的设备或使用年限较久的设备易出故障，不仅增加能源消耗量，甚至影响出水水质，应及时对这些设备进行更新改造。

（5）废物回收利用或循环使用　针对达标排放尾水的回用技术目前已经较为成熟，因此，污水处理厂中水质要求不高的地方可考虑采用回用水。如将出水回用于厂内的绿化、消防、污泥脱水机的反冲洗过程、细格栅的反冲洗过程、加药过程、冲洗厕所等。这样可较大程度地降低污水处理厂的新鲜水耗，节约成本。污水处理厂产生的污泥是广东省严控废物之一，而现在还有很多地方的城镇污水处理厂污泥是采取直接填埋的处理方式，不仅占地多，渗滤液还可能污染地下水体，存在较大隐患。如何妥善地处理这部分污泥，并将其作为一种新的资源加以有效利用，变废为宝，已成为城镇污水处理厂提高技术水平和管理水平的重要因素。常见有以下几种污泥综合利用的方式。

① 堆肥农用：充分利用污泥中含有的 N、P、K、微量元素等。

② 污泥焚烧产物利用：利用焚烧灰的吸水性、凝固性等特性用于改良土壤、筑路等。

③ 建筑材料利用：如制砖、制纤维板等。另外，对于维护保养设备时更换的机油可进行回收，用于厂区设备、设施的防锈和其他润滑过程中。对于更换下来未损坏的设备零部件保留作备件使用等。

（6）加强管理　较多的城镇污水处理厂都存在着程度不同的管理问题，如未按照污水处理设备的操作要求进行日常管理，或者管理文件不齐、未真正落实执行，存在管理不规范的现象。针对这些问题，首先要建立健全各项规章管理制度，可以将较为先进的 ISO14000 环境管理体系引进污水处理厂的日常管理中来，实施精细化管理。其次要加强对技术人员、管理人员、设备操作人员的专业培训，确保这些人员具备污水处理管理和操作技术，做到持证上岗。若条件允许，还可定期对员工进行技术培训，派遣员工外出学习，不断提高员工的污水处理技术水平。

8.5.1.2　清洁生产实例

某污水处理厂 2010 年 6 月开始正式投入运营。设计污水处理能力为 15000t/d，收集污水的市政管道主管长约 10.5km，管径 1.2m。污水处理工艺采用较为先进的 A²/O 微曝氧化沟工艺，主要构筑物有粗细格栅、进水泵房、沉砂池、生化池、二次沉淀池、污泥泵房、风机房、加药间、污泥脱水间及紫外线消毒系统等。出水排放执行《城镇污水处理厂污染物排放标准》（GB 18918—2002）中一级 B 标准和广东省《水污染物排放限值》（DB 44/26—2001）第二时段一级排放标准中的较严者。

（1）原辅材料、水和能源 该厂使用的絮凝剂主要为聚丙烯酰胺阳离子（PAM）和聚合氯化铝（PAC）。分别用于污泥脱水和除磷净化过程。该厂处理万吨污水使用的药剂量变化不大。但在改善药剂溶解度以提高污泥脱水效果方面，依然存在提升空间。

新鲜用水主要用于带式压滤机的反冲洗、絮凝剂配药、化验室、厂区绿化、消防、生活及办公等环节。由于该厂的出水未进行回用，导致新鲜水的用量很大。2011 年第 2 季度，该厂处理万吨污水的新鲜水耗为 101.88m³/万立方米，新鲜水耗远大于同行业其他污水厂（东莞市虎门宁州污水处理厂、肇庆市污水处理净化厂和韶关市第一污水处理厂）的用水指标，这说明该厂在节水方面存在巨大潜力。

污水厂的能源较为单一，主要为用电。在预审核阶段对该厂进行了为期一个月的用电量考核，实际考核数据表明，生产用电占了全厂用电的 86%。其中耗电量较大的环节为鼓风机和提升泵的用电。可见，对这两个单元进行节能改造将会取得很好的效益。

（2）主要设备 由于新建不久，厂内设备均较新，目前没有国家明令淘汰的设备。但经过现场考察发现，该厂安装在地下的流量计出现生锈现象。

（3）主要污染源分析 主要的大气污染物来自污水、污泥中有机物的分解、发酵过程散发的恶臭。其排放方式为无组织排放。结合废气监测报告结果，该厂废气浓度较低，对周围大气环境污染较小。废水主要为污水处理过程中产生的污水、办公及生活污水等，最终都进入污水处理系统。固体废弃物主要为粗格栅、细格栅、沉砂池等预处理单元分离出来的杂物（如树枝、塑料袋、动植物残片、砂粒等）、污泥和员工生活垃圾。预处理分离出来的杂物和脱水后的污泥饼交由有资质的部门统一处理。生活垃圾交由市政环卫部门处理。

噪音主要来自生产设备和辅助设备产生的噪声。主要的噪声源为鼓风机、脱水机、污泥泵、各类水泵、空压机等设备，主要集中在鼓风机房、脱水车间和泵房。该厂对噪声源采取了距离衰减、隔声、消声和减振等综合治理措施。监测数据表明，厂界噪声均可达标。

8.5.1.3 清洁生产措施及效益

通过对该厂的资料和现场考察分析，发现了该厂存在的主要问题，挖掘了相应的清洁生产潜力，共提出针对性措施 16 项，其中 12 项（絮凝剂容器加装喷气装置、旋流沉砂池进水口加装阀门、厌氧段加装垃圾倒流管、更换污泥脱水机滤网、厂发电系统排气管改造、改善厂区流量计的安装环境、改造除磷加药系统的加药管、改造进水 COD_{Cr} 在线系统采样泵的采样位置、提高员工清洁生产意识、改造巴氏计量槽周边的绿化、加强设备的预防性维修、更换厂内所有水下设备的起吊吊卡环与扎头）无/低费方案，4 项（中水回用、完善在线监测系统、鼓风机电机加装变频器、更改原有出水计量设备）中/高费方案。

以下介绍几项典型的清洁生产方案。

（1）改善厂区流量计的安装环境 由于地下进水管的流量计和污泥外回流管流量计安装在地下，下雨时流量计可能会被水淹，容易使流量计生锈腐蚀，因此需增加一套抽水装置，以减少流量计的检修率和报废率。

（2）中水回用　鉴于处理万吨污水的新鲜水耗很大，拟建立一套中水回用系统，将部分出水回用至脱水机的反冲洗、厂区绿化及消防过程。通过清洗泵将经消毒后的出水送至脱泥间的储水池（在脱泥间储水池安装有不锈钢滤网进行过滤处理），然后经高压泵将储水池中的水送至用水工序。该方案实施后，可有效节约新鲜水的用量。其中，厂区绿化及消防用水每月节约 400t，年节约用水 4800t；带式压滤机反冲洗部分每天节约用水 78t，年节约 25740t，年共可节约新鲜水耗 3 万余吨。

（3）鼓风机电机加装变频器　该厂的鼓风机采用软启动，耗电量较大，拟在鼓风机房安装西门子电机变频器。相对于电机软启动来讲，安装变频器后约可节省 10% 的用电量，年可节省约 1.46 万元的电费。

（4）完善在线监测系统　为及时反馈出水氨氮浓度情况，确保氨氮稳定达标，拟在出水处加装一套氨氮在线监测仪及配套的设施。在线监控系统的完善，将为污水处理工艺的正常运行提供可靠的参数，提高污水处理系统的可控性。

该厂所有无/低费方案投入的费用约 3.5 万元，产生的直接经济效益约 10.7 万元/年。所有中/高费方案投入的费用约 47.7 万元，节能增效明显，年产生的直接经济效益约 9.7 万元。方案实施后，节省了资源和能源，降低了设备的故障率，提高了污水处理工艺的稳定性，保证出水水质达标排放，降低了污水处理综合成本，提升了其自动化管理水平。

8.5.1.4　结论

该城镇污水处理厂在实施清洁生产审核过程中，各项方案均得到顺利实施，并取得了明显的效益。审核前处理万吨污水耗电量为 2234kW·h/万立方米，审核后处理万吨污水耗电量降至 2097kW·h/万立方米，节电约 6.1%；处理万吨污水耗用新鲜水量由审核前的 101.88m³/万立方米减少至审核后的 5.39m³/万立方米，节水约 94.7%。审核后，该厂出水稳定达标排放，各项污染因子的削减量也有较大幅度提高，有效地改善了当地的环境质量，提高了环境容量。

8.5.2　案例二：城镇垃圾处理厂的清洁生产技术

8.5.2.1　城市生活垃圾处理技术

随着城市化进程不断加快，城市生活垃圾的环境危害问题越来越突出，如何将城市的生活垃圾所造成的环境损害降低到最低程度，从而进一步改善城镇的环境质量将具有重要的实际意义。目前，国内垃圾处理处置的实践已经总结了许多宝贵经验，基本上形成了卫生填埋、堆肥（生物）和焚烧 3 大类技术支撑系统。从技术工艺角度分析，各系统所追求的目标相互一致，各有利弊，技术难易程度差异较大。因此，有必要对上述 3 大类处理技术进行系统剖析和评价。对比分析结果见表 8-1。

表 8-1　垃圾处理技术分析

项目	卫生填埋	高温堆肥	焚烧
技术可靠性	可靠，国内有经验	不十分成熟，国内没有充分经验	可靠，国内已开发出焚烧炉
操作安全性	较好，注意防火防爆	较好	较好

项目	卫生填埋	高温堆肥	焚烧
减量化	经压缩可减少体积	减量约65%～75%	减量至80%～90%
资源化	回收沼气可发电,土地可恢复再利用	生产有机肥可回收部分物资	可供电能和热能
无害化	可以	可以	彻底
占地	较大	中等	小
选址条件	较困难,要防止水体受污染,远离市区,运距相对较大	较容易,应避开住宅密集区,气味影响半径小,运距较大	较容易,可靠近市区,运距相对较小
适用条件	适用范围较大,对垃圾组成要求	垃圾中生物可降解有机物达40%以上	垃圾热值应大于3500kJ/kg
环境影响	沼气应导引,以控制对大气污染;应采取措施防止对地面水污染;导引渗滤液,处理达标后外排不造成地下水污染	有轻微气味,应控制堆肥有害物含量,对地面水无污染,对地下水污染可能性极小	烟气净化达到排放标准,烟气净化费用较高,对土壤无污染,烟尘稳定固化后特殊处理焚烧残渣填埋时,对地面水和地下水无污染
工程投资	小	较大	大
处理成本	低	较高	高

① 城市生活垃圾堆肥技术的工艺优势已经显现出来,特别是在城市垃圾的管理制度不断完善条件下,如垃圾的分类收集,对堆肥技术将会进一步发展;堆肥工艺的改进和菌肥开发,将进一步提高堆肥技术的附加值,具有较强的利用价值。

② 垃圾焚烧对城市用地紧张地区,是一项非常有前途的技术。特别是对燃气普及率高的城市,垃圾没有煤灰,其热值都能满足焚烧工艺的燃烧条件,是解决垃圾无害化的重要途径;能够充分利用垃圾的热能发电,经济效益较为明显。但投资大,对焚烧设备要求高,操作运行管理要求严,运行成本居高不下,有待于进一步解决。

③ 生活垃圾卫生填埋法由于场地构造简单,得到了广泛应用。但随着城市人口的增加,生活垃圾产生量的增多,对于用地紧张的城市,已无法找到合适的地点堆放,而垃圾填埋过程中产生的渗滤液臭味和填埋场产生的填埋气对空气环境影响更为突出。如何控制填埋气已成为目前首要解决的问题。所以,达到卫生填埋技术要求还有很大差距。

8.5.2.2 清洁生产评价

城市垃圾控制必须依靠科学技术进步。选择先进的生产处理工艺是清洁生产评价的重要内容。通过对各处理工艺的先进性、成熟性、安全性的评价,过程中主要耗能、产污、排污和废弃物控制措施等分类比较分析,寻求垃圾控制的最佳实用技术。清洁生产各项指标的确定均依据上述类比调查结果,并选择环境、资源和原材料3类指标为清洁生产的评价重点。

(1) 环境指标 环境指标主要包括产污系数,是清洁生产工艺评价主要指标,它直接反映出该工艺方法对环境的影响程度。以处理垃圾量300t/d计,在预贮时间没有变化的前提下,综合各种处理方法实际情况给出预测结果。废水渗滤液主要产污指标见表8-2。废气污染物主要排放指标见表8-3。

表 8-2　渗滤液主要指标

项目	焚烧	堆肥	卫生填埋
废水产生量/(m³/d)	少量	60～100	60～100
COD/(mg/L)	20000～50000	10000～50000	10000～50000
BOD_5/(mg/L)	10000～50000	10000～30000	10000～50000
处理后水质 COD/(mg/L)	500～2000	200～500	200～500

注：焚烧过程中废水渗滤液产生于垃圾准备过程中

表 8-3　废气污染物主要排放指标

项目	焚烧	堆肥	卫生填埋
HCl/(mg/m³)	＜100	—	—
HF/(mg/m³)	＜5	—	—
SO_2/(mg/m³)	＜200	—	—
烟粉尘/(mg/m³)	＜100	120～200	120～200
NH_3/(mg/m³)	—	10～15	25～30
H_2S/(mg/m³)	—	—	15～20
二噁英/(ngTEQ/m³)	1		

生活垃圾渗滤液产生量和污染物产生量由于垃圾组分含水率不同及堆存时间不同变化差异很大，变化幅度受季节和降雨影响。不同垃圾处理方法排放的大气污染物，主要是烟尘、SO_2 和酸性气体等。上述数据分析表明，焚烧过程中向空气环境排放的污染物较多，且复杂，尤其二噁英对空气环境危害更大，其他方法除垃圾自身排放的污染物，还有附属设施燃煤污染物排放，相比较污染物排放量小一些。

（2）资源消耗指标　单位产品的资源和能源消耗可以反映出技术工艺和管理水平。从清洁生产角度考虑，资源消耗指标高低也能反映出生产过程中对环境的影响程度，因为在同等条件下资源消耗量越高对环境的影响越大，资源指标包括能耗和水耗量。资源消耗指标见表 8-4。

表 8-4　资源消耗指标

项目	焚烧	堆肥	卫生填埋
水耗/(t/m³)	0.69	0.33	0.29
能耗/(kW·h/t)	70.0	18.66	24.4

从生活垃圾 3 种不同处理方法的能耗指标可以看出，水耗指标中卫生填埋方法最少，焚烧方法为最高；堆肥耗电相对较少。

（3）原材料消耗指标　原材料指标应体现原材料的获取、加工、使用等方面对环境的综合影响，可从毒性、可再生性及可利用等方面建立具体指标。另外，产品的销售、使用等也会对环境产生影响。这类指标以定性为主。

（4）评价方法　清洁生产的评价方法，采用百分制。首先对原材料、产品指标、资源消耗和污染物产生指标按等级评分标准分别进行评分，若有分指标按分指标评分，然后分别乘以各自的权重值，最后累加得到总分。通过对总分值的比较，可以基本判定该项目所达到的清洁生产程度，分指标的数值也能反映需要改进的项目。评分标准见表 8-5 和表 8-6。清洁生产指标权重值见表 8-7。

表 8-5　资源指标和污染物产生指标评分标准

等级	分值范围	很差	较差	一般	较清洁	清洁
分值	0.0～1.0	0.0～0.2	0.2～0.4	0.4～0.6	0.6～0.8	0.8～1.0

注："清洁"为有关指标达到行业国际先进水平；"较清洁"为有关指标达到本行业国内先进水平；"一般"为有关指标达到本行业国内平均水平；"较差"为有关指标达到本行业国内中下水平；"很差"为有关指标达到本行业国内较差水平。

表 8-6　原材料指标和产品指标评分标准

等级	分值范围	低	中	高
分值	0～1.0	0～0.3	0.3～0.7	0.7～1.0

注："高"为表示所使用的材料和产品对环境的有害影响程度较小；"中"为表示所使用的材料和产品对环境的有害影响程度中等；"低"为表示所使用的材料和产品对环境的有害影响程度较大。

表 8-7　清洁生产指标权重值

项目	评价指标	权重值
原材料指标		25
	毒性	7
	生态影响	6
	可再生性	4
	能源强度	4
	可回收利用性	4
产品指标		17
	销售	3
	使用	4
	寿命优化	5
	报废	5
资源指标		29
	能耗	11
	水耗	10
	其他物耗	8
污染物产生指标		29
总权重		100

　　清洁生产评价指标是一个相对比较指标。指标分级充分考虑了资源消耗和污染物指标。这些指标总体体现了生产过程中的整体管理和技术工艺水平，表明了产品、污染物和原材料选取对环境的影响程度。清洁生产指标总体评价分值见表 8-8。

表 8-8　清洁生产指标评价分值

项目	指标分数	项目	指标分数
清洁生产	＞80	落后	40～55
传统先进	70～80	淘汰	＜40
一般	55～70		

（5）清洁生产评价结果 通过对生活垃圾3种不同处理工艺分析及各类评价指标预测，依据清洁生产指标总体评价分值要求，分别对3种工艺技术进行综合评价，结果见表8-9。

表8-9 垃圾处理工艺清洁生产评价结果

项目	焚烧	堆肥	卫生填埋
原材料与产品	33.8	35.4	30.6
污染物产生于资源	39.4	47.8	39.7
综合得分	73.2	83.2	70.3

（6）清洁生产综合评述 上述清洁生产评价结果表明：3种处理工艺均存在一定差异，虽然处理的基本原料为垃圾，但生产过程中所产生的污染物及控制程度水平相差较大，特别是在生活垃圾资源化、无害化、减量化方面有着不同的效益，对环境的影响危害程度也有所不同。

① 焚烧技术。焚烧工艺技术是垃圾无害化、减量化、资源化最彻底的一种方式。清洁生产评价得分7312分，属于比较先进的方法，其最大优势是能将生活垃圾资源化，焚烧过程中的热量回收，可以发电、供热，经济效益突出。如能充分利用热能，在土地资源日趋紧张的城市，则此项技术发展前景较好。但由于城市人口稠密，对生活环境质量要求较高，因此针对生活垃圾焚烧过程中向空气环境排放污染物，尤其含有备受关注的二噁英，目前还没有有效的控制措施，使得这项技术发展迟缓。其次，焚烧的技术设备还不能全部达到国产化，运行费用高，也使此项技术的发展受到制约。

② 垃圾堆肥技术。生物堆肥技术是实现城市垃圾资源化、减量化的一条重要途径。清洁生产评价结果得分8312分，属于清洁生产项目。该工艺是将生活垃圾直接转化为有机肥料，不像焚烧那样产生大量的废气，是较为理想的处理技术。该方法如选用优势菌种进行发酵的先进工艺，可缩短时间、提高肥效、稳定产品质量，是应该提倡的优先发展工艺。

③ 卫生填埋技术。卫生填埋工艺评价得分7013分，属于传统先进水平。与其他处理技术相比，主要差距：解决垃圾渗滤液的技术不完善，填埋气体的收集和利用技术、设备也有待于进一步开发。由于技术和管理水平所限，生活垃圾在填埋过程中，产生的渗滤液可能进入周围水体和土壤，造成地表水和地下水的严重污染；填埋垃圾产生的沼气处于无组织排放状态，对空气环境质量影响严重。所以大部分卫生填埋场始终没有达到卫生填埋技术标准的要求。

8.5.2.3 结论与讨论

① 从清洁生产评价结果可知，垃圾堆肥技术属于清洁生产项目，是应该提倡的优先发展工艺。

② 卫生填埋是一项较为简单易行的垃圾处置方法，适合于经济发展水平不高、土地资源较丰富的地区，也是我国现阶段大部分城镇处理垃圾的首选方法。

③ 从清洁生产角度讲，卫生填埋工艺要进一步完善工艺装备技术水平和管理水平，真正实现将污染控制在过程内，使卫生填埋场达到卫生填埋技术标准要求。

④ 每个垃圾处理技术都有其优缺点，将不同处理技术有机结合在一起处理城市生活垃圾，实现垃圾减量化、资源化和无害化，可能取得更好的环境、经济和社会效益。

⑤ 要实现垃圾的无害化、减量化、安定化和资源化，采用焚烧技术是国内外垃圾处理

的发展方向，解决我国垃圾的对策是发展循环经济，减少垃圾生成量和分类收集，综合利用垃圾处理技术。

20 世纪 80 年代中期以来，我国已开发很多成功的环保实用技术。如：粉煤灰处理和综合利用技术、钢渣处理及综合利用技术、苯系列有机气体催化净化技术、氯碱法处理含氰废水等。然而，我国还有不少环保上的难题至今尚未彻底解决，例如，处理含二氧化硫废气的脱硫技术、造纸黑液的治理与回收碱技术、萘系列及蒽系列及醌系列燃料中间体生产废水的治理和回收技术、汽车尾气的处理技术、高浓度有机废液的处理及综合利用技术等。因此，还需继续努力开发最佳实用技术，真正发挥清洁生产的巨大作用。

第**9**章

循环经济

9.1　循环经济概述

9.1.1　循环经济的来源及发展

20 世纪 60 年代，美国经济学家肯尼思·E·鲍尔丁受当时发射宇宙飞船的启发，提出宇宙飞船相当于一个孤立无援的独立系统，靠不断消耗自身的资源而存在，最终它将因为资源耗尽步入毁灭，唯一延长生命的方法是实现飞船内资源循环，尽可能减少废弃物的排放。这就是"宇宙飞船经济理论"，在此鲍尔丁将地球经济系统比作宇宙飞船，虽然地球资源更为丰富，地球寿命更加漫长，但是随着人类对资源的不断开采，生态逐步被破坏，环境日益污染，地球在没有外在补充的情况下，终究面临毁灭，只有实现资源循环利用的循环经济才能让地球得以喘息和生存。这个具有超前性的宇宙飞船经济理论就是循环经济理论的雏形，但是在当时没有引起足够的重视。直到 20 世纪 80 年代这段时期内，人们重视的只是对污染物的后期治理，也就是我们常说的末端治理。自 1992 年在巴西里约热内卢召开第一次全球环境与发展峰会，通过了《里约宣言》和《21 世纪议程》，正式提出走可持续发展之道路。此后，源头预防和全过程控制代替末端治理开始成为世界环境保护发展策略的主流理论，人们也开始提出一些体现循环经济思想的概念，比如说"零排放工厂"、"产品生命周期"、"3R 原则"等。这些理念体现了循环经济"低开采、低消耗、低排放、高效率、高利用"的中心思想，循环经济把经济活动组成一个"资源投入—产品生产和消费—再生资源"的反馈式的高级物质循环型的发展模式，实现人与自然的和谐，它符合可持续发展的理念，成为最终实现可持续发展的必要道路。

我国从 1992 年的联合国环境与发展大会后，成立了全国推进可持续发展战略的专门机构，逐渐把可续性发展的理念应用到国家政策和建设中，而循环经济就是实施这种理念的重要途径及表现形式，这其实就是一种对经济与发展模式的创新。从 2002 年起循环经济理念在我国得到空前重视及广泛传播，许多专家学者针对其理念进行大量研究，出版了许多著作及文章，从理论上认识到循环经济的发展意义；2003 年发布了世界上第一部以清洁生产命名的法规《中华人民共和国清洁生产促进法》，这是我国可持续发展历程中一个重要的里程碑；2004 年起，人们对循环经济发展的认识已经不再局限于某一领域、某种层面，而是提出广阔空间上自工企业到城市领域到国家等多个层面的发展规模；2005 年 7 月发布 22 号文件《国务院关于加快发展循环经济的若干意见》，标志着我国循环经济工作由起步阶段进入全面试点阶段；2009 年 1 月 1 日起，《循环经济促进法》正式开始实施，标志着国的循环经济发展进入全面推进阶段；2012 年 12 月 12 日，通过了《"十二五"循环经济发展规划》，推动了循环经济在我国的进一步发展；2015 年 4 月下旬，国家发展改革委正式发布了《2015 年循环经济推进计划》，涉及科技部、农业部、能源局等 25 个部门，计划涉及工业、农业、服务业，要求在工业上推行绿色开采，推动资源集约利用，推进资源综合利用，抓好重点行业循环经济发展，促进生物质能发展，研究出台《关于加快发展农业循环经济的意见》，加强农业节水节肥节药，深化农林废弃物资源化利用，开展农业循环经济示范试点，服务业中开展绿色流通试点，推行绿色供应链管理，引导企业绿色采购，逐步扩大绿色印刷实施范围，进一步引导循环经济在我国各个行业全面开展。

9.1.2　循环经济的内涵

循环经济的定义在国内外还存在一定的争议，不同的专家从自身的研究领域出发，对循环经济独特的解读也较有差异。这正是因为循环经济的理论研究正处于高速发展阶段，全社会对循环经济认识上还不够全面，致使循环经济在实践活动中引起许多争议。下面对目前比较流行的循环经济定义进行比较分析。

定义一：我国国家发改委对循环经济的定义：循环经济是一种以资源的高效利用和循环利用为核心，以"减量化、再利用、资源化"为原则，以低消耗、低排放、高效率为基本特征，符合可持续发展理念的经济增长模式是对"大量生产、大量消费、大量废弃"的传统增长模式的根本变革。在此定义中强调了资源的高效率用，摒弃浪费，以节约为主要目的。

定义二：循环经济是以物质、能量和闭路循环使用为特征的，在环境方面表现为污染的排放，甚至污染零排放。循环经济把清洁生产、资源综合利用、生态设计和可持续性消费等融为一体，把经济系统纳入到自然生态系统的物质循环中，形成"资源—产品—再生资源"闭路循环式流程，以保持经济生产的低消耗、高质量，将经济活动对自然环境的破坏减少到最低。在此定义中运用了生态学规律来指导人类社会的经济活动，强调了物质的闭路循环，污染零排放，是以保护环境为主。

定义三：循环经济要求通过资源"减量化、再利用、再循环"的原理，一是将生产过程中单位资源消耗降到最低限度；二是利用创新技术将废弃物再加工处理成为再生资源，彻底改变传统型经济模式，建立"资源—产品—废弃物—再生资源"的反馈式闭路循环。其特征是自然资源的低投入、高利用和废弃物的低排放，从根本上消除环境与发展的矛盾。这个定义强调了创新技术，实现最新的加工模式，最少的资源消耗。

定义四：循环经济是市场经济的必然要求。市场通过供求规律和价值规律调节社会供求关系，满足不断增长的经济需求，还需满足人类的生态需求。由于环境的恢复和资源的供给在一定时间内是有限的，这种"资源环境的稀缺性"，一方面引发资源价格和环境价值的提高，加大生产成本；另一方面迫使人们以生态学、生态经济学为基础，不断提高自然资源的循环利用率，优化资源配置，在降低资源使用总量和减少废弃物排放的情况下，利用科技不断延长循环链，增加物质产品的种类。随着生态文明的发展，人们更加自觉维护复合生态系统的稳定性，重视和关注系统的开放性，追求系统更高层次的平衡态，以获得经济的持续增长，满足人类需求的变化。正是这种需求通过市场不断反馈、实现，如此循环往复，保持人与自然和谐统一，实现经济、社会与环境的可持续发展。该定义以市场经济为核心，虽注重环境与经济的协调，但强调以经济为核心。

从以上定义看出，虽然对循环经济的说法有所不同，但其强调的核心主要从生态规律、环境保护、技术创新、经济等角度出发，最终归拢循环经济的目标都是为了实现环境保护，以经济发展模式的改变来实现环境与经济协调发展。因此，循环经济的本质是实现环境与经济的协调发展，倡导的是一种与环境和谐的经济发展模式。

9.1.3 循环经济的特征

（1）环状物质流动方式 传统经济中，我们对资源的利用主要是采用一种线状的排放模式，资源使用带来产品，紧接着剩余废物排放，这种单向的线性流动体现了过去高开采、低利用、高排放的粗放型经济发展模式，大量的珍贵资源被浪费，污染物和垃圾废物又毫无原则的被排放，造成了以破坏环境、牺牲我们长久利益为前提的短期经济效益的增长，很显然，这种发展模式是不符合可持续发展这个战略理念的。与之相反，循环经济强调的是资源的精细开采和利用，废物的减量排放，甚至零排放，它要求排放的废物再次转化为资源，用于产生新的产品，从而呈现了一种不断循环的环状经济。在整个循环过程中，资源得到合理利用，废物排放降低到最低程度，实现了经济发展和环境保护的协调共赢。

（2）追求目标的长远性 与传统经济的利润最大化相比，循环经济的追求目标是在着眼于长远利益的基础上，把眼前利益和长远利益结合起来，重视经济利益、环境利益和社会持续发展利益的结合，重视探索一条人与自然和谐共存，当代人与子孙共享资源与环境的持续、稳定、协调发展之路。

（3）预防为主的环境治理模式 自20世纪70年代，人类社会已经意识到环境对人类生存的重要性，因此开展了大规模的环境治理，但是这种早期的治理模式主要以末端治理为主，也就是我们俗话中所说的"头痛医头、脚痛医脚"的治理思维。这种治理模式可以称得上什么时候问题出现了，什么时候才想到着力调整；污染形成了，才开始着手应对。然而一次次的环境危机显示了末端治理只能弥补、延缓，而无法彻底消除环境问题。循环经济提出的理念却是以预防为主，在整个生产过程中进行控制，预防环境灾害的产生，减少生产废物的数量，实现真正的源头控制，从根本上解决环境问题的出现。

（4）技术的先进性 循环经济的发展以科技进步为先决条件。在循环经济发展过程中涉及到资源开采、资源消耗、产品生产、废弃物预防与控制、产品消费、资源再生、无害化处理等多个环节，这些生产环节的顺利开展都需要先进技术的支持。人类唯有积极推动技术创新，及时研发循环经济发展中所需的科学技术，利用高新技术破解循环经济发展中的一系列技术难题，才能切实促进循环经济发展。因此，在循环经济发展中，需要构建由清洁生产技术、替代技术、减量化技术、再利用技术、资源化技术、无害化技术、系统化技术、环境检测技术等共同构成的技术体系，为循环经济发展提供技术支持。

【拓展】 循环经济从小事做起——农业秸秆变废为宝。2014年10月23日，江苏全省各地都被雾气包围，大部分地区呈现轻雾，能见度不足100m。南京市$PM_{2.5}$和PM_{10}分别达

到 $173\mu g/m^3$ 和 $259\mu g/m^3$，接近重度污染。南京方面经过调查，祸源不在南京，而是来自邻省安徽焚烧秸秆所致。由于秸秆燃烧产生的草木灰是一种好肥料，加上秸秆处理成本较高，机械收割留茬较高，怕耽误农时等原因造成了我国许多地区秸秆焚烧屡禁不止。既然如此，国外有什么经验我们可以学习吗？（1）在美国，麦秸秆经过初步的加工可以做成动物的饲料，可以搭建畜棚，或者是牲畜进去休息的时候做衬垫，所以农户可以很有效来利用这些麦秸秆。另一方面，普通的民众居住的都是两层楼，有自家的草坪、花园，在这种情况下，麦秸秆经过一些简单的处理放在花园的空地上，就可以代替原有的土壤来进行种植。此外，秸秆完全可以进入到建筑材料的制作当中。在亚利桑那州，由于其地理气候的特殊性，造成该地区木材量比较有限，有人用经过粗加工的麦秸秆，作为最主要的建筑材料来建造房屋。（2）在澳大利亚，农民喜欢用农作物的秸秆来喂牲口，而且专门喂奶牛，他们认为这种麦秸秆所含蛋白质质量很好，纤维素含量很高，对奶牛非常好。用这种秸秆喂奶牛，奶牛产奶量比较高。所以他们往往在春天，或者是初秋的时候就把秸秆切割下来，晒干之后，就用卷草机一卷一卷地卷起来，作为奶牛的饲料。除此之外，澳大利亚会把这些农作物的秸秆出口到中国。去年单是南澳就向中国出口了18000t大麦秸秆，澳大利亚今年也将进一步把这些大麦的秸秆做成牛干草，出口到中国。（3）在日本，秸秆卷是用作牲口的铺垫物，其他的用法与落叶类似。到了秋季，在日本的田野上可以看到一些一人多高的麦秸卷，这些麦秸卷是要卖给饲养奶牛和肉牛的农家作为农舍的铺垫物。日本很多地方政府对麦秸落叶的处理没有明确的规定，但是随意就地焚烧的现象也不多见，很多是用于加工成肥料，多余的会运到垃圾焚烧厂进行焚烧。日本的网页上可以查到不少如何将落叶制作成土壤肥料的介绍，一些人还会把自己使用这些有机垃圾制作成天然肥料的过程、成果公布在网上供大家参考，很多大学、中学的课程或者是课外活动，也有保护环境和资源再生的试验项目。就是在小学和幼儿园里，孩子们也可以学习到相关的知识。日本还有很多地方把落叶直接堆放在景观袋中，与整体环境融为一体，处理成本也很低廉。日本国土交通省宣布，2012年，在几个国立公园里实现用落叶、树枝和杂草进行沼气发电的计划，用一年的时间与企业合作进行实验后，在全国的国立公园展开试用。相比其他国家，我国对秸秆的利用问题还大多处于纸上谈兵的阶段，需要运用科学技术、完善收购机制和法律制度来从根本上杜绝秸秆焚烧的现象。停止焚烧秸秆，既可以防治空气污染，又能使废物再生利用，何乐而不为呢？循环经济发展就应该从生活中方方面面做起，时刻做到资源的再生回用、变废为宝。

9.2 循环经济的原则及发展模式

9.2.1 循环经济的原则

发展循环经济应当遵循统筹规划、合理布局，因地制宜、注重实效，政府推动、市场引导，企业实施、公众参与的方针。循环经济主要有三大原则，即"减量化（reduce）、再利用（reuse）、再循环（recycle）"原则，又称为"3R"原则，3R原则为社会经济活动的行为准则，运用生态学规律把经济活动组织成一个"资源→产品→再生资源"的反馈式流程，实现"低开采、高利用、低排放"，以最大限度利用进入系统的物质和能量，减少污染排放、提升经济运行质量和效益（如图 9-1）。

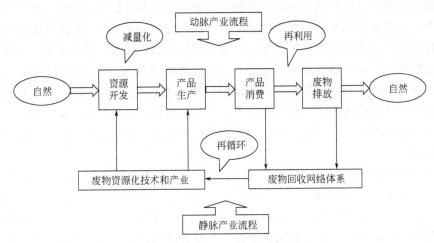

图 9-1 循环经济 3R 理念

其中减量化原则针对的是输入端，是生态效率理念的核心。旨在减少进入生产和消费过程中的物质和能源量，从源头节约资源与能源的使用量。换句话说，对废弃物的产生，是通过预防的方式而不是末端治理的方式来加以避免。在生产过程中，要求生产者通过产品设计优化，尽可能减少每个产品的原料使用量，并且通过重新采用高新技术工艺在加工生产过程中做好原材料的控制，减少浪费，从而达到节约资源和减少排放的目的。在消费过程中，要求人们进行适度消费和绿色消费，避免过度包装，抵制浪费，采用可循环利用的产品，减少一次性商品等。例如，对产品的小型化设计，既可节约资源，又可节省能源。在消费中，人们可以选择包装物较少的物品，购买耐用的可循环使用的物品而不是一次性物品，以减少垃圾的产生。发展循环经济应当在技术可行、经济合理和有利于节约资源、保护环境的前提下，按照减量化优先的原则实施。

再利用原则属于过程性方法，目的是延长产品和服务的时间强度。也就是说，提高产品和服务的利用效率，要求产品能够被重复使用，避免一次性用品的泛滥。在生产中，制造商可以使用标准尺寸进行设计，这样可以让更多的电子元件便于替换，不用整体更换装置，减少了物品的替换率，延长了使用时间。在生活中，人们可以将可维修的物品返回市场体系供别人使用或捐献自己不再需要的物品。

再循环原则是输出端方法，指产品在完成其使用寿命期后能重新变成可以利用的资源，以减少末端处理负荷，也就是我们通常所说的废品的回收利用和废物的综合利用。再循环化能够减少垃圾的产生，重新制成新的产品，可以重复性使用。循环化有 2 种情况，一是原级更新，即将消费者遗弃的废弃物重新利用之后形成与原来相同的新产品，例如将废纸生产出再生纸，废玻璃生产玻璃，废钢铁生产钢铁等；二是新生资源，即将废弃物变成与原来不同类型的新产品，例如对于废旧金属产品进行回收，将金属提取转换成新的元件。相比起来，原级更新利用的再生资源比例高，而新生资源化利用再生资源比例低。与资源化过程相适应，消费者应增强购买再生物品的意识，来促进整个循环经济的实现。

依据生产过程，循环经济 3 个原则的重要性存在一定差异。在生产过程中，要首先运用减量化原则，进行源头控制，在生产阶段和消费者在使用阶段要尽量避免各种废物的排放，减少进入系统的资源总量；然后运用再利用原则，对于生产中产生的废料进行回收，使其回到生产系统中；对于源头和过程控制后产生的废弃物，运用再循环原则，采用相应的支撑技术，对废物进行处理，使其进入循环生产过程。依据发展循环经济的对象，3 个原则之间的优先排序为：在企业内部和企业之间，首先应考虑的是"减量化"，也就是要先考虑尽可能减少各工序和整个企业的废弃物产生量，以及天然资源的消耗量，然后才是废弃物的循环问题；在社会层面上，对产品的使用和报废，首先应考虑"再利用"，也就是要先考虑尽可能延长产品的使用寿命，减少一次性产品的使用，然后才是"再循环"，解决产品报废后的循环问题。以固体废弃物为例，循环经济要求的分层次目标是：通过预防减少废弃的产生；尽可能多次使用各种物品；尽可能使废弃物资源化；对于无法减少、再使用、再循环的废弃物则焚烧或处理。

除了 3R 原则之外，也有人在传统 3R 原则的基础上进一步深化。例如增加了再回收原则（recovery），这一新原则要求将生产和人类生活产生的废物再分类回收，从而变成了 4R 原则。还有两种 5R 原则的观点：一种是在 3R 原则的基础上增加了再思考原则（rethink）和再修复原则（repair），再思考原则要求以科学发展观为指导，创新经济理论，再修复原则要求建立修复生态系统的新发展观；另一种是在传统 3R 原则进行了改变，把其中的再利用原则（reuse）和再循环原则（recycle）合并为循环再生利用（recycle）原则，在此基础上提出了由减量化（reduce）、循环再生利用（recycle）、资源再配置（relocate）、资源替代（replace）和无害化储藏（restore）组成的 5R 原则。无论循环经济的原则有什么样的变化，它最终的基本特征并不会有太大的改变，也就是在资源开采环节，要大力提高资源综合开发和回收利用率；在资源消耗环节，要大力提高资源利用效率；在废弃物产生环节，要大力开展资源综合利用；在再生资源产生环节，要大力回收和循环利用各种废旧资源；在社会消费环节，要大力提倡绿色消费。

9.2.2 循环经济发展模式

循环经济发展模式是指循环经济发展的标准形式，是人类在发展循环经济的长期实践中总结和抽象出来的推动循环经济发展的行为规范和运行标准。根据这一定义，循环经济发展模式是一个国家或地区发展循环经济的一切活动的基本方向和着力点，是协调生态系统、经济系统、社会系统内部及系统之间关系的实践途径。循环经济经历了企业试点阶段、区域产业园阶段、循环社会建设三大阶段，完成了由小循环到中循环再到大循环的过渡。

9.2.2.1 以企业试点为主的小循环发展历程

在 20 世纪 80 年代，人类在自然资源的制约和环境污染的困扰中，不断探索人与自然协调共生的途径。循环经济发展理念开始广泛传播，当时世界 500 强的杜邦公司开始了循环经济理念的应用试点。美国杜邦化学公司于 20 世纪 80 年代末把工厂当作试验新的循环经济理念的实验室，组织厂内各工艺之间的物料循环，它创造性地把循环经济"3R"原则发展成为与工业相结合的"3R 制造法"，以达到少排放甚至零排放的环境保护目标。例如，通过企业内各工艺之间的物料循环，从废塑料中回收化学物质，开发出用途广泛的乙烯产品；通过放弃使用某些环境有害的化学物质、减少一些化学物质的使用量等方法，到 1994 年该公司生产造成的废弃物减少了 25％，空气污染物排放量减少了 70％；通过使用生产全过程控制法、热解法和节能效率法等方法和技术，已经减少了相当于 6100 万吨二氧化碳的温室气体排放。再例如杜邦的特卫强（一种无纺布材料）坚固耐用，一直用于美国邮政服务行业中的邮包和联邦快件投递包。这些邮包只有传统邮包的一半重量,因此不仅节省能源,而且还能节省邮费。此外,特卫强邮包中有 25％ 的材料来自于旧牛奶壶和水壶的废物利用,这些材料可以在全美各地的工厂中回收。

在我国,试点企业正在不断增加,在 2015 年初,国家标准委和国家发改委批准了 37 家企业开展国家循环经济标准化试点工作,实施期为三年,尤其是陕西省高新技术示范企业的神木天元化工公司成为煤化工行业首次开展国家循环经济标准化试点工作的企业。该企业是通过充分利用当地煤炭、中温煤焦油资源作为原料,经加氢裂化技术与环保技术组合,实现了焦炉煤气、煤焦油深加工一体化建设,并且把节能减排、保护环境与发展循环经济有效结合,生产环保产品,致力于打造"高效低耗、清洁生产、节能环保、资源综合利用"的循环经济企业。

9.2.2.2 以区域产业园为主的中循环过程

1989 年,罗伯特·弗罗施和罗伯特·加洛普洛斯在论文《制造业策略》和《关于工业生态学及其在金属工业生态系统中应用的展望》中,对工业生态学的理论进行了初步的研究,提出了工业生态学理论和工业生态园区的概念。自 80 年代末到 90 年代初,一种新型的循环经济化的工业区域——生态工业园产生了,在工业园中企业之间形成了共生的关系,互为依存。最著名的是丹麦卡伦堡工业园,它是世界上最早和目前国际上运行最为成功的生态工业园,是企业间循环经济模式的典型代表,被认为是循环经济"圣地"(见图 9-2)。园区按照工业生态学的原理,通过企业间的物质集成、能量集成和信息集成,形成产业间的代谢和共生耦合关系,使一家工厂的废气、废水、废渣、废热等废弃物或副产品成为另一家工厂的原料和能源。整个卡伦堡生态工业园是由五家企业、一家废物处理公司和卡伦堡市政府组成的合作共生网络。这五家企业分别是阿斯内斯火力发电厂、斯塔托伊尔炼油厂、诺沃诺迪斯克制药公司以及大型的济普洛克石膏墙板厂、微生物公司。由图 9-2 可以看出,发电站安装了烟气脱硫装置,可大量减少烟尘排放,其排放的废热用于家庭供暖,此外,发电站为炼油厂和制药厂提供工艺蒸汽,发电站的部分冷却水还被输送到养鱼场,用来养殖适用于温度较高的水中存活的鲑鱼。发电站的脱硫设备每年生产 20 万吨石膏,这些石膏被卖给石膏板厂,同时,卡伦堡市政回收站回收石膏也卖给石膏板厂,减少了石膏板厂的天然石膏用量,也减少了卡伦堡固体填埋量。发电站每年产生 3 万吨粉煤灰,被水泥厂回收利用。发电厂的

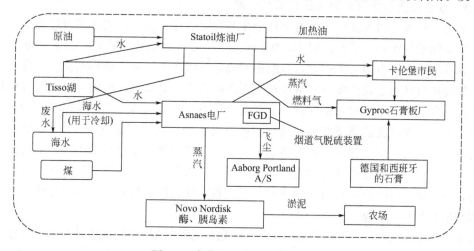

图 9-2　卡伦堡生态工业园循环图

脱硫设备用于降低炼油气中的硫含量，产生了副产品——硫代硫酸铵。每年，这种副产品被用于生产约 2 万吨液体化肥。制药厂用原材料土豆粉、玉米淀粉发酵生产所产生的废渣、废水，经杀菌消毒后被农民用作肥料。制药厂的胰岛素生产过程的残余物酵母被用来喂猪。炼油厂多余的可燃气体通过管道输送到石膏板厂和发电站供生产使用。卡伦堡市政水处理厂的污泥被微生物公司用来作生物恢复过程的养料。微生物公司是一家专门利用微生物恢复被污染土壤的公司。废品处理公司收集所有共生体企业的废物。并利用垃圾沼气发电，每年还提供 5 万～6 万吨可燃烧废物。由此可见，园区内所有企业通过彼此利用"废物"，建立一种和谐复杂的互利互惠的"工业共生体系"，一方面实现了废弃物的最小化排放乃至"零排放"，另一方面合作企业降低了生产成本，获得了直接的经济效益。

我国具有世界最大的循环经济试验园区——柴达木循环经济试验区，该区是 2005 年国家发展改革委等六部委批准的首批 13 个循环经济产业试点园区之一，实验区地处青藏高原北部，位于青海省海西蒙古族藏族自治州境内，总面积 25.6 万平方公里，是目前世界面积最大、资源较为丰富、唯一布局在青藏高原少数民族地区的循环经济产业试点园区，该产业园区正在建设完善中。园区以"综合开发、循环利用"为核心，以资源型、区域型循环经济特色产业发展为特征，以"低度排放、高效利用"为目的。截至 2014 年底，格尔木工业园，15 万吨钾肥造粒车间粉尘回收再利用、西台吉乃尔盐湖钾锂硼资源综合开发、国家盐湖资源综合利用工程技术研究中心等 10 个项目已建成；德令哈工业园，年产 10 万吨氯化钙装置改造及窑气废水利用、年产 1 亿块粉煤灰、煤矸石综合利用制砖等 4 个项目已建成；大柴旦工业园，废弃硼酸母液综合回收利用、兑卤盐田及加工厂尾矿钾资源综合回收利用、饮马峡工业区污水处理厂等 13 个项目已建成；锡铁山工业区污水处理及污水管网、锡铁山工业区垃圾卫生填埋场等 2 个项目土建工程已基本完成，正在开展防渗及设备安装工作，盐湖有色金属选矿尾渣、尾矿资源化再利用项目年产 18 万吨合成氨装置已基本建成。乌兰工业园，茶卡盐湖资源综合利用一期一体化项目热熔氯化钾车间已建成试生产；循环流化床锅炉发电、工业固体废物处置场、工业园循环经济促进中心及能源管理中心等 6 个项目正在开展前期工作。整个试验区紧紧围绕实施园区循环化改造，积极推行清洁生产、企业间废物交换利用、废水循环利用和能量梯级利用等工作，改造成效显著，园区主要资源产出率、土地产出率大幅度上升，固体废物资源利用率、水循环利用率明显提升。

9.2.2.3　以全社会总体布局为主的大循环过程

以社会层面为主的大循环是通过全社会废旧物资的再生利用，实现消费过程中和消费过程后物质和能量的循环，是推广以 3R 为取向的生产方式、消费方式和社会生活方式，包括现代生态价值观和绿色消费的理念，目的是实现建立循环型社会。循环型社会本质上是生态社会，是按照自然生态规律安排经济生产和生活的社会。循环型社会构建追求的目标是人类社会系统与自然生态系统的和谐共存，在承认并尊重自然生态系统的有限承载能力前提下，采取措施推进人类社会的经济发展。循环型社会概念的出现可以追溯到 1994 年德国《循环经济与废物处置法》中"循环利用"概念，而日本《建立循环型社会基本法》则对其做出了具体的阐释，循环型社会是通过抑制产品成为废物，当产品成为可循环资源时促进产品的适当循环，并确保不可循环的回收资源得到适当处置，从而使自然资源的消耗受到抑制，环境负荷得到削减的社会形态。

日本自 1994 年制定了第一次《环境基本计划》，提出以循环经济建设为核心的循环型社会建设，到 2000 年又制定了第二次《环境基本计划——走向环境世纪的方向》，并将 2000

年称为"循环型社会元年"，计划从大量生产、流通、消费、废弃的经济社会体系开始向资源循环型经济社会体系转换。2006年再次制定第三次《环境基本计划——从环境开拓走向富裕的新道路》，这次基本计划以2050年为期限，提出了建设未来社会的长期目标以及环境政策的基本方向与政策措施。2007年6月1日，日本政府正式公布的《21世纪环境立国战略》即"环境立国战略"，又进一步把循环社会作为了环境立国的基本目标之一。2008年3月，日本政府既2003年第一次《循环社会基本计划》之后，制定了第二次《循环社会基本计划》，提出了2015年前建设循环社会的目标和具体任务，这次计划以建设环境负荷最小化的循环社会为中心，把循环社会、低碳社会、人与自然和谐社会作为建设可持续发展社会的基本途径和重要任务，制定了2015年前建设循环社会的任务和具体指标，并希望国民、各大企事业部门和地方公共团体（地方政府）发挥各自的作用，相互配合，共同建设循环社会。迄今为止，日本在政府主导作用下，利用经济手段、激励手段、行政手段和法律手段进行促进，循环社会建设已经取得了初步成效，产业废弃物再生利用量和减量化量增加，最终处理量减少，循环利用率提高，资源消耗总量减少，国民意识提高，主动参与循环社会建设的人数增加，家庭垃圾排放量减少，环境经营企业增加。日本通过世界一流的环保技术和废弃物循环利用技术，合理行政、法律、经济措施，已经成为世界上环境保护和循环社会建设的先进国，构建循环型社会的先驱者之一。

在我国部分省、市已开始在区域层面上探索循环经济的整体布局。例如京津重要生态屏障和水源涵养功能区承德市已经把发展循环经济作为调整产业结构、转变发展方式的重要途径，开始全力构建"社会—文化—产业"高度复合的城市循环经济发展模式。近年来，承德在"十二五"规划中围绕"加快发展、加速转型"两大任务，确定了发展循环经济的战略。2014年，承德又编制完成了《创建国家循环经济示范城市实施方案》，并通过了国家六部委组织的专家评审，成功入列国家首批55个循环经济示范城市之一。目前，承德已形成了独具特色的循环经济模式。针对铁、钒、钛、磷等共伴生资源的不同理化特征，初步形成了"磷铁联选—尾矿选钛—铁水提钒—含钒特钢冶炼"的循环经济产业链，实现了钒钛磁铁矿中铁、钒、钛、磷等有价资源的高值利用，并进一步构建钒液流电池等钒产品深加工产业链。承德是我国两大钒钛磁铁矿资源基地之一，现已有约30%的特色钒钛磁铁矿实现了磷铁钛联选，铁水提钒率达到80%。该市建成了以食用菌为核心的农林固体废弃物精深加工循环型农业模式，发展生态人文相复合的绿色旅游模式。承德市根据农林资源丰富，秸秆等农林固体废弃物产量巨大而且难以消化的特点，逐步构建了"农林固体废弃物制食用菌菌基—食用菌种植—食用菌深加工—菌糠制蛋白饲料—菌糠制活性炭"的循环经济产业链，实现了农林固体废弃物的综合利用，打造了农业-工业复合产业体系。通过"秸秆—木煤—蒸汽—无机肥"，以及"林业固体废弃物、菌糠—活性炭—活性炭高值产品—活性炭工艺品"等特色产品链的构建，有效提高了农民和小城镇居民的收入，目前，仅平泉县就有食用菌原料林64万亩，食用菌生产总量达到4.7亿盘（袋），带动了10万余户农民致富，初步形成了"工业-农业-社会多元复合"的循环经济产业模式，为新型城镇化奠定了基础。依托生态农业，结合避暑山庄皇家园林、坝上草原、金山岭长城等旅游景点，着力打造集历史人文文化、农林文化、草原文化于一体的复合型旅游模式。他们将旅游产业发展与生态文明、绿色发展以及新型城镇化建设有机结合，在避暑山庄及周围景区发展绿色旅游，开展服务业的绿色化、循环化、低碳化改造，景区内开展绿色交通体系建设。在坝上草原等景区，则重点发展生态农家乐等旅游模式。把培育特色园区和示范企业作为加快循环经济发展的重要抓手。

通过清洁生产、技术引进、污染治理等途径，对园区进行循环化改造，实现企业内部、企业之间资源能源高效循环利用，打造特色循环经济产业链。全市先后有 5 个园区和 6 家企业被列入省循环经济示范园区和示范企业，并且实施了一批循环经济示范项目，包括菊苣产业农业循环经济项目、利用农作物秸秆生产新型纤维素酶制剂项目、农林"三剩物"制木煤项目等，促进了循环经济的多元化发展。

【拓展】 互联网为再生资源的回收探路。《中国再生资源回收行业发展报告（2015）》中显示，截至 2014 年底，我国废钢铁、废有色金属、废塑料、废轮胎、废纸、废弃电器电子产品、报废汽车、报废船舶、废玻璃、废电池等 10 大类别的再生资源回收总量约为 2.45 亿吨，同比增长 4%；回收总值为 6446.9 亿元，与上年基本持平。毋庸置疑，再生资源回收是一个不容小觑的市场，而我们大多数居民在处理废旧物品时仅仅是"一卖了之"，很少有人意识到回收是循环经济的基础。由于废旧物品无法及时回收，废旧物品归类并不明确，造成我国再生资源回收企业普遍面临原材料短缺的问题。为了提高废旧物品的"资源利用率"，"互联网＋回收"的新模式应运而生，也就是企业利用移动互联网和物联网介入到回收领域，通过互联网线上服务平台和线下回收服务体系两线建设，形成了线上投废、线下物流的模式，这种经营模式快捷便利，促进了传统回收行业转型升级。例如，北京盈创再生资源回收有限公司于 2012 年于北京市、天津、太原、重庆、深圳、上海、西安等城市主要的地铁站、公交站、机场、商业区、学校等地区设置"饮料瓶回收机"，用户在投放前先在入口处扫描瓶身的条码，设备会自动记录该饮料的种类、口味、投放地点，通过智能监控功能将设备的存储量反馈给系统，在存储满 2/3 时会自动预警，通知工作人员前来"提货"。同时，用户在投放饮料瓶之后，回收机上会显示返利方式，如手机话费、一卡通充值、优惠券等，用户可根据自己需要接受如何返利。除此之外，目前手机软件中有一款"再生活"的应用程序，这是 2014 年成立的再生活（北京）信息技术有限公司推出的国内首家基于移动互联技术、提供标准化到门服务的再生资源回收运营商，它最大程度简化家庭可回收资源的收集流程，降低了居民参与环境保护和垃圾分类的门槛；它还通过先进的信息系统和标准化流程管理，建立用户可再生资源回收账户，有效记录用户的环保贡献，最大程度提高居民参与环保的积极性；并且通过方便的手机便利店兑换和免费的配送服务，为用户的废品回收资金提供实惠的消费平台，最大程度提高用户购买家庭日用品的资金价值和时间效率；还可通过专业化的分拣流程和分拣技术，将回收物进行专业化分类处理，最大化提高回收物的再生利用率。

9.3 循环经济在我国的实践

9.3.1 农业循环经济

农业作为第一产业是国民经济和人民群众赖以生存和发展的最根本基础，在促进农业快速发展的基础上，要求增加农民收入，同时要求不破坏农村的生态环境，这是实现农业可持续性发展的最关键问题。而农业的循环经济活动正是在运用可持续发展理念指导下诞生的经济活动。它强调农业生产内部产业结构的调整及搭配，使得不同产业之间互惠互利、共同增产、良性循环，在生产中提高生物能源的利用率和有机废物的再循环利用，最大限度地减轻环境污染。

我国农业循环经济发展起步于 20 世纪 80 年代初，经历了从学术讨论到小规模试点再到生态农业示范县，逐渐开始遍布全国 30 多个省市、自治区的过程。当前我国农业循环经济的模式主要是生物共生系统、物质循环系统、生物相克系统 3 种主要模式。

（1）生物共生系统　生物共生系统主要是采用立体种植和养殖的模式，充分利用空间不同层次，按照一定方式进行配置的生产结构。例如，上海海洋大学与枫泾镇建立的立体农业示范基地采用了生态循环的种养结合模式，其基地中的水稻田不打农药，不施化肥，主要通过每天投放熟玉米、芝麻、黄豆、小鱼酱等来喂养稻田里的大闸蟹、小龙虾、塘鲤鱼，虾蟹吃了后，排出的粪便成了水稻的有机肥，由于虾蟹不停地在田里爬行，一边吃掉小杂草，一边施肥松土，使水稻长势更均匀。此外，田埂上种植着紫薯，农田里种有南瓜，紫薯和南瓜洗净、蒸熟、打碎后也成为虾蟹的食物，长期食用，不仅使大闸蟹长得更健康，其口感和营养也更好，还能使长成的蟹黄更鲜艳诱人。为了让大闸蟹、小龙虾的生活环境更洁净，技术人员还对田地进行了"轮休"：夏天实行"水休耕"，即在水里大量种植水草，让水草吸附掉田里的农药残留；冬天实行"旱休耕"，即种植红花草等绿肥，之后深翻稻田里，起到肥田、修复土壤的作用。这样一来，不仅虾蟹长得好，产出的稻米也更优质安全。该园区产出的蟹田米，经过权威机构检测，各种指标都要明显优于一般稻田产的大米。这种蟹虾稻鱼的立体农业模式给当地带来了经济、生态、文化等多重效应。

（2）物质循环系统　物质循环系统主要是种植业或养殖业之中的产业形成一种互相需求的关系，产生的一种循环模式。例如，甘肃天水国家农业科技园之间实现了自身的一种小循环。天水洁通农业有限公司立足自身 3000 亩花牛苹果基地，充分利用果园树叶、覆草、残次果以及玉米秸秆等农业废弃资源进行肉羊养殖，羊场产生粪尿还田为果园提供有机肥，形成农业"种-养"小循环模式。天水润德沼气公司开发沼气为中滩镇农村集中供气，目前已接通 300 户，2015 年底将通气 1000 户，通过处理园区及周边环境的废弃秸秆和粪污，又将废弃物质资源化高效利用，形成"生产-废弃物资源化-农户集中供气"的小循环模式。天水众兴菌业公司通过生物质能源转换系统，将食用菌工厂的废弃物菌渣通过生物质燃烧器燃烧产生饱和蒸汽，为食用菌工厂灭菌系统供应能源，企业内形成了"农产废弃物—食用菌—菌渣—生物质饱和蒸汽—食用菌"的小循环模式，每年减少标准煤使用量 6200t。天水昊盛农业服务公司以集约化蔬菜育苗为重点，探索出一条利用农业生产废弃物为基质的"蔬菜基质栽培循环利用"小循环模式，年可利用废弃蛭石、菌渣、牛粪、沼渣等 6000t，繁育西芹、甜瓜、茄子、辣椒等蔬菜种苗 1000 多万株。随着循环农业的发展，传统养殖业、种植业和食用菌工厂化生产等不同产业之间关联度逐渐加大，园区立足现有产业，通过畜禽（奶牛、生猪、蛋鸡）养殖、食用菌工厂化生产、沼气工程、有机肥加工等产业将园区及周边的种植业有机结合，建立起"种植业—养殖业—食用菌生产—沼气工程—有机肥生产"大循环模式，进一步提高现代农业水平。

（3）生物相克系统　我国自古以来就有禽鸟治虫的说法，目前一些农业园更开发出了以虫治虫、以草治草、以草治虫、以菌治虫等多种生态模式，这些都是利用生物种群之间相互制约、相互依存的关系，达到自然调控的经营模式。以梅列区陈大柑橘园为例，陈大镇原是三明的柑橘重镇，最多时柑橘园有 1 万多亩。近些年来，由于种种原因，该镇的柑橘果园已大多荒废，现在陈大镇还在结果的柑橘果园面积只有 1000 多亩。底坑南科老橘园经过多年传统模式的栽培管理，经营一直没有起色。但这片果园位于瑞云山西麓山间盆地，海拔仅350 米，周边方圆 10 里没有工业企业，大气和水没有受到污染，果园浇灌的水是直接可以饮用的山泉水，周围是生态公益林，长满了高大的阔叶树。据检测资料，园内负氧离子含量达 6000 个/克空气。当地生态优势显著，为了改造果园，种出健康柑橘。果园停止了化学农药，采用了养虫治虫的技术，由福建艳璇生物防治专业公司开发的捕食螨技术，荣获 2008 年国家科技进步二等奖，是国家重点新产品，具有无毒、无公害、持续控制、保护生态等特点，是生产无公害、绿色、有机食品的最佳选择。果园内挂果的柑橘树背阳处主干都贴着一个塑料袋，上面还覆盖着一小块防雨塑料膜，下面是一个四方形的纸袋，袋子里装的就是捕食螨。一只捕食螨能捕食 300～500 只红蜘蛛或 2000～3000 只锈壁虱，一袋有 2500 多只捕食螨，其控制害虫的效果相当可观。由于果园停用草甘膦等对土壤微生物有害的除草剂，果园的土壤真正达到"松、软、潮、肥"的目标，避免了土壤板结，起到了保持水土、保护生态的效果。果林下还种植了龙葵、田基黄、藿香蓟、鬼针草等中草药，这些也可以做治虫的生物杀虫剂。林上桔果，林下药材，梅列区陈大春田富硒柑橘采摘观光园就在原始次森林的怀抱之中展现着生态果园独有的风貌。

9.3.2 工业循环经济

工业是国家得以发展的支柱性行业，然而传统工业的"高投入、高消耗、高污染"造成了一系列的资源短缺、能源危机、环境污染和生态破坏等问题。为了实现经济发展和人与自然和谐共处，工业循环经济模式成为了一种至关重要的可持续发展模式。工业循环经济分为企业内部清洁生产、企业间循环工业链、区域产业的工业循环网 3 个层次。

9.3.2.1 企业内部清洁生产

企业内部单个生产链上，改进产品技术、设计工艺、回收再利用产品废物，使产品的整个生产周期，做到减量化、再循环、再利用，是企业内部各操作单元之间的物质循环。例如，电解锰行业二段酸浸洗涤压滤一体化清洁生产技术工程。

锰是国民经济中重要的基础物质，国家重要的战略资源之一。我国是世界上最大的电解锰产品的生产国、消费国和输出国。2012 年我国电解锰产能达到 205 万吨，产量达到 116 万吨。但我国是锰资源贫乏的国家，仅占全球已探明储藏的 6%，且大部分为低品位的碳酸锰矿。经过几十年特别是最近 5 年的开采利用，该行业开采的锰矿品位从 20% 以上下降到 16% 以下，有的地区甚至低于 12%。目前，我国电解锰生产工艺主要是以碳酸锰矿为原料，经酸浸、净化、电解沉积后产生金属锰。由于采用一段酸浸的浸出流程，一部分锰损失在浸出渣中，锰的浸出回收率常低于 90%，渣锰残留一般高达 3%～5%，使我国吨电解锰的废渣产出较高，锰渣中除残留了大量可利用的锰（一般为碳酸锰和硫酸锰），还含有多种重金属。锰渣既污染了环境，又浪费了资源。针对锰资源利用低的关键问题，中国环境科学研究院/环保部清洁生产中心开发了二段酸浸、洗涤、压滤一体化技术。该技术采用隔膜压滤机进行固液分离，可实现良好的脱水效果，显著降低锰渣量；将阳极液作为洗涤液洗涤滤饼，也就是锰渣，由于阳极液具有高酸低锰的特性，其洗涤过程中可反复浸出锰渣中残留的酸性溶解锰，即碳酸锰，提高锰浸出率，减少锰渣产生，同时减少锰渣中水溶性锰含量，也为后续水洗过程满足水平衡创造条件；最后采用清水洗涤，可进一步回收水溶性锰，提高锰的回收率，降低环境风险。通过广西中信大锰、贵州三和锰业等企业的应用发现，该工艺进行电解锰生产，可提高约 10% 的锰资源利用率，回收锰渣中的硫酸铵约 30%，锰渣中有害物质含量大幅度降低，其中锰（Mn^{2+}）约 80%（将渣总锰从 3%～5% 降低至 1.0%～1.5%），氨氮约 30％，极大地减少了锰渣的环境风险和危害。同时本技术可大幅度降低电解锰的原料消耗，提高企业经济效益。以全国电解锰年产 100 万吨计，该技术应用将每年减少锰矿石消耗（以全国平均 14％品位计）约 100 万吨，减少锰渣排放 150 万吨，为行业节约成本 8 亿～10 亿元。二段酸浸洗涤压滤一体化技术工艺如图 9-3 所示。该工艺产生的环境效益如表 9-1 所示。

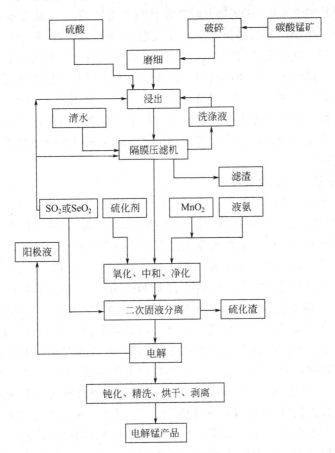

图 9-3 基于二段酸浸洗涤压滤一体化技术的电解锰清洁生产生产工艺流程

表 9-1 本技术与国内外同类技术的关键指标对比

技术指标	传统工艺	本技术工艺
锰资源回收率/％	84	95
锰矿石消耗/(t/t)	8.5	7.5
硫酸消耗/(t/t)	2.0	1.8
液氨消耗/(t/t)	125	118
二氧化硒消耗/(t/t)	1.46	1.43
用电量/(kW·h/t)	7212	6903
渣锰残留/％	3～5	1.0～1.5

9.3.2.2 企业间的循环工业链——循环经济工业园

不同企业或不同行业间寻求相互合作的关系，形成了"工业共生体"，彼此相互依存，共同利用，以工业产业园的形式存在，整个园区内有计划的生产物质，排放废物，不同企业实现物质和能量的互换互用，共同寻求能源和原材料消耗的最小化，寻求废物产生的最小化，以实现园区内污染物的"零排放"为目标。以下是一个实例。

2010 年山西省获批国家资源型经济转型综合配套改革试验区，在综合考虑社会效益、经济效益和投资效益的前提下，山西国锦循环经济园充分利用当地煤炭资源优势以及园区现有产业基础，建设投资 $2 \times 300 MW$ 热电联产项目和二期 $2 \times 600 MW$ 发电项目。充分回收利用园区内高炉尾气、焦炉尾气和焦炉余热，建设燃气-蒸汽联合循环发电项目和干熄焦供热项目，重点打造了煤炭洁净化综合循环利用产业链、煤矸石综合利用发电产业链、废料综合利用制建材产业链、延伸冶金产业链共四条产业链。基于产业链条之间的互动发展，以减量发展、再用发展、循环发展为原则，建设综合的"煤-电-冶-建"循环经济产业链，兼顾能源、环境容量、市场效益等多方面因素，形成资源配置合理、多种产业协调发展、区域竞争力强、符合生态化和循环经济理念的新型工业园区，最终把国锦循环经济产业园打造成为省级循环经济示范园区。

9.3.2.3 区域产业层次的工业循环网

在各个行业产业链关系的基础上，模拟自然生态系统中"生产者-消费者-分解者"的循环"食物链网"，在城市整个工业层次上建立连接关系，形成不同产业之间的系统共生，建立工业循环网络。例如位于湖南中部的冷水江市，是湖南重要的能源和原材料基地，已探明的矿产资源有锑、铅、锌、铋、钼、铁、钒、煤、煤层气、石墨、石灰石、白云石、大理石、硅石、花岗岩等矿产地 185 处，因锑矿储量和锑品产量均占全球 1/3 以上，被誉称为"世界锑都"。2009 年该市获批国家第二批资源枯竭型城市，确立了城市工业转型性发展的必要性。要求重点改进提升有色、钢铁、煤电、建材等部门，逐步建立起绿色技术支持体系，将发展循环经济作为推进新型工业化的重要手段。从冷水江市工业整体层面出发，围绕流通、消费全过程物质循环利用，通过发展旧物调剂和资源回收利用，建立整个城市工业"自然资源—产品—再生资源"的循环模式。2011 年，该市已有再生资源回收网点总计 190 家，年再生资源回收总量近 30 万吨，其中废钢铁 10 万吨、废塑料 3 万吨、废橡胶 5 万吨、废纸 3 万吨、废旧有色金属 500t、废玻璃 1 万吨。这些回收的废旧产品用于重铸，重新加工成不锈钢产品、塑钢门窗、塑料加工机械、PVC 板、再生胶、再生纸、金属产品、玻璃面砖、微晶玻璃、彩色玻璃球等产品，做到了资源的回收利用。2010 年，冷水江对涉锑企业进行了整治，75 家锑冶炼企业、145 处选矿手工原始小作坊相继被取缔关闭。此后，当地又通过对 9 家保留锑冶炼企业加强现场管理，实施技改扩能，实现了生产废水零排放和烟气达标排放。除了废水废气整治，当地最严重的污染是锡矿山地区遗留的历史堆存的含重金属废矿渣，这些废弃物达 7500 多万吨，其中砷碱渣约 100 万吨左右，这种在锑的冶炼过程中产生的废渣含有"砒霜"原料砷，是极易溶于水的危险废弃物，因此消除各类废弃物的安全隐患成各企业努力的重点。该市的大型企业闪星锑业于 2013 年建成投产了 5000t 砷碱渣回收利用工程，该工程利用最新技术，成功将剧毒的砷碱渣转化成锑金属和砷酸钠、碱等化工原料，破解了砷碱渣处理这一世界性环保难题。此外，由于当地土壤及大气污染严重，锡矿山地区年年造林不见林，连生命力极强的枣树也无法存活。而今，该地区通过大力实施防污抗污林生态造林及环境综合整治工程，在矿区种下 5000 多亩抗污林，并使 1.8 万亩遭受重金属污染的土壤环境质量得到改善，种下的千余颗海桐树现已全部成活，且长势很好。在以"环境保护与生态发展"为主线，加大锡矿山环境综合整治力度的同时，冷水江市全力促进企业转型，当地成立了锑产业民营企业协会，打造锡矿山地区锑产业探矿、采选、冶炼、精深加工、研发、仓储、销售"一条龙"，形成了1个矿体、2家浮选厂、3家冶炼厂、1个交易平台的格局。目前，冷水江市通过大力推进锑产业的健康转型发展，成功打造锑产业循环经济产业圈，实现了自身新跨越。

9.3.3 服务业循环经济

服务业就是我们常说的第三产业，包括餐饮、娱乐、旅游、物流等具有服务特征的行业。目前，工业造成的环境问题颇受政府和公众的关注，由于服务业对环境的影响往往没有工农业显著，常常被人们所忽视。然而餐饮业、水运行业对水体环境的影响，交通行业尾气对大气的影响，房地产及娱乐业的噪声污染，零售业、饮食业的过度包装，"白色污染"及一次性物品的泛滥，通信行业的电磁辐射，城市照明的光污染等都对我们周围的环境有着潜在的威胁。因此服务业的循环经济发展也是必不可少的。

服务业的循环经济主要基于以下理念：a. 提倡适度消费，反对铺张浪费；b. 鼓励和支持资源的回收利用；c. 支持生态化和人性化服务，减少物质消耗量；d. 提高产品利用率；e. 发展电子、卫星通信等高技术服务行业，减少物质利用率，如提倡无纸化办公等。当前我国服务业的循环经济发展做的比较突出的在于生态旅游业。例如，2015 年获评"中国最美绿色生态旅游乡村"苏州市的莲花岛品尝到了生态建设的甜头。莲花岛位于阳澄湖休闲旅游度假区的东北角，北以湘石路为界，其余 3 个方向均为湖水围绕，整个岛如同一枝莲花挺立在湖面上。总面积约 3.2km²。作为度假区的一部分，莲花岛与正在建设中的"美人腿"半岛相辅相成，它在苏州市阳澄湖生态休闲旅游度假区总体规划中的发展目标是：世外桃源仙境——遍地田园环绕、花团锦簇，蓝空飞鸟长鸣、流云聚散，湖中清流荡漾、鱼蟹嬉戏。它是整个度假区最核心的生态保护区，通过对莲花岛进行生态恢复、生态保护和生态科普展示，打造成为一个集生态保护、活化江南、游船观光、湿地科普、民俗体验为一体的世外桃源，使之成为长三角活化江南的典范。尤其是莲花岛上 7 座"德式"污水处理站，宛如 7 座充满绿色韵味的景点，将这个正在创建全国生态村的生态岛演绎得淋漓尽致。由于莲花岛地势狭长，不利于污水管网的铺设及集中处理，为了不影响景观，污水接管进站后，进行分散式污水生态治理。污水通过管网流到四个湿地系统，分别为东咀生态湿地、莲花居生态湿地、西洋生态湿地和下营田生态湿地。各湿地项目主体结构又由五部分构成：初沉调节池和布水泵站、垂直流生态滤床、水平流生态滤床、污泥干化滤床、湿地湾。收集的生活污水先在三格式调节池沉淀预处理；然后通过污水泵提升，由管道布水喷流系统均匀分布在垂直流生态滤床表面，下渗经过滤床砂层基质和植物根系固定的无数微生物膜处理单元，在底部砾石排水层汇集，由环切孔排水管导流收集；垂直流生态滤床处理出水通过无压管道，自流进入水平流生态滤床一边，然后横向水平流向另一边，垂直流生态滤床出水在此处得到进一步净化；水平流滤床出水流入湿地湾，构建微生态系统，带来一定的景观效应；初沉污泥定期打入污泥干化滤床，沉积稳定处置，成熟后可资源化利用，渗滤液流回到调节池进行处理。这种从德国引进的生态湿地系统，在处理污水的过程中，不会产生二次污染，而且每吨污水的处理费用只有一两毛钱。此外，莲花岛还在沿湖岸线筑起一条"生态驳岸"，不仅种植芦苇，在深水区还种植水草、浮萍、菱角等水生植物，使 19km 的岸线成为一道生态绿色屏障，从而吸引了源源不断的游客。

【拓展】 兰州打造生态环保新城，建设国家循环经济示范区。根据兰州市循环经济发展计划规划，到 2015 年底，该市将初步建立以减量化、再利用、资源化为特征，集循环型农业、循环型工业、循环型服务业和循环型社会四位一体的循环经济体系，并形成石油化工、有色冶金等 11 条循环经济产业链，培育 100 户示范企业以及实施 76 个重点项目，建成兰州石油化工冶金有色循环经济示范基地，各项指标达到或领先于全省平均水平，成为全省发展循环经济示范区。

该市在农业方面主要打造四种发展模式促进农业向生态化、无害化方向发展，首先是种植-秸秆青贮-养殖-沼气生产-沼渣沼液还田发展模式，将完成玉米秸秆青贮饲料 40 万吨以上，农作物秸秆综合利用率达到 80％以上。其次是高原夏菜产、销、加、尾菜利用发展模式。实施百万亩高原夏菜基地建设项目，年产量达到 280 万吨，尾菜处理率达到 30％。此外是绿色低碳农业旅游发展模式。通过对农业科技园、观光采摘园、休闲农庄的软硬件改造提升，推行绿色观光旅游。另外，还有特色农产品深加工发展模式。发展壮大玫瑰、中药材、百合等特色农产品，提高产品加工率，提升产品附加值，力争玫瑰鲜花、中药材、百合深加工率分别达到 10％、50％、50％以上。同时，该市将大力开展废旧农膜回收利用和农业节肥节水节药工程，全市废旧农膜回收率达到 78％，示范推广配方施肥技术 305 万亩、高效农田节水技术 87 万亩以上、全膜双垄沟播技术 50 万亩，提高肥料利用率 10％，绿色防控面积达到 10 万亩，化学农药使用量再减少 10％。

该市在工业方面突出石油化工、有色冶金、节能环保等行业，实施清洁生产，促进源头减量，推动产业循环化发展。特别是在石油化工产业领域，该市将积极推进新疆广汇 1000 万吨煤炭分质利用项目建设，并加紧与兰石化对接，落实 500 万吨兰炭消化渠道。此外，积极改造提升西固石化产业园，实施炼化结构优化调整、安全隐患治理、环保减排综合治理等重点项目，力争在 2015 年底建成炼油污水生化系统改造、催化剂污水处理装置整体改造、动力厂锅炉改造、丁苯橡胶装置尾气治理 4 个项目。同年，该市计划继续推进煤电冶一体化试点工程建设，积极配合中铝集团完成对大唐连城电厂的收购和划转工作，并加快隆辰铝合金棒二期等深加工项目建设，兰亚铝业 20 万吨铝型材、兰鑫钢铁 120 万吨优质铸铁、金浩粉末冶金、威特焊材炉料等项目建成投产。依托窑街煤电、祁连山等重点企业，综合利用矿渣、块页岩、粉煤灰等工业废弃物，生产水泥、墙体材料等建材产品，工业固废综合利用率达到 98％。同时，依托兰州锅炉制造公司，重点发展高效煤粉锅炉、煤粉研磨、煤粉存储等装备制造产业，打造高效煤粉锅炉产业制造基地，并依托榆中钢厂和双良集团，推广余热发电、"三干"（干熄焦、高炉、转炉煤气干式除尘）、"三利用"（水的重复利用、副产煤气综合利用、高炉转炉废渣处理及利用）、"三治理"（氮氧化物治理、烟气二氧化硫治理、废水治理）等节能和综合利用技术，实现中间产品和"三废"综合利用。针对节能减排关键领域和薄弱环节，该市相关部门将实施清洁生产技术改造，对钢铁、水泥、化工、石化、有色金属冶炼等重点行业企业完成一轮强制性清洁生产审核，使强制性清洁生产企业达到 88 家以上。根据 2015 年节能降耗目标，当年，兰州市能源产出增长率将达到 4.80％、万元 GDP 能耗下降率 4.58％、单位工业增加值能耗下降率 3.66％、单位工业增加值用水量下降率 4.50％、吨钢水耗 3.55m³/t、工业固体废物综合利用率 98.00％、工业用水重复利用率 95.00％、城市污水再生利用率 40.02％、水资源产出率 163.93％、城市生活垃圾无害化处置率 100％。

在服务业领域，2015 年兰州市将推进物流业、旅游业、通信服务业和餐饮住宿业服务主体绿色化、服务过程清洁化，促进服务业与其他产业融合发展。重点推进主城区营运客车新能源的改造，确保 2015 年改造车辆达到总数的 30％，到 2018 年客运客车清洁能源使用率达到 100％，并强调加强旅游资源保护性开发，在景区建设过程中采用节能环保产品，配套建设污水再生利用、雨水收集、垃圾无害化处理系统，使用节能环保交通工具，减少一次性用品，推进旅游景区建设和管理绿色化，创建 2 个绿色旅游示范基地，4 家绿色旅游饭店，引导低碳旅游和绿色消费。同时，以甘肃移动兰州分公司为平台，加快老旧设备退网，加大节能改造力度，推动通信运营商回收基站中废旧铅酸电池，建立废旧手机、电池、充电器等通信产品的回收体系，通信基站能耗比 2010 年降低 25％以上，废旧铅酸蓄电池回收率达到 90％以上。

在社会领域方面，兰州市将继续深入开展绿色建筑和绿色交通行动，提升建筑垃圾综合利用水平，推动产业之间、生产与生活之间、区域之间循环式布局、循环式组合、循环式流通。按照计划，该市由政府投资的公共机构建筑、公益性建筑、单体建筑面积超过 2 万平方米的大型公共建筑，以及保障性住房建设将全面执行绿色建筑标准，房地产开发项目和工业建筑项目将全面推广执行绿色建筑标准，力争在年底前 30％的城镇新建建筑达到绿色建筑标准要求，20 个以上的项目取得绿色建筑设计评价标识。同时，大力推进既有建筑节能改造，完成上级下达的年度改造任务，力争"十二五"期间改造面积达到 500 万平方米。此外，加强机动车环保监测工作，全面推进机动车环保标志管理，加快淘汰黄标车和老旧报废车辆，累计淘汰 6 万辆黄标车及老旧汽车。另外，将积极开展公共机构能源节约的管理工作，对于公共办公系统中暖气、空调、照明等系统的使用采取智能化改造及结构优化，争取将全市公共机构人均能耗在 2015 年下降到 3％以上，创建 3 家省级以上节约型公共机构示范单位。

参 考 文 献

[1] Beesley L, Moreno-Jimeénez E, Gomez-Eyles J L. Effects of biochar and greenwaste compost amendments on mobility, bioavailability and toxicity of inorganic and organic contaminants in a multielement polluted soil [J]. Environmental Pollution, 2010, 158: 2282-2287.

[2] Chen C P, Zhou W J, Lin D H. Sorption characteristics of N-nitrosodimethylamine onto biochar from aqueous solution [J]. Bioresource Technol, 2015, 179: 359-366.

[3] Daniel D. Chiras, Environmental Science [M]. Fourth Edition. The Benjamin/Cummings publishing Company, INC 1994.

[4] Eldon D. Enger, Bradley F. Smith, Anne Todd Bockarie. Environmental science: a study of interrelationships (12th edition) [M]. McGraw-Hill Company, 2004.

[5] Engel M, Chefetz B. Adsorptive fractionation of dissolved organic matter (DOM) by carbon nanotubes [J]. Environmental Pollution, 2015, 197: 287-294.

[6] Gao B, Wang P, Zhou H D, Zhang Z Y, Wu F C, Jin J, Kang M J, Sun K. Sorption of phthalic acid esters in two kinds of landfill leachates by the carbonaceous sorbents [J]. Bioresource Technol. 2013, 136: 295-301.

[7] Gao Y Z, Xiong W, Ling W T, Wang X R, Li Q L. Impact of exotic and inherent dissolved organic matter on sorption of phenanthrene by soils [J]. J. Hazard. Mater. 2007, 140: 138-144.

[8] Gichner T, Lovecka P, Vrchotova B Genomic damage induced in tobacco plants by chlorobenzoic acids-metabolic products of polychlorinated biphenyls [J]. Mutat. Res. 2008, 657: 140-145.

[9] Haham H, Oren A, Chefetz B. Insight into the role of dissolved organic matter in sorption of sulfapyridine by semiarid soils [J]. Environ. Sci. Technol. 2012, 46: 11870-11877.

[10] Hale S E, Hanley K, Lehmann J, Zimmerman A R, and Cornelissen G. Effects of chemical, biological, and physical aging as well as soil addition on the sorption of pyrene to activated carbon and biochar [J]. Environ. Sci. Technol. 2011, 46: 2479-2480.

[11] Huang H, Wang K, Zhu Z, Li Y, He Z, Yang X E, and Gupta D K. Moderate phosphorus application enhances Zn mobility and uptake in hyperaccumulator Sedum alfredii [J]. Environmental Science and Pollution Research, 2013, 20: 2844-2853.

[12] Khodjaniyazov K U, Mukarramov N I, Khidirova N K, Khakimov M M, Urakov B A, Brodsky E S, Shakhidoyatov K M, Degradation and detoxification of persistent organic pollutants in soils by plant alkaloid anabasine [J]. Journal of Environmental Protection, 2012, 3: 97-106.

[13] Kinney T J, Masiello C A, Dugan B, Hockaday W C, Dean M R, Zygourakis K, Barnes R T. Hydrologic properties of biochars produced at different temperatures [J]. Biomass Bioenergy, 2012, 41: 34-43.

[14] Lattao C, Cao X Y, Mao J D, Schmidt-Rohr K, Pignatello J J. Influence of molecular structure and adsorbent properties on sorption of organic compounds to a temperature series of wood chars [J]. Environ. Sci. Technol. 2014, 48: 4790-4798.

[15] Lee P Y Chen C Y. Toxicity and quantitative structure-activity relationships of benzoic acids to Pseudokirchneriella subcapitata [J]. Journal of Hazardous Materials, 2009, 165: 156-161.

[16] Li N Y, Fu Q L, Zhuang P, Guo B, Zou B, Li Z A. Effect of fertilizers on Cd uptake of Amaranthus Hypochondriacus, a high biomass, fast growing and easily cultivated potential Cd hyperaccumulator [J]. International Journal of Phytoremediation, 2012, 14: 162-173.

[17] Lin D H, Ji J, Long Z F, Yang K, Wu F C. The influence of dissolved and surface-bound humic acid on the toxicity of TiO_2 nanoparticles to Chlorella sp [J]. Water Research, 2012, 46: 4477-4487.

[18] Lin D H, Tian X L, Li T T, Zhang Z Y, He X, Xing B S. Surface-bound humic acid increased Pb^{2+} sorption on carbon nanotubes [J]. Environmental Pollution, 2012, 167: 138-147.

[19] Marques A P G C, Rangel A O S S, Castro P M L, Remediation of heavy metal contaminated soils: phytoremediation as a potentially promising clean-up technology [J]. Critical Reviews in Environmental Science and Technology, 2009, 39 (8): 622-654.

[20] Martin S M, Kookana R S, Zwieten L V, Krull E. Marked changes in herbicide sorption desorption upon ageing of biochars in soil [J]. J. Hazard. Mater. 2012, 231-232: 70-78.

[21] McGrath S P, Zhao F, Phytoextraction of metals and metalloids from contaminated soils [J]. Current Opinion in Biotechnology, 2003, 14 (3): 277-282.

[22] Michael Allaby, Basics of Environmental Science [M]. TJ press (padstow) Ltd. Padstow, cornwall, 1996.

[23] Nik Nazli Nik Ahmad, Dewan Mahboob Hossain. Climate Change and Global Warming Discourses and Disclosures in the Corporate Annual Reports: A Study on the Malaysian Companies [J]. Procedia-Social and Behavioral Sciences, 2015, 172: 246-253.

[24] Oren A Chefetz B. Successive sorption-desorption cycles of dissolved organic matter in mineral soil matrices [J]. Geo-

derma，2012，189-190，108-115.

[25] Pan B，Zhang D，Li H，Wu M，Wang Z Y，Xing B S. Increased adsorption of sulfamethoxazole on suspended carbon nanotubes by dissolved humic acid [J]. Environ. Sci. Technol. 2013，47：7722-7728.

[26] Paz-Ferreiro J，Lu H，Fu S，Méndez A，Gascó G. Use of phytoremediation and biochar to remediate heavy metal polluted soils：a review [J]. Solid Earth，2014，5：65-75.

[27] Shu Y H，Liu P H，Zhang Q Y，Wei D Y. Competitive sorption between 1,2,4-trichlorobenzene/tetrachloroethene and 1,2,4,5-tetrachlorobenzene by soils/sediments from South China [J]. Science of the Total Environment 2013，463-464：258-263.

[28] Song N H，Chen L，Yang H. Effect of dissolved organic matter on mobility and activation of chlorotoluron in soil and wheat [J]. Geoderma，2008，146：344-352.

[29] Srinivasan P Sarmah A K. Characterisation of agricultural waste-derived biochars and their sorption potential for sulfamethoxazole in pasture soil：A spectroscopic investigation [J]. Sci. Total Environ. 2015，502：471-480.

[30] Tangahu B V，Abdullah S R S，Basri H，Idris M，Anuar N，Mukhlisin M，A review on heavy metals (As, Pb, and Hg) uptake by plants through phytoremediation [J]. International Journal of Chemical Engineering，2011，1-31. doi：10. 1155/2011/939161.

[31] Tingzhen Ming，Renaud de＿ Richter，Wei Liu，Sylvain Caillol. Fighting global warming by climate engineering：Is the Earth radiation management and the solar radiation management any option for fighting climate change [J]. Renewable and Sustainable Energy Reviews，2014，31：792-834.

[32] Truu J，Truu M，Espenberg M，Nõlvak H，Juhanson J，Phytoremediation and plant-assisted bioremediation in soil and treatment wetlands：A review [J]. The Open Biotechnology Journal，2015，9：85-92.

[33] Wang X L，Ma E X，Shen X F，Guo X Y，Zhang M，Zhang H Y，Liu Y，Cai F，Tao S，Xing B S. Effect of model dissolved organic matter coating on sorption of phenanthrene by TiO_2 nanoparticles [J]. Environmental Pollution，2014，194：31-37.

[34] Wen B，Zhang J，Zhang S，Shan X，Kan S，Xing B S. Phenanthrene sorption to soil humic acid and different humin fractions [J]. Environ. Sci. Technol. 2007，41：3165-3171.

[35] White C，Sharman A K，Gadd G M，An integrated microbial process for the bioremediation of soil contaminated with toxic metals [J]. Nature Biotechnology，1998，16 (6)：572 – 575.

[36] Yang F，Wang M，and Wang Z Y. Sorption behavior of 17 phthalic acid esters on three soils：Effects of pH and dissolved organic matter，sorption coefficient measurement and QSPR study [J]. Chemosphere，2013，93：82-89.

[37] Yang X H，Garnier P，Wang S Z，Bergheaud V，Huang X F，and Qiu，R. L. PAHs sorption and desorption on soil influenced by pine needle litter-derived dissolved organic matter [J]. Pedosphere，2014，24 (5)：575-584.

[38] Zhang J H，He M C. Effect of dissolved organic matter on sorption and desorption of phenanthrene onto black carbon [J]. Journal of Environmental Science，2013，25 (12)：2378-2383.

[39] Zhang J H，He M C. Effect of structural variations on sorption and desorption of phenanthrene by sediment organic matter [J]. Journal of Hazardous Materials，2010，184：432-438.

[40] Zhang J H，He M C，Deng H Z. Comparative sorption of phenanthrene and benzo [α] pyrene to soil humic acids [J]. Soil Sediment and Contamination，2009，18：725-738.

[41] Zhang M，Shu L，Shen X F，Guo X Y，Tao S，Xing B S，and Wang X L. Characterization of nitrogen-rich biomaterial-derived biochars and their sorption for aromatic compounds [J]. Environ. Pollution，2014，195，84-90.

[42] Zhao J，Wang Z Y，Ghosh S，Xing B S. Phenanthrene binding by humic acid-protein complexes as studied by passive dosing technique [J]. Environ. Pollution，2014，184：145-153.

[43] 巴金. 中国地区酸雨的长期演变及时空分布特征分析 [D]. 北京：中国气象科学研究院，2008.

[44] 包学平. 西部工业中心城市实施清洁生产系统研究 [D]. 重庆：重庆大学，2002.

[45] 曹高明. 水环境动态监测与评价系统的设计与实现 [D]. 北京：首都师范大学，2009.

[46] 曹铭昌，乐志芳，雷军成，等. 全球生物多样性评估方法及研究进展 [J]. 生态与农村环境学报，2013，29 (1)：8-16.

[47] 曹志洪，周健民. 中国土壤质量 [M]. 北京：科学出版社，2008.

[48] 曾现来，张永涛，苏少林. 固体废物处理处置与案例 [M]. 北京：中国环境出版社，2011.

[49] 柴发合，李培. 中国空气污染控制综合管理 [M]. 北京：中国环境出版社，2013.

[50] 车卉淳. 浅析国外推行清洁生产的成功做法和发展趋势 [J]，物流科技，2009，3：137-139.

[51] 车正方. 大连吉田拉链有限公司 (YKK) 电镀清洁生产研究 [D]. 西安：西安理工大学，2009.

[52] 陈东升. 谁能成为辽宁 "生物名片" [N]. 辽宁日报，2008-06-16.

[53] 陈怀满等. 环境土壤学 [M]. 第二版. 北京：环境科学出版社，2010.

[54] 陈梦. 森林生物多样性理论与方法研究及应用 [D]. 南京：南京林业大学，2005.

[55] 陈水勇，吴振明，俞伟波等. 水体富营养化的形成、危害和防治 [J]. 环境科学与技术，1999，2：11-15.

[56] 陈维春. 全球化视野下的危险废物贸易 [J]. 华北电力大学学报：社会科学版. 2007，4：59-64.

[57] 陈维春. 危险废物越境转移法律制度研究 [D]. 武汉：武汉大学，2005.

[58] 陈卫．水资源循环经济配置与核算 [M]．北京：化学工业出版社，2013．

[59] 陈岩．五棵树经济开发区玉米深加工行业清洁生产评价的研究 [D]．长春：吉林大学，2007．

[60] 陈英旭．环境学 [M]．北京：中国环境科学出版社，2001．

[61] 成岳，刘媚，乔启成等．环境科学概论 [M]．上海：华东理工大学出版社，2012．

[62] 程发良，常慧．环境保护基础 [M]．北京：清华大学出版社，2004．

[63] 程发良，孙成访，张敏等．环境保护与可持续发展 [M]．北京：清华大学出版社，2014．

[64] 崔兆杰，张凯．循环经济理论与方法 [M]．北京：科学出版社，2008．

[65] 戴华茂．光化学烟雾研究综述 [J]．广东化工，2009，36 (7)：107-108．

[66] 戴树桂．环境化学 [M]．第 2 版．北京：高等教育出版社，2006．

[67] 邓莉萍．藻体对水环境中 N、P 及重金属 Cu~(2+)、Pb~(2+)、Cd~(2+)、Cr~(6+) 的吸附特征研究 [D]．青岛：中国科学院研究生院（海洋研究所），2008．

[68] 董晓珊．《巴塞尔公约》及其框架下的危险废物越境转移法律问题研究 [D]．青岛：中国海洋大学．2008．

[69] 窦明，左其亭．水环境学 [M]．北京：中国水利水电出版社，2014．

[70] 窦贻俭，李春华．环境科学原理 [M]．南京：南京大学出版社，1998．

[71] 杜建强，陈晓娟，皇甫铮等．潜流型复合人工湿地处理旅游区生活污水 [J]．中国给水排水，2011，27 (2)：39-41．

[72] 樊后保．世界酸雨控制技术与策略 [J]．南昌工程学院学报，2005，1 (24)：20-27．

[73] 范洪鹏．土壤污染与防治 [J]．北方环境，2013，29 (3)：63-64．

[74] 范翘．冷水江市工业循环经济发展模式研究 [D]．长沙：湖南师范大学，2013．

[75] 范拴喜．土壤重金属污染与控制 [M]．北京：中国环境科学出版社，2011．

[76] 范晓莉．海洋环境保护的法律制度与国际合作 [D]．北京：中国政法大学，2003．

[77] 房存金．土壤中主要重金属污染物的迁移转化及治理 [J]．当代化工，2010，39 (4)：458-460．

[78] 冯琳．工业循环经济理论与实践研究 [M]．重庆：重庆出版社，2011．

[79] 冯献芳，冯劲．城市交通干线边居民建筑噪声分布规律 [J]．广东化工，2013，40 (21)：136-137．

[80] 符裕红．不同岩性土体上土壤养分与广玉兰幼树生长关系的研究 [D]．贵州：贵州大学，2007．

[81] 高波，邵爱杰．我国近海赤潮灾害发生特征、机理及防治对策研究 [J]．海洋预报，2011，28 (2)：68-77．

[82] 高超．东祁连山不同退化程度高寒草甸草原土壤有机质特性及其对草地生产力的影响 [D]．甘肃农业大学，2007．

[83] 高密来．环境学教程 [M]．北京：中国物价出版社，1997．

[84] 高品，王宇晖，刘振鸿，等．水中抗生素药物的迁移分布特征研究进展 [J]．2013，(7)：58-63．

[85] 高晓佳．环境影响评价中清洁生产分析方法的研究 [D]．天津：天津大学，2009．

[86] 高云峰，史艳艳．氟喹诺酮类药物在畜产品中残留原因及对策 [J]．饲料博览，2011，10：49-51．

[87] 耿增超，戴伟．土壤学 [M]．北京：科学出版社，2011．

[88] 巩豪，陈艳玲．实现 75kA 预焙槽清洁生产的实践 [J]．新疆有色金属，2010，1：49-50．

[89] 顾连军．铁岭农业区土壤中 DDT 残留模型研究及土壤修复 [D]．阜新：辽宁工程技术大学，2008．

[90] 顾顺芳．保护性土壤耕作制度对土壤肥力及夏玉米产量的影响 [D]．洛阳：河南科技大学，2012．

[91] 关伯仁．环境科学基础教程 [M]．北京：中国环境科学出版社，1995．

[92] 郭彩萍．国外经验为秸秆找条"不烧之路" [N]．粮油市场报，2013-07-06．

[93] 郭观林，周启星，李秀颖．重金属污染土壤原位化学固定修复研究进展 [J]．应用生态学报，2006，16 (10)：1990-1996．

[94] 郭慧．应用生物柴油修复原油污染砾石海滩的模拟研究 [D]．青岛：青岛理工大学，2012．

[95] 郭立新．空气污染控制工程 [M]．北京：北京大学出版社，2012．

[96] 郭素荣．生态工业园建设的物质和能量集成 [D]．上海：同济大学，2006．

[97] 郭彦军．机动车排放物 VOCs 对光化学臭氧生成的影响研究 [D]．长安：长安大学，2008．

[98] 国家气候中心．变暖的星球 [N]．中国气象报，2014-05-09．

[99] 韩宝平，王子波等．环境科学基础 [M]．北京：高等教育出版社，2013．

[100] 郝雅琦．中国钢铁工业发展循环经济的机制与模式研究 [D]．北京：北京科技大学，2014．

[101] 何强，井文涌，王翊亭．环境学导论（第 3 版）[M]．北京：清华大学出版社，2004．

[102] 贺润．UV 涂料清洁生产中丙烯酸树脂的合成及工艺研究 [D]．长沙：湖南大学，2007．

[103] 洪坚平．土壤污染与防治 [M]．北京：中国农业出版社，2005．

[104] 侯立安．核沾染水处理技术及饮用水安全保障 [J]．给水排水，2011.37 (11)：1-3．

[105] 胡宝清．县域循环经济发展评价理论、方法与实例研究 [M]．北京：中国环境出版社，2011．

[106] 胡昌秋，胡冰．环境保护概论 [M]．甘肃：甘肃科学技术出版社，2010．

[107] 胡华锋，介晓磊．农业固体废物处理与处置技术 [M]．北京：中国农业大学出版社，2009．

[108] 胡耐根．臭氧层破坏对人类和生物的影响 [J]．安徽农业科学．2010，38 (11)：6068-6069．

[109] 黄昌勇，徐建明．土壤学（第 3 版）[M]．北京：中国农业出版社，2010．

[110] 黄林．论环境保护与可持续发展 [J]．现代商贸工业．2009，15：253-254．

[111] 黄启飞．固体废物资源化环境安全性评价技术研究 [M]．北京：中国环境出版社，2012．

[112]　黄文清. 掌握环境功能加强环境保护 [J]. 决策探索月刊. 2011, 9：73.

[113]　黄耀思. 车河-拉么矿区环境自净能力研究 [J]. 大众科技, 2013, 15 (163)：43-48.

[114]　黄智伟. 厦门市翔安区农田土壤和农作物的重金属化学行为及其影响因素的研究 [D]. 厦门大学, 2007.

[115]　贾建丽, 于妍, 王晨. 环境土壤学 [M]. 北京：化学工业出版社, 2012.

[116]　贾敏. 海平面上升的隐忧 [N]. 中国气象报, 2015-05-15.

[117]　江涛. 重大装备制造业企业应急管理体系研究 [D]. 成都：西南交通大学. 2011.

[118]　江永红. 中国可持续发展背景下人力资本研究 [D]. 北京：中共中央党校, 2004.

[119]　姜斌. 城市人居环境可持续发展研究 [D]. 大连：辽宁师范大学, 2002.

[120]　姜诚. 完全恢复臭氧层至少要近百年——访臭氧层保护研究专家、北京大学环境科学与工程学院教授胡建信 [J]. 环境教育, 2014, 9：8-10.

[121]　姜伟. 重庆主城降尘中六种金属及其化学形态研究 [D]. 重庆：西南大学, 2008.

[122]　蒋建国. 固体废物处置与资源化 [M]. 第 2 版. 北京：化学工业出版社, 2013.

[123]　降光宇. 磷矿粉修复矿区复合重金属污染土壤的效应研究 [D]. 北京：中国地质大学 (北京), 2012.

[124]　焦志强, 吴琳慧, 谈兵. 我国大气污染的现状和综合防治对策 [J]. 资源节约与环保, 2014, 4：92-93.

[125]　焦志强, 吴琳慧, 谈兵. 我国大气污染的现状和综合防治对策 [J]. 资源节约与环保, 2014, 4：92-93.

[126]　解淑艳, 王瑞斌, 郑皓皓. 2005-2011 年全国酸雨状况分析 [J]. 环境监测与预警, 2012, 4 (5)：33-37.

[127]　解宇峰, 马晓明. 危险废物越境转移中的环境不公问题及对策 [J]. 江西科学, 2007, 25 (4)：438-441.

[128]　金绍强. 毒死蜱, 联苯菊酯在土壤中的消解及对白蚁防治持效性研究 [D]. 杭州：浙江大学, 2008.

[129]　金钟范, 曹俐, 赵敏. 循环经济论 [M]. 上海：上海财经大学出版社, 2011.

[130]　靳卫齐. 光化学烟雾的形成机制及其防治措施 [D]. 长安：长安大学, 2008.

[131]　景春燕, 余碧波. 农业园里种出"循环经济"经 [N]. 天水日报, 2015-05-10.

[132]　鞠美庭, 邵超峰, 李智. 环境学基础 [M]. 第 2 版. 北京：化学工业出版社. 2010.

[133]　康康. 水体中藻类增殖与 TN/TP 的相关性研究 [D]. 重庆：重庆大学, 2007.

[134]　柯思捷. 清洁生产审核在污水处理厂的应用 [J]. 广东化工, 2013, 12：144-145.

[135]　孔健健, 张仙娥, 唐天乐. 环境学原理及其方法研究 [M]. 北京：中国水利水电出版社, 2015.

[136]　况玉和. 建筑施工现场环境风险识别及对策 [D]. 上海：上海交通大学, 2009.

[137]　赖炯萍, 庞小峰. 城市大气污染的综合防治策略探讨 [J]. 环境与生活, 2014, 16：11-12.

[138]　李法云, 曲向荣, 吴龙华. 污染土壤生物修复理论基础与技术 [M]. 北京：化学工业出版社, 2006.

[139]　李红军. 走中国特色的可持续发展道路 [D]. 武汉：武汉大学, 2003.

[140]　李慧. 对循环经济的理论研究和实证分析 [D]. 成都：电子科技大学, 2004.

[141]　李佳华, 林仁漳, 王世和, 等. 改良剂对土壤-芦蒿系统中镉行为的影响 [J]. 环境化学, 2009, 28 (3)：350-354.

[142]　李连山. 大气污染治理技术 [M]. 武汉：武汉理工大学出版社, 2009.

[143]　李瑞昌. 风险、知识与公共决策 [D]. 上海：复旦大学, 2005.

[144]　李伟. 我国循环经济的发展模式研究 [D]. 西安：西北大学, 2009.

[145]　李伟. 我国循环经济的发展模式研究 [D]. 西北大学, 2009.

[146]　李小军. 棉印染行业清洁生产研究 [D]. 杭州：浙江大学, 2006.

[147]　李昕. 区域循环经济理论基础和发展实践研究 [D]. 长春：吉林大学, 2007.

[148]　李昕. 循环经济：四大领域建设助推兰州前行 [N]. 兰州日报, 2014-05-14.

[149]　李秀金. 固体废物处理与资源化 [M]. 北京：科学出版社, 2011.

[150]　李燕萍. 我国防治固体废物越境转移的法律对策研究 [D]. 济南：山东师范大学, 2012.

[151]　李峣. 北京市大气中颗粒相和气相多环芳烃的分布 [D]. 北京：北京工商大学, 2013.

[152]　李颖. 农业固体废物可持续利用 [M]. 北京：中国环境出版社, 2012.

[153]　李志洪, 赵兰坡, 窦森. 土壤学 [M]. 北京：化学工业出版社, 2005.

[154]　林大仪, 谢英荷. 土壤学 [M]. 第 2 版. 中国林业出版社, 2011.

[155]　林凯. 严重汞污染土壤汞的淋溶特征及其淋洗修复研究 [D]. 贵州：贵州大学, 2009.

[156]　林肇信, 刘天齐, 刘逸农. 环境保护概论 [M]. 第 2 版. 北京：高等教育出版社, 1999.

[157]　林肇信, 刘天齐, 刘逸农. 环境保护概论 (修订版) [M]. 北京：高等教育出版社, 1999.

[158]　刘贝贝. 重金属对水稻土中异化铁还原的影响 [D]. 杨凌：西北农林科技大学, 2006.

[159]　刘昌黎. 日本的循环社会建设 [J]. 外国问题研究, 2009, 3：66-72.

[160]　刘金雷, 夏文香, 赵亮. 海洋石油污染及其生物修复 [J]. 海洋湖沼通报, 2006, (3)：48-53.

[161]　刘旌. 循环经济发展研究 [D]. 天津：天津大学, 2012.

[162]　刘静玲, 贾峰等. 环境科学案例研究 [M]. 北京：北京师范大学出版社, 2006.

[163]　刘军. 浅谈光化学烟雾的形成、危害及防治措施 [J]. 黑龙江科技信息, 2011, 10, 47.

[164]　刘克峰, 张颖. 环境学导论 [M]. 北京：中国林业出版社, 2012.

[165]　刘培桐, 薛纪渝, 王华东. 环境学概论 [M]. 第 2 版. 北京：高等教育出版社, 1995.

[166]　刘萍, 夏菲, 潘家永, 陈益平, 彭花明, 陈少华. 中国酸雨概况及防治对策探讨 [J]. 环境科学与管理, 2011,

36 (12): 30-36.

[167] 刘萍, 夏菲, 潘家永等. 中国酸雨概况及防治对策探讨 [J]. 环境科学与管理, 2011, 36 (12): 30-36.

[168] 刘启承, 余海. 危险废物处理处置现状调查与分析 [J]. 重庆工商大学学报 (自然科学版), 2013, 2 (30): 56-68.

[169] 刘清, 招国栋, 赵由才. 大气污染防治 共享一片蓝天 [M]. 北京: 冶金工业出版社, 2012.

[170] 刘儒清. 我国控制危险废物越境转移法律制度研究 [D]. 昆明: 昆明理工大学. 2012.

[171] 刘涛, 胡耀胜, 刘瑞香等. 呼和浩特市城市噪声质量现状评价 [J]. 北方环境, 2010, 22 (6): 31-36.

[172] 刘天齐. 环境保护 [M]. 北京: 化学工业出版社, 1996.

[173] 刘晓艳等. 土壤中石油类污染物的迁移与修复治理技术 [M]. 上海: 上海交通大学出版社, 2014.

[174] 刘洋, 李宏伟. 浅谈大气污染的防治措施 [J]. 黑龙江科技信息, 2009, 12: 165.

[175] 刘永珍. 公路建设项目施工期环境影响研究 [D]. 南京: 南京林业大学, 2003.

[176] 刘勇. 天津市生态足迹的计算与动态分析 [D]. 天津: 天津大学, 2007.

[177] 刘园园. 生物多样性, 莫到失去方恨晚 [N]. 科技日报, 2015-05-22.

[178] 刘长灏, 马春元, 张凯. 循环经济输入输出问题研究 [M]. 北京: 科学出版社, 2012.

[179] 刘长威. 工业过程大气污染物扩散的数值模拟 [D]. 西安: 西安建筑科技大学, 2003.

[180] 龙时磊. 上海地区灰霾过程中的主要物理和化学问题研究 [D]. 上海: 中国科学院研究生院 (上海应用物理研究所), 2014.

[181] 楼飞永. 矿渣、粉煤灰用于土壤聚合物固化重金属的技术研究 [D]. 杭州: 浙江工业大学, 2006.

[182] 卢鸿. 海洋油污染的生物治理技术 [J]. 海洋地质动态, 1999, (10): 4-6.

[183] 陆书玉. 环境影响评价 [M]. 北京: 高等教育出版社, 2001.

[184] 陆欣, 谢英荷. 土壤肥料学 [M]. 北京: 中国农业大学出版社, 2011.

[185] 吕建华. 生态环境问题: 国际政治经济新焦点 [J]. 新远见, 2007, 9: 30-42.

[186] 吕晟君. 发展循环经济, 治理大气污染, 转变理念提升人居环境 [N]. 兰州日报, 2015-01-07.

[187] 吕笑非. PAHs污染土壤修复植物的筛选及其根际微生态特征研究 [D]. 浙江大学, 2010.

[188] 马辉. 促进低碳经济发展的激励政策研究 [D]. 哈尔滨: 哈尔滨商业大学, 2010.

[189] 马旭. 翅碱蓬对重金属吸收及对环境修复作用研究 [D]. 大连: 大连海事大学, 2004.

[190] 马妍, 白艳英, 于秀玲等. 中国清洁生产发展历程回顾分析 [J]. 环境与可持续发展, 2010, 1: 40-43.

[191] 孟晓军. 西部干旱区单体绿洲城市经济增长中的水资源约束研究 [D]. 乌鲁木齐: 新疆大学, 2008.

[192] 苗志超. 吸收法净化氮氧化物废气的研究 [D]. 天津: 天津大学, 2005.

[193] 闵敏, 陆光华. 水环境中的抗生素 [J]. 化学与生物工程, 2013, 11: 19-22.

[194] 聂永丰. 环境工程技术手册——固体废物处理工程技术手册 [M]. 北京: 化学工业出版社, 2013.

[195] 钮劲涛. 纤维素基高吸油树脂的制备及应用研究 [D]. 阜新: 辽宁工程技术大学, 2010.

[196] 平珂. 论危险废物越境转移的国际法律控制 [D]. 济南: 山东师范大学, 2015.

[197] 齐建国. 中国循环经济发展报告 (2011-2012) [M]. 北京: 社会科学文献出版社, 2013.

[198] 齐亚超, 张承东, 陈威. 黑炭对土壤和沉积物中菲的吸附解吸行为及生物可利用性的影响 [J]. 环境化学, 2010, 29 (5): 848-855.

[199] 钱世通. 废纸造纸企业清洁生产及废水循环回用研究 [D]. 重庆: 重庆大学, 2006.

[200] 秦淑平. 不同利用方式下黄泥土中腐殖物质的组成、结构特征及其对有机污染物的吸附行为 [D]. 南京: 南京农业大学, 2005.

[201] 曲向荣, 李辉, 王俭. 循环经济 [M]. 北京: 机械工业出版社, 2012.

[202] 曲向荣. 环境学概论 [M]. 第2版. 北京: 科学出版社, 2015.

[203] 曲向荣. 清洁生产与循环经济 [M]. 第2版. 北京: 清华大学出版社, 2014.

[204] 冉翔. 多层营养盐协同作用的藻类生长模型研究 [D]. 重庆: 重庆大学, 2007.

[205] 任利霞, 朱颖. 湿地公园科普宣教规划方法探讨——以苏州阳澄湖半岛湿地公园为例 [J]. 苏州科技学院学报 (工程技术版), 2015, 28 (2): 48-53.

[206] 任连海. 环境物理性污染控制工程 [M]. 北京: 化学工业出版社, 2008.

[207] 商西, 刘佳. 大气污染防治法迎来大修 [J]. 化工管理, 2015, 1: 44-46.

[208] 沈华. 固体废物资源化利用与处理处置 [M]. 北京: 科学出版社, 2011.

[209] 沈学崴. 浅析清洁生产在城市生活垃圾处理中应用 [J]. 资源节约与环保, 2014, 10: 32-33.

[210] 施展. 海洋柴油降解菌性能的优化及其生物载体的研究 [D]. 苏州: 苏州大学, 2012.

[211] 石磊, 钱易. 国际推行清洁生产的发展趋势 [J]. 中国人口·资源与环境, 2002, 1: 64-67.

[212] 史征. 城市生活垃圾处理技术研究进展 [J]. 河北化工, 2010, 33 (11): 34-36.

[213] 苏朝晖. 发展福建经济必须与环境、资源相协调 [J]. 资源开发与市场, 2003, 3: 157-158.

[214] 苏勇功. 兰州市蔬菜主要产地耕层土壤中重金属含量的调查 [D]. 兰州: 甘肃农业大学, 2005.

[215] 粟银. 硫酸锰渣污染土壤中重金属研究 [D]. 长沙: 湖南大学, 2008.

[216] 孙大海. 基础设施可持续发展及成本效率研究 [D]. 上海: 同济大学, 2007.

[217] 孙广生. 循环经济的运行机制与发展战略——基于产业链视角的分析 [M]. 北京: 中国经济出版社, 2013.

[218] 孙红文，张彦峰，张闻. 生物炭与环境 [M]. 北京：化学工业出版社，2013.

[219] 孙洪波. 现代城市新区开发的物理环境预测研究 [D]. 南京：东南大学，2004.

[220] 孙慧敏. 黏土矿物胶体对铅的环境行为影响研究 [D]. 杨凌：西北农林科技大学，2010.

[221] 孙铁珩，李培军，周启星. 土壤污染形成机理与修复技术 [M]. 北京：科学出版社，2005.

[222] 孙兴斌，闫立龙. 环境物理性污染与控制 [M]. 北京：化学工业出版社，2010.

[223] 孙秀云. 固体废物处理处置 [M]. 北京：北京航空航天大学出版社，2015.

[224] 孙振清. 循环经济指标体系 [M]. 北京：中国环境出版社，2011.

[225] 汤杨. UV涂料中丙烯酸光敏树脂的合成及清洁生产工艺研究 [D]. 长沙：湖南大学，2006.

[226] 陶双成. 城市光化学烟雾形成的动力学模拟及影响因素 [D]. 长安：长安大学，2007.

[227] 童志权. 大气污染控制工程 [M]. 北京：机械工业出版社，2006.

[228] 王蓓. 天津X新城生活垃圾气力输送系统可行性研究 [D]. 天津：天津大学，2010.

[229] 王红旗. 土壤环境学 [M]. 北京：高等教育出版社，2007.

[230] 王红征. 中国循环经济的运行机理与发展模式研究 [D]. 开封：河南大学，2012.

[231] 王辉. WZ聚丙烯酸酯类系列高吸油树脂的制备、性能研究及海洋溢油污染处理方法的优化配置 [D]. 杭州：浙江大学，2007.

[232] 王济. 贵阳市表层土壤重金属污染元素环境地球化学基线研究 [D]. 北京：中国科学院，2004.

[233] 王建英. 基于生物多样性保护的土地利用结构优化 [D]. 武汉：中国地质大学，2013.

[234] 王静，单爱琴. 环境学导论 [M]. 北京：中国矿业大学出版社，2013.

[235] 王乐. 区域循环经济的发展模式研究 [D]. 大连：大连理工大学，2011.

[236] 王黎. 固体废物处置与处理 [M]. 北京：冶金工业出版社，2014.

[237] 王琳. 固体废物处理与处置 [M]. 北京：科学出版社，2014.

[238] 王明浩. 浙江省造纸业清洁生产持续发展研究 [D]. 杭州：浙江工业大学，2008.

[239] 王强. 气象因素对环境空气质量的影响 [A]，2008中国环境科学学会学术年会优秀论文集（中卷），2008.

[240] 王少枋，李贤. 循环经济理论与实务 [M]. 北京：中国经济出版社，2014.

[241] 王淑芳. 水体富营养化及其防治 [J]. 环境科学与管理，2005，30（6）：63-65.

[242] 王淑莹，高春娣. 环境导论 [M]. 北京：中国建筑工业出版社，2004.

[243] 王伟民，刘华强，王桂玲. 大气科学基础 [M]. 北京：气象出版社，2011.

[244] 王文忠. 浅析水环境中有毒污染物的来源和危害 [J]. 西南给排水，2013，35（4）：28-30.

[245] 王小雨. 底泥疏浚和引水工程对小型浅水城市富营养化湖泊的生态效应 [D]. 长春：东北师范大学，2008.

[246] 王晓蓉. 环境化学 [M]. 南京：南京大学出版社，1993.

[247] 王兴杰，谢高地，岳书平. 经济增长和人口集聚对城市环境空气质量的影响及区域分异——以第一阶段实施新空气质量标准的74个城市为例 [J]. 经济地理，2015，35（2）：71-76.

[248] 王玉梅. 环境学基础 [M]. 北京：科学出版社，2010.

[249] 危险废物鉴别标准 反应性鉴别 GB5085.5—2007 [S].

[250] 危险废物鉴别标准 腐蚀性鉴别 GB 5085.1—2007 [S].

[251] 危险废物鉴别标准 急性毒性初筛 GB5085.2—2007 [S].

[252] 危险废物鉴别标准 浸出毒性鉴别 GB 5085.3—2007 [S].

[253] 危险废物鉴别标准 易燃性鉴别 GB5085.4—2007 [S].

[254] 尉迟维旭. 城市综合体内风环境及污染物扩散的模拟研究 [D]. 重庆：重庆交通大学，2014.

[255] 魏辅文，聂永刚等. 生物多样性丧失机制研究进展 [J]. 科学通报，2014，6（59）：430-437.

[256] 吴彩斌. 环境学概论（第二版）[M]. 北京：中国环境出版社，2014.

[257] 吴丹，于亚鑫，夏俊荣等. 我国灰霾污染的研究综述 [J]. 环境科学与技术，2014，37（120）：295-304.

[258] 吴瑞娟，金卫根，邱峰芳. 土壤重金属污染的生物修复 [J]. 安徽农业科学，2008，36（7）：2916-2918.

[259] 吴文铸. 水溶性有机物对土壤中多环芳烃（菲）环境行为及植物吸收的影响 [J]. 南京农业大学，2007，13（3）：157-170.

[260] 吴香尧. 耕地土壤污染与修复 [M]. 成都：西南财经大学出版社．2013.

[261] 吴永萍. 气候变化对塔里木河流域大气水循环的影响及其机理研究 [D]. 兰州：兰州大学，2011.

[262] 武建勇，薛达元等. 中国生物多样性调查与保护研究进展 [J]. 生态与农村环境学报，2013.29（2）：146-151.

[263] 武秀琦. 西北黄土地区石油污染土壤生物修复影响因素研究 [D]. 西安：西安建筑科技大学，2007.

[264] 郗永勤等. 循环经济发展的机制与政策研究 [M]. 北京：社会科学文献出版社，2014.

[265] 奚旦立. 清洁生产与循环经济（第二版）[M]. 北京：化学工业出版社，2014.

[266] 席胜伟. 大气污染危害性分析及治理途径 [J]. 科技情报开发与经济，2006，16（12）：153-154.

[267] 夏义善，陈德照. 中国能源环境气候外交大视野 [M]. 世界知识出版社，2011.

[268] 咸力东，李建成. 城市循环经济模式推动结构调整 [N]. 河北日报，2015-05-12.

[269] 咸力东，杨金文. 承德：发展循环经济，实现绿色崛起 [N]. 河北经济日报，2015-05-14.

[270] 向仁军，柴立元，张青梅等. 中国典型酸雨区大气湿沉降化学特性 [J]. 中南大学学报（自然科学版），2012，43（1）：38-45.

[271] 向仁军. 中国南方典型酸雨区酸沉降特性及其环境效应研究 [D]. 重庆：中南大学，2011.

[272] 肖娜娜. 城市污水处理厂清洁生产审核指标体系及内容研究 [J]，资源节约与环保，2013，6：18-19.

[273] 谢冰，张华. 关于大气臭氧问题的主要研究进展 [J]. 科学技术与工程. 2014，8（14）：106-111.

[274] 辛晓牧. 城市生活垃圾处理的清洁生产分析 [J]. 气象与环境学报，2008，2：50-53.

[275] 徐玖平等. 循环经济系统论 [M]. 北京：高等教育出版社，2011.

[276] 徐雁金. 浙江省造纸行业清洁生产示范研究 [D]. 杭州：浙江大学，2004.

[277] 许新桥. 西方近自然林业理论研究及其应用问题探讨 [D]. 北京：中国林业科学研究院，2007.

[278] 薛冰. 区域循环经济发展机制研究 [M]. 社会科学文献出版社，2013.

[279] 严立冬，刘加林，郭晓川. 循环经济的生态创新 [M]. 北京：中国财政经济出版社，2011.

[280] 杨贵芳. 云南省水泥工业清洁生产模式的研究 [D]. 武汉：武汉理工大学，2009.

[281] 杨慧芬，张强. 固体废物资源化 [M]. 第二版. 北京：化学工业出版社，2013.

[282] 杨雪峰，王军. 循环经济：学理基础与促进机制 [M]. 北京：化学工业出版社，2011.

[283] 杨永刚. 山西河谷型城镇大气污染机理及防治对策研究 [D]. 太原：山西大学，2008.

[284] 杨志峰，刘静玲等. 环境科学概论 [M]. 第二版. 北京：高等教育出版社，2010.

[285] 叶绿. 三峡库区香溪河水华现象发生规律与对策研究 [D]. 南京：河海大学，2006.

[286] 尹发平. 城镇污水处理厂清洁生产措施分析 [J]，广东化工，2012，16：131.

[287] 尹凤. 大气污染物扩散的理论和试验研究 [D]. 青岛：中国海洋大学，2006.

[288] 于宗保. 环境保护基础 [M]. 北京：化学工业出版社，2003.

[289] 苑静. 土壤中主要重金属污染物的迁移转化及修复 [J]. 辽宁师专学报，2010.

[290] 臧程程. 居住区交通噪声评价研究 [D]. 北京：北京交通大学，2009.

[291] 张安定，吴孟泉，王大鹏，等. 遥感技术基础与应用 [M]. 北京：科学出版社，2014.

[292] 张宝杰，乔英杰. 环境物理性污染控制 [M]. 北京：化学工业出版社，2003.

[293] 张宝杰等. 典型土壤污染的生物修复理论与技术 [M]. 北京：电子工业出版社，2013.

[294] 张辉. 土壤环境学 [M]. 北京：化学工业出版社，2006.

[295] 张慧娟. 危险废物越境转移法律问题研究 [D]. 太原：山西财经大学. 2008.

[296] 张静. 高中物理教学中渗透环境教育的研究 [D]. 武汉：华中师范大学，2005.

[297] 张凯. 我们的家园 [M]. 山东科学技术出版社，2013.

[298] 张雷. 固体废物处理及资源化应用 [M]. 北京：化学工业出版社，2014.

[299] 张莉. 浅析光化学烟雾的污染问题 [J]. 四川环境，2005，24（4）：74-76.

[300] 张乃明. 环境土壤学 [M]. 北京：中国农业大学出版社，2013.

[301] 张平. 生命周期评价在碳素企业清洁生产审核中的应用研究 [D]. 洛阳：河南农业大学，2008.

[302] 张庆建，岳春雪，郭兵. 固体废物属性鉴别及案例分析 [M]. 北京：中国标准出版社，2015.

[303] 张小平. 固体废物污染控制工程 [M]. 第二版. 北京：化学工业出版社，2010.

[304] 张晓锁. 基于生态系统服务理论的土地整理生态效益研究 [D]. 武汉：华中农业大学，2009.

[305] 张晓伟. 住宅小区污染物扩散的数值模拟及分析 [D]. 哈尔滨：哈尔滨工业大学，2007.

[306] 张新平. 循环经济价值理论探索 [M]. 北京：中国环境出版社，2011.

[307] 张颖，伍钧. 土壤污染与防治 [M]. 北京：中国林业出版社，2012.

[308] 张勇，余良. 固体废物处理与处置技术 [M]. 武汉：武汉理工大学出版社，2014.

[309] 张远航，邵可声，唐孝炎，李金龙. 中国城市光化学烟雾污染研究 [J]. 北京大学学报（自然科学版），1998，34（2-3）：392-400.

[310] 章珂. 中国生物多样性：年估值4.6万亿美元 [N]. 第一财经日报，2014-12-17.

[311] 章丽萍，张春晖，王丽敏. 环境保护概论 [M]. 北京：煤炭工业出版社，2013.

[312] 章鸣. 基于生态足迹模型的土地可持续利用评价研究 [D]. 杭州：浙江大学，2004.

[313] 赵冰冰. 浅谈大气污染的成因及其防治措施 [J]. 民营科技，2012，8：170.

[314] 赵家荣. 推行清洁生产，促进可持续发展 [N]，中国信息报，2001-09-24.

[315] 赵婕冰. 危险废物越境转移法律对策探究 [D]. 石家庄：石家庄经济学院. 2012.

[316] 赵金香，王兆林，刘艳青. 浅析水体富营养化 [J]. 环境科学动态，2003，（1）：28-30.

[317] 赵平歌，董艳慧，史京转. 城市水循环中的药物污染及迁移去除机理研究 [J]. 环境研究与监测，2013，4：10-15.

[318] 赵晓明，董育新，王一函. 大气污染物的综合防治 [J]. 承德民族师专学报，2005，25（2）：61-62.

[319] 赵新华，冯学尚. 太阳活动与地球表面温度变化的周期性和相关性 [J]. 科学通报，2014，14.

[320] 赵由才，牛冬杰，柴晓利. 固体废物处理与资源化 [M]. 第二版. 北京：化学工业出版社，2012.

[321] 赵志强，牛军峰，全爕. 氯代有机化合物污染土壤的修复技术 [J]. 土壤，2000，6：288-293.

[322] 郑顺安. 我国典型农田土壤中重金属的转化与迁移特征研究 [D]. 浙江：浙江大学，2010.

[323] 郑甜. 乐山市酸雨形成影响因素及防控对策分析研究 [D]. 重庆：西南交通大学，2012.

[324] 郑有飞，周宏仓，汤莉莉，谢学俭，王云龙. 环境科学概论 [M]. 北京：气象出版社，2011.

[325] 中国科学院可持续发展战略研究组. 中国可持续发展战略报告—全球视野下的中国可持续发展 [M]. 北京：科学出

版社，2012.

[326]　周东美，郝秀珍，薛艳等．污染土壤的修复技术研究进展 [J]．生态环境，2004，13（2），234-242.

[327]　周康木世．我国清洁生产经济激励制度研究 [D]．长沙：湖南大学，2009.

[328]　周敏，王安群．土壤的重金属污染危害及防治措施 [J]．科技信息（学术版），2006，4：120-121.

[329]　周启星，宋玉芳．污染土壤修复原理与方法 [M]．北京：科学出版社，2004.

[330]　周少奇等．固体废物污染控制原理与技术 [M]．北京：清华大学出版社，2009.

[331]　周鑫．施用生物质炭对腐殖质碳的影响 [D]．长春：吉林农业大学，2014.

[332]　周怡．循环性社会构建的经济法保障机制 [D]．研究西南政法大学，2009.

[333]　周尊隆，卢媛，孙红文．菲在不同性质黑炭上的吸附动力学和等温线研究 [J]．农业环境科学学报 2010，29（3）：476-480.

[334]　朱灵敏．新建工业园区循环经济规划思路研究 [D]．杭州：浙江大学，2007.

[335]　朱秀慧．燃煤电厂清洁生产审核的应用研究 [D]，天津：天津大学，2013.

[336]　朱渝芬．毛竹林水文生态功能及其土壤肥力变化研究 [D]．南京：南京林业大学，2007.

[337]　祝晓红．酸雨的形成、危害和防控研究 [J]．农业灾害研究，2014，4（12）：66-67.

[338]　庄仕琪．建筑物周围气流流动与污染物扩散机制研究 [D]．沈阳：东北大学，2014.

[339]　资源与人居环境．关于第二次全国土地调查主要数据成果的公报．2014，1：15-17.

[340]　左玉辉，华新，柏益尧，孙平．环境学原理 [M]．北京：科学出版社，2010.

[341]　左玉辉．环境学 [M]．北京：高等教育出版社，2010.